What Biological Conversations
Tell Us About the Brain-Body Connection,
the Future of Medicine, and Life Itself

THE
SECRET
LANGUAGE
OF
CELLS

细胞的
秘密语言

Jon Lieff, MD　　　　　［美］乔恩·利夫 / 著

龚银 / 译

北京联合出版公司
Beijing United Publishing Co.,Ltd.　·　慢音

图书在版编目（CIP）数据

细胞的秘密语言 /（美）乔恩·利夫著；龚银译
. --北京：北京联合出版公司，2022.9（2024.8重印）
ISBN 978-7-5596-4660-6

Ⅰ.①细… Ⅱ.①乔… ②龚… Ⅲ.①细胞—普及读
物 Ⅳ.①Q2-49

中国版本图书馆CIP数据核字（2020）第208443号

细胞的秘密语言

[美] 乔恩·利夫（Jon Lieff，MD） 著
龚银 译

出 品 人：赵红仕
出版监制：刘 凯 赵鑫玮
选题策划：联合低音
责任编辑：周 杨
封面设计：奇文云海
内文排版：黄 婷

关注联合低音

北京联合出版公司出版
（北京市西城区德外大街83号楼9层 100088）
北京联合天畅文化传播公司发行
北京美图印务有限公司印刷 新华书店经销
字数278千字 710毫米×1000毫米 1/16 24印张
2022年9月第1版 2024年8月第2次印刷
ISBN 978-7-5596-4660-6
定价：88.00元

谨以此书献给我的子女一辈，

愿他们利用丰富的科学知识带我们从全新的角度

来认识智能、意识和生命的本质

目　录

导言　/001

第一部分
人体

第 1 章　细胞——彼此之间无话不谈　/013

第 2 章　促使白细胞迁移的信号　/022

第 3 章　T 细胞——免疫主力　/030

第 4 章　毛细血管——组织发育的"脑中心"　/048

第 5 章　血小板——远不止是"止血栓"　/059

第 6 章　肠道内的细胞对话　/066

第 7 章　遍及全身皮肤的信号传递　/074

第 8 章　癌细胞——终极操纵者　/085

第二部分
大脑

第 9 章　神经元的世界　/103

第 10 章　星形胶质细胞的支持性作用　/ 117

第 11 章　小胶质细胞——大脑的主要调控者　/ 127

第 12 章　生成髓鞘的少突胶质细胞　/ 136

第 13 章　大脑的守卫细胞　/ 147

第 14 章　疼痛与炎症　/ 158

第三部分

微生物的通信世界

第 15 章　微生物的行为与对话　/ 169

第 16 章　微生物与人体细胞的战斗　/ 184

第 17 章　肠道微生物的权术　/ 192

第 18 章　微生物对大脑的影响　/ 202

第 19 章　病毒的复杂世界　/ 211

第 20 章　微生物与植物的相互作用　/ 228

第 21 章　微生物与癌症的爱恨纠缠　/ 235

第 22 章　微生物与细胞器的对话　/ 243

第四部分

细胞内的对话

第 23 章　细胞器之间的交流沟通　/ 257

第 24 章　线粒体参与的对话　/ 264

第 25 章　膜的合成　/ 272

第 26 章　支架干线上的物质运输　/ 283

第 27 章　树突干线　/ 297

第 28 章　纤毛的重要意义　/ 306

第 29 章　会说话的分子？

　　　　　——浅谈 mTOR　/ 313

结束我们的细胞对话之旅　/ 322

附录　/ 331

致谢　/ 372

导言
INTRODUCTION

现代生物科学最大的秘密寓于平凡无奇之中，那就是所有生命活动的发生都是因为细胞之间的对话。身体遭受感染时，免疫 T 细胞会告诉大脑细胞，我们理应"觉得不舒服"并躺下来。在前往感染目标的漫长征程中，白细胞会在远距离信号的指引下迈出每一步。癌细胞会提醒自己的群体注意免疫攻击和微生物攻击。肠道细胞会与微生物交流，确定谁是敌人谁是朋友。胸腺中的"导师"细胞会告诉 T 细胞不要损毁人体组织。

现代医学科学的门道让人难以摸清，因为我们大多数人无法读懂引领神经科学、遗传学、分子生物学、免疫学和微生物学等领域的前沿技术刊物。有关细胞通信的内容充斥着分子、信号、受体、细胞等让人疑惑不解的名词，这些行话为细胞通信披上了神秘的面纱。

领会对话

《细胞的秘密语言》(*The Secret Language of Cells*) 一书拨开了这一神

秘面纱，让大家能够看清楚医学研究，乃至生命本身。这本书用通俗易懂的文字介绍了多种细胞语言，直观地描绘了这些语言的具体运用。本书的各个章节重点介绍了人体细胞、脑细胞、微生物细胞，以及细胞内部各区室之间的通信。通过描述各个细胞的生活方式，本书能够带大家读懂先进的生物学。

无论您是否懂医学术语，本书都将能够从广度和深度上为您阐明细胞通信这一普遍现象。也许像我一样，您会在初探细胞信号传递时感到不可思议，并为其如何影响地球上的每一个生物而惊叹不已。

最新研究得出的结论令人瞠目结舌：人体乃至所有动植物和微生物群体内的各个生命活动过程均基于细胞之间的对话和集体决策。各种各样的细胞组成了免疫系统、血管、肠道和皮肤屏障、脑组织及微生物，了解这些细胞如何做出决策，我们便会明白细胞通信对健康与疾病起着何种决定性的作用。

其实，在了解细胞通信的基础上，我们还能够紧跟现代医学治疗的最新动态，比如新兴癌症免疫疗法。实验性治疗采用微生物和免疫细胞来对抗多种癌症，利用的便是上述细胞之间的常规对话。肠道内微生物之间会进行细致入微的讨论，这将决定它们会以何种方式来影响与代谢、体重减轻、焦虑、肠道疾病、食物过敏反应和大脑疾病相关的治疗。根据免疫细胞与脑细胞之间的对话结果，我们便可以确定使用哪些方法来应对压力、炎症、抑郁、焦虑、创伤、大脑疾病和微生物侵袭。

相同的语言，不同的方法

本书在各个章节中阐述了各种各样的细胞均可同时运用多种信号交

流。以下各项均用于传递信号：

- 分泌的化学物质
- 细胞放出的携带有遗传指令的囊泡
- 电流
- 电磁波
- 细胞的物理接触
- 细胞之间的生物纳米管

不可思议的是，整个自然界中的各种细胞，无论是人、动植物的细胞，还是微生物的细胞，都运用相同的语言交流。

大家可能知道，神经元会在大脑回路中运用一种信号。神经元沿轴突产生电流，触发神经递质分子释放，而这也就是对其他神经元发出的信号。实际上，神经元在通信时运用了我们之前提到的多种语言技巧，与它们交流的对象不仅仅是其他神经元，还包括另外三种支持性脑细胞、多种免疫细胞以及其他所有人体组织的细胞。拿慢性疼痛综合征来说，神经元会通过各种复杂的连接来交流，这有时还会一次涉及十种不同的细胞类型。近期，我们又发现了神经元的一个小花招，它们会通过从轴突延伸到组织内部的侧面通道向局部免疫细胞发送信息，而不是像平常一样与回路中的下一个神经元建立连接。

此外，神经元还会运用脑电波交流。各个神经元群会一起振动，将特定频率的电磁振荡作为信息发送到其他大脑区域。对于两个主要大脑记忆中心之间的消息，一种频率提供记忆相关的空间信息，另一种频率提供时间相关的信息。

细胞信号传递的学问向我们证明了，免疫系统和大脑无法真正地独立开来。二者均可感知压力、社交隔离、创伤和感染，还会时常与彼此交流这一切信息。大脑建立在既动态又非常固定的电路结构上。这种"有线"大脑会将信号迅速发送到全身的各个特定位置。另一方面，免疫细胞会在整个组织和血液系统中自由穿行，不断地向彼此，以及向大脑细胞和身体器官传递信号。我们可以说这又是一种"无线"大脑，它能够通过血液和组织将信号发送到其他难以到达的位置。

通过阅读本书，您将了解"有线"和"无线"大脑如何通过细致入微的对话来不断协同工作。对于这种动态免疫细胞与静态神经之间的交流，本书将予以详述，从而阐明针灸产生的广泛影响。

另外，当起主要免疫调节作用的 T 细胞进入浸没大脑的液体环境时，我们可以窥见大脑与免疫系统协同工作的另一种情况。在此有利环境条件下，T 细胞会向脑细胞发送信号，说明是否存在感染的情况。这些免疫 T 细胞发出的信号通常会激发大脑形成一般认知。发生感染时，T 细胞会改变信号，触发身体产生一种"不适感"，这是我们所有人在生病时都会有的感受。同时，T 细胞会告诉大脑，要放慢节奏并注意休息，这样身体才会康复。

了解健康和疾病的基础

本书的难能可贵之处在于汇集并整理了各种来源的丰富信息。由于根据顶级科学期刊的最新发现进行编撰，本书能够以现代化的视角展现生物学这一时代的宠儿。随着医学科学变得越来越复杂，很多人发现要花比以往更大的力气才能了解什么有助于保持健康，而又是什么引起了疾病。

《细胞的秘密语言》中，作者在每一章都提供了深刻的见解，便于我们了解免疫、癌症，以及大脑、肠道和皮肤生理学等重要的新领域。但凡关注微生物，想了解身体和大脑，以及免疫、血液、肠道细胞的运作机制，或是癌症的运作机制，本书都会是必读书目之一。

通过追寻每种主要细胞类型背后的故事，我们将能够掌握这些细胞之间对话的第一手资料。为器官划界的细胞看似无趣，但其实不然。举例来说，肠道内皮细胞之间会进行周密的对话，继而做出众多至关重要的决策。不仅肠道中的大量微生物会与这些屏障细胞交流，免疫细胞和局部神经元也不例外。从整个蜿蜒绵长的肠道来看，这些细胞之间的对话决定了哪些特定微生物可以在肠道内居住、生活，并以"居民"的身份为我们提供多方面的帮助。

同样，皮肤、肺、血管和脑液中的内皮细胞也会与身体其他部位的细胞对话。在大脑中，"门卫"细胞会决定哪些特定细胞可以进入大脑，又需要哪些细胞来治愈脑外伤和感染。令人惊讶的是，毛细血管内皮细胞不仅是最纤细血管的支柱，还是指导每个器官通过生成细胞来构建组织的主力军。对于各个器官中可生成所有其他细胞的特殊细胞，我们称之为干细胞，它们与毛细血管紧密相邻。毛细血管细胞和干细胞都会与彼此反复讨论，如何在必要时为组织提供新细胞。

日常对话与智能之谜

本书介绍了多种细胞对话。细胞会谈论生活的各个方面：它们应该在器官中处于何处，正常的日常活动如何安排，自己应该要长多大，如何共同对抗微生物，如何重建、治愈组织，以及如何通过合作来为日常活动提供必要的助力。这些细胞对话决定了炎症的类型，食物的消化方式以及慢性疼痛的情况。不夸张地说，生理学的方方面面都取决于细胞群体间来回往复的信号传递。一般来说，这样的讨论群体很大，会同时聚集血细胞、组织内皮细胞、免疫细胞、脑细胞，等等。此外，微生物和癌细胞也会参与其中。

进一步来说，这些讨论对话还会在细胞内各个区室之间进行。"区室"指的是细胞器，它们是细胞的细微组成部分，就像器官是人体的小部件一样。线粒体、细胞核等细胞器会向彼此发送信号。另外，一些复杂的分子也会发送信号，目的是收集数据、做出决策并反复与细胞器传递信号。要观察到细胞器和分子在细胞内部传递的信号，对于科学家来说难度较大，因而直到如今才发现此类对话的存在。

细胞对话是否"智能"？这应该是个无解的问题，因为怕是没人能够真正定义何谓自然界中的智能。的确，细胞的生活方式很复杂，但又妙趣横生。通过与彼此反复讨论，细胞能够提出问题并获得解答，在给出反馈的同时收集信息，"呼朋唤友"地在身体中穿行并根据所获信息做出决策。信号刺激会产生非常具体的动作，而且会随着情况的转变而有所变化。本书文末章节将讨论普遍存在的细胞通信对阐明自然界中的智能有何意义。

博客与感悟

我逐渐认识到，细胞信号传递的确在自然界中占据着核心地位。作为神经精神科医生，我从业40年来目睹了诸多医疗与精神事件的相互作用，即疾病对大脑的影响以及思想对身体的作用。经过广泛研究之后得出的结论很明显：没人能说明白思想为何物，又存在于大脑何处。由此引出了一个问题：思想（或智能）可能存在于自然界中的哪儿？

八年前，我开始通过我的网站（Searching for the Mind with Jon Lieff, M.D.，"与医学博士乔恩·利夫一同探秘思想"）探究自然界中的思想。对于我来说，要随时了解最新科研信息并在第一时间收到读者反馈，每周在网站上发表详细的博文是再好不过的方式。通过运用脸书（Facebook）页面（Searching for the Mind，"探秘思想"）和推特（Twitter）帐户（@jonlieffmd），我和很多读者的日常互动变得越来越多。包括顶尖科学家在内的一大群人开始和我一起搜寻自然界中可能存在的智能。

多篇博文支持的观点是，人脑具备非凡的功能。因此，《科学美国人》（Scientific American）杂志请我撰写两篇客座博文，内容涉及"有线大脑"与"无线大脑"之间的紧密联系，以及成年大脑中新细胞的产生。相比之下，其他博文则主要介绍其他动物的大脑（甚至是最小的脑）有何神奇的能力。例如，蜜蜂可以像转万花筒一样保留 8 公里的飞行记忆，它们不仅会运用抽象概念和象征性语言，还能够以智能方式自行采药治疗。另一件让我倍感荣幸的事是，顶级动物科学家马克·贝科夫（Marc Bekoff）曾请我在他为《今日心理学》（Psychology Today）杂志开设的博客上发表客座博文。文中，我讨论了一些在鸟类、蜥蜴和蜜蜂中发现的独特智能现象。这些动物的大脑与人脑截然不同。

在所有这些不同动物的大脑中，细胞之间进行重要对话的类型相同，模式却各异。无独有偶，研究发现，植物与微生物讨论固氮因素时的细胞对话也有类似的表现。在全新的细胞通信学领域的植物研究中，有一项堪称有趣的发现：森林中几乎所有的乔木和灌木都能够通过真菌细胞与彼此建立联系，其中那些微观的细长真菌菌丝就起到了"电话线"的作用。通过利用这种真菌菌丝网，树木和其他植物便可以向彼此发送营养和防御信号。

不过，我觉得微生物之间的交流最与众不同。单细胞微生物在与单细胞生物交流时会展现出非比寻常的能力，就好像是受到大脑控制一样。从某种程度上说，这些微生物能够根据多种同时输入的信息来做出决策。它们会与彼此进行细致入微的沟通，而且细胞体积比人体细胞大得多，结构也更为复杂，这就更令人惊奇了。

我写过一篇综述来总结尖端科研杂志的最新研究进展，惊讶地发现，细胞通信竟是当代所有医学科学及生命本身的基础。但凡我们目之所及之处，细胞都在相互交谈——血细胞、免疫细胞、肠道细胞、大脑细胞、植物细胞和所有微生物，甚至是被一些科学家认为并非生物的病毒也不例外。我越来越清楚地认识到，细胞之间的信号传递才是生物学的作用机制。

我发现，目前还没有书籍或期刊文章来综合性地阐述细胞之间的对话。于是，我当即决定论述细胞对话这一主题并提出有说服力的证据，由此写下了《细胞的秘密语言》。这本书囊括了我这八年来对各种科学文献的深入分析，同时采用通俗易懂的语言呈现给广大科普读者。

随着科学的进步，我们将获得更丰富、更详细的信息，进而更好地观察自然界，寻觅其中更微观的生命活动。不久前，我们已经能够观察到细胞之间的特定对话。在那之后，我们甚至还首次发现了病毒之间发送的第一批交流信号。

细胞观点

《细胞的秘密语言》分为四个部分，每一部分自成一体。不过，通读所有章节有助于更深入地了解所有细胞之间的相互关系，以及生理学在健康和疾病中的作用机制。

第一部分介绍人体细胞，包括 T 细胞、毛细血管（最纤细的血管）内皮细胞、四处游走的血细胞、血小板、肠道细胞、皮肤细胞和癌细胞。尽管每种器官都有其独特的魅力，但我们仅在第一部分中选取了某些细胞作为重要示例，以便读者深入了解所有器官如何通过细胞通信来运作。

第二部分介绍大脑，述及神经元、三种支持性脑细胞和两种保护大脑的保护性屏障细胞，其中有一章专门阐述导致各种慢性疼痛综合征的独特细胞对话。

第三部分描述微生物通信世界，包括微生物物种之间以及微生物与植物、人类之间的通信。

第四部分介绍细胞内对话，包括细胞器与线粒体、蛋白工厂等其他细胞区室之间的通信。另外，第四部分内容还涉及向这些区室发送信号的分子。最终得出的结论着眼于这些无处不在的细胞对话的意义。

第 一 部 分

SECTION I

人体
THE BODY

第1章

CHAPTER 1

细胞 —— 彼此之间无话不谈
CELLS—THEY TALK ABOUT EVERYTHING!

细胞通信从本质上来看很复杂，其间会有不计其数的信号同时向各个方向传播。在数十亿个细胞中，某个细胞可以迅速做出复杂的决定并发出信号，指引诸多其他细胞完成各自的工作，让我们的身体能够以各种神奇的方式运作。

对于特定类型的细胞（如血细胞、肠道细胞、皮肤细胞、癌细胞、大脑细胞、微生物细胞）如何运用信号来发挥自身独特的生理功能，我们暂且不做深究。在本章中，我们主要探讨几乎所有细胞对话都会涉及的四大话题，这也是曾让科研发烧友们百思不得其解的问题。通过进行上述细胞对话，每个细胞能够明确自身要在大小、寿命上达到什么要求，知晓每天的日程安排和各自的位置，从而与全身各组织中的其他细胞相互合作。

显然，个体细胞都能够通过多种重要的机制来运用本章所述信息，但对这些机制的研究才刚刚起步，需要探究的内容还很多。虽说我们已经能够运用高级影像学技术来观察较以往更微观的细胞细节，但要找到充当细胞和组织内部信号的单个微小分子仍然极具挑战性。由后续各个章节可知，对于这本书所介绍的大部分细胞，我们将能够获得更多详细的信息。

明确适当的细胞大小

不同的细胞具有不同的形状和大小，但特定类型的细胞往往在大小上变化不大。举例来说，至少有一千种不同类型的神经元有着特定的大小和形状，以便适应特定的神经回路。就其他器官而言，细胞具有特定大小的原因则不甚明显。

细胞大小受诸多因素影响，比如环境调控、其他细胞的信号等。食物颗粒或普通代谢周期中的分子发出的信号也会使细胞大小发生变化。在新的环境中，细胞还会变大。举例来说，在妊娠期间，胰腺细胞会变大，以便生成更多的胰岛素。不过，当这些细胞因糖尿病的影响而死亡时，其大小会保持不变，数量则会减少。

妊娠期间，肝细胞也会增大。当脂肪细胞增大时，它们会发出细胞

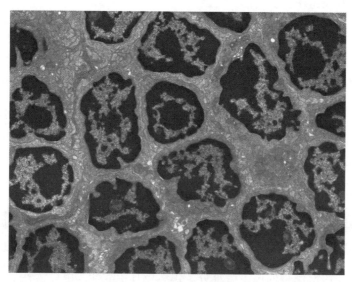

淋巴结中的淋巴细胞
（电子显微镜照片，史蒂夫·格斯迈斯内尔 / 科学图片库）

外基质变化的信号。当免疫细胞因子信号触发淋巴细胞和小胶质细胞执行不同功能时，这些细胞的大小就会改变（有关淋巴细胞、小胶质细胞和细胞因子的信号，下文各个章节将一一说明）。

同样，器官也会运用多种技巧来使细胞保持特定的大小，但具体技巧尚未确知。即便是在不同环境因素的作用下，器官也知道新细胞应该是什么大小。由干细胞生成的细胞，其大小并非等同于干细胞本身，而可能是干细胞的十倍大。一个人的体形之所以比另一个人大，原因在于细胞数量而非平均细胞大小。即便是在快速生长期间，器官也能使细胞大小保持特定。彼此相邻的两种胰腺细胞会保持不同的大小；骨骼生长时，骨骼细胞的大小则会增加十倍。

就单个细胞而言，其大小取决于新细胞在多阶段繁殖周期中各个时期的活性。生成新细胞时，只有特定大小的细胞能够进入繁殖周期的下一阶段。举例来说，细胞会在繁殖周期中的不同时期衡量蛋白的生成情况。在此基础上，蛋白生成量会成为信号，告诉体形偏小的细胞必须在某一阶段停留更长的时间，以便在大小上赶上"大部队"。比如，在 DNA 复制阶段和 DNA 双链分离阶段之间的时期，通常会发生这种细胞大小的增加。

另外，器官还可以将分泌的信号分子由一个细胞发送给另一个细胞，以此来改变细胞大小。这些信号分子能够激活接受信号的细胞上的受体，继而告知细胞内的细胞核需要调整细胞大小。此类信号分子包括免疫细胞因子和生长因子（通常是蛋白或激素），它们能够触发细胞分裂，进而生成体形较小的新细胞。一些信号分子会促进细胞生长，而另一些则会产生抑制作用。上述因素在不同的器官中会产生不同的作用，但具体情况还有待研究。

细胞影响其自身的衰老过程

细胞还可以直接影响其自身的衰老过程。细胞衰老包含多个不同的步骤，其间细胞会不断做出选择。它们可以出于各种目的，主动选择不同的衰老速度。举例来说，在愈合伤口的过程中，特定细胞会迅速衰老并死亡，以免形成严重的身体瘢痕。在胚胎发育以及成年人器官再生的过程中，细胞会考虑到特定结构（器官等）正处于发育阶段而选择快速完成衰老过程，以免造成细胞数量过多。另外，细胞还会提前做好规划，妥善清理死细胞残骸。

细胞会利用不同的遗传通路来改变其衰老过程，包括调整自身的繁殖方式。细胞会通过缩短 DNA 分子末端的附属体（又称"端粒"）来加快衰老的速度。但癌细胞正好相反，它们会扩大附属体，实现自身不成比例的生长。

细胞还会生成一种能够让附属体变长或变短的酶，而且新的研究发现了能够打开和关闭这种酶的"开关"。这个"开关"可由多个内部信号通路触发。这些通路都与受损 DNA 的修复相关，能够防止在与细胞应激相关的各种代谢过程中产生破坏性的氧基分子。

细胞衰老的其他主要影响因素还包括一些与预先计划好的细胞自杀（细胞程序性死亡）相关的信号通路，这些通路位于线粒体中，而线粒体是提供能量和其他重要功能的细胞亚区室。在维持细胞生存对机体有害的各种情况下，细胞将启动程序性死亡通路，比如一个被过多病毒感染的细胞存在传播风险的情况。

通过利用内部信号，癌细胞能够避开线粒体代谢通路发送的刺激细胞自杀的触发信号，从而延长自身的寿命。在慢性应激条件下，我们会看到截然相反的情况：细胞会利用由线粒体触发的其他代谢通路来实施自我破坏。此外，免疫信号也可以改变正常的细胞自杀机制。

细胞衰老分为两种类型，分别为急性衰老和慢性衰老。在伤口愈合期间和胚胎发育过程中，急性衰老会受到高度调控，以便在细胞完成任务后将其清除。其间产生的信号会刺激一部分组织的特定细胞群迅速走向死亡，而非促使整个器官衰老。这些信号可以触发程序性细胞自杀通路，成为目标的细胞会迅速衰老并死亡。如此一来，便可避免肝脏等器官的修复过程中出现过度结疤等问题。

慢性衰老随时间的推移而发生，伴随着细胞的逐渐"凋零"。这种衰老是随机的，一般认为是"自然的"细胞衰老。以神经元为例，如果它们不分裂且可以存活百年之久，那么就会逐渐积累随机的 DNA 损伤，最终受到免疫细胞因子信号和炎症的伤害。细胞衰老会使整个组织的功能退化，继而逐步走向衰老。紧接着，如果细胞停止繁殖，整个机体就会老化并带来各种各样的问题。衰老的细胞会破坏干细胞生态位，损毁细胞外基质。细胞出故障便导致结构受损；衰老的细胞不仅会刺激破坏性炎症的产生，还会发出相应信号，引发其他细胞开始衰老。不过，细胞分裂信号可以暂时阻断上述衰老过程。但最终的结果不变，多种应激因子还是会使情况恶化。

细胞有自己的时间观念

每个细胞都有自己的时钟，又称生物钟，每种组织也都有自己专属的一套内部时钟。大脑中央时钟发出的信号会与细胞和组织的时钟一同协调各种生理功能，比如新陈代谢、免疫应答，等等。

大脑中央时钟会随着昼夜交替、身体活动、饮食周期的变化来调整节奏，而单个细胞也会配合大脑的节奏。单个细胞的遗传回路会产生与身体其他节律同步的振荡。大脑将根据这些信号来协调和规划与环境相关的特定活动。从大脑中央时钟发送给所有细胞时钟的信号预示着整个机体的主要活动，比如进食、睡觉等。

二十亿年前，在充沛的太阳光刺激下，细菌进化出了第一个单细胞时钟。太阳光除了能够使细菌通过光合作用将其转化为能量，太阳光射线也会破坏细菌的 DNA。与此同时，细胞 DNA 修复大多发生在阳光明亮的情况下。凭借首个细胞时钟，微生物能够提前规划好必要的资源，以便在阳光最明亮时进行 DNA 修复。

细胞时钟机制和信号都比较复杂，是尚未研究透彻的问题。近期研究发现，肠道有一种机制，能够协调两个细胞的周期。生活在肠道细胞附近的有益微生物会以一种定时模式运动，即先向左 1 微米，再向右 1 微米，然后回退 1 微米的模式。通过利用来自各个位置的往返信号，微生物能够与其附近的肠壁细胞保持节奏同步。

单个细胞之所以具备时钟机制，根本原因是相互作用的基因搭建了定时反馈回路。时钟基因是人体内部计时系统的元件，既受 RNA 分子和蛋白分子的刺激，也受其抑制。一个基因触发后会生成蛋白或 RNA，接着触发回路中的第二个基因。第二个基因的产物会刺激第三个基因，以此类推。整个过程会形成一个持续 24 小时的循环。

就本书而言，分子标记是贯穿全书的一种重点信号传递装置。与蛋白质相连的标记可用于保护 DNA，也是细胞时钟回路的组成部分。分子标记可以启动或关闭特定基因，从而生成与时钟功能相关的 RNA 和蛋白。

尽管所有细胞都具备同样的基础遗传时钟机制，但每种细胞和器官

所特有的各种 RNA 和蛋白才是产生多样化时钟功能的信号分子。在所有
RNA 中，有至少 10% 与时钟机制的标记和信号相关，而多个层面的遗传
调控又会影响时钟机制的运行周期。举例来说，近期研究发现了一种新
的调控形式，能够改变细胞核中 DNA 分子的三维结构。随着 DNA 分子
结构的变化，特定基因之间的物理接近程度也会发生变化。让某些基因
彼此靠近有助于同步各项时钟功能。

　　时钟节奏会受到多种因素的影响。源自代谢周期的信号会改变特定
的 RNA 和蛋白，从而影响时钟基因。某些器官中的各种化学物质也会以
不同的方式来影响时钟。温度和其他环境条件等总体作用因素，会从各
个方面来改变基因功能。在这些针对个体细胞的复杂时钟信号中，很多
信号有待深入研究。

　　如果组织无法与中央大脑时钟机制保持同步，疾病便会随之到来。
由此，我们看到了一个需要解决的问题：如今，全天候连轴转的文化模
式正在无视我们在长远进化历程中对应日照变化建立的活动节奏。在人
体时钟功能方面，还有多种其他影响因素尚未确知。举例来说，我们还
不了解肝脏和胰腺的时钟周期，二者的作息可以说与人体时钟背道而驰；
我们也不知道癌细胞如何通过应对特定的时间节奏来促进自身生长。

细胞之间的位置交流

　　在做出各项决定之前，细胞需要明确自身所处的位置。以白细胞为
例，它们需要先明确自身当前的位置，才能前往寻找其他位置发生的感
染。感染处附近的细胞会向这些沿血管游走的免疫细胞（白细胞）发送
信号，为其指明行进方向。有关此种针对游走白细胞的信号传递，详见

本书第 2 章。

梯度的重要性

对于发育状态下的组织，其细胞的位置往往借助化学梯度来确定。以胎儿为例，游走的神经元或干细胞必须知道自身当前的位置，以及它们在大脑发育过程中的最终目的地。同样，在参与器官或四肢的生长时，细胞也需要知道自己如何配入最终的形体，比如它们要确定形体的边缘位置。

当测量某物时，我们会使用有一定尺度的测量杆。细胞能够测量某些分子行进的距离，比如测量跨细胞群的化学物质及其之间的空间。在整个梯度范围内，细胞会利用受体来拾取梯度分子，从而确定自身所在位置，而拾取梯度分子也能够让细胞测得自身所在位置的梯度分子浓度。但为了此种测量方式的准确性，相应的梯度必须保持稳定、无波动的状态。

要使分子梯度保持稳态取决于多种因素，包括分子生成速率、分子在组织介质中的扩散速率，以及梯度分子在被细胞上各种受体拾取时的消除速率。另外，温度、新陈代谢、炎症等因素也会影响梯度水平。

对于处在生长阶段的器官来说，排成一行的细胞能够以相同的速率生成梯度分子。梯度路线上的每个细胞都会利用受体来拾取梯度分子。形成化学梯度的信号分子会触发细胞内的特定基因，从而确定细胞对组织生长所起到的作用。对此，苍蝇翅膀的形成便是一例：处在组织中心的细胞会不断发送信号来刺激新细胞，直至出现梯度急剧下降的情况，即可确定形体边缘。对于形成特定形状的人体器官和各种组织来说，梯度机制起着至关重要的作用，但科学家的探索还仅仅是在了解这种机制究竟如何起效。

梯度、视黄酸与信号传递

起初，我们从胎儿脑结构的形成中认识到了梯度的重要性。具体而言，由细胞拾取的膳食维生素 A 会经两个步骤生成视黄酸，继而由不同浓度水平的视黄酸形成梯度。这种生成视黄酸的代谢通路受分子信号的高度调控，能够让细胞更轻松地维持和计算梯度。

整个调控过程涉及多种蛋白的反馈回路，而这些蛋白又可调控合成梯度分子的多种酶。另一方面，细胞会生成多种敏感性各异的蛋白受体，以清除梯度分子。同样，这些受体也受反馈回路的调控。在实验室的实验中，上述细胞通路会根据物质成分含量的变化做出调整，以维持梯度并生成确切需要的受体。神经元会通过某种方式来利用梯度信息，在发育的胎儿身上找准自身的定位，从而精确地构建大脑。

与此同时，胎儿体内的干细胞还会比较视黄酸和其他几种分子的梯度。细胞可以交替测量两种不同分子的梯度，先维持一种细胞过程，而后进行切换，开始测量另一种。细胞会不断切换测量这两种分子梯度，直至根据二者传递的信息做出决定。通过利用这样的机制，干细胞将能够在正在发育的大脑中选择合适的位置完成分裂。至于如何调控这种切换机制，目前尚未确知。

不过，细胞有能力知晓器官的确切形状，测量相应的位置并发送与之相关的信号，这已是令人吃惊的事实，只是我们还不清楚这背后的运作方式。但我们明确的是，人体所有组织结构的日常维护都依赖于上述测量和信号。随着认识的加深，我们或许能够找到一种方法来妥善利用这些信号产生的刺激，进而修复受损的器官。

第 2 章

CHAPTER 2

促使白细胞迁移的信号
SIGNALS FORM IGRATING WHITE BLOOD CELLS

　　白细胞种类繁多，可回应免疫细胞的对话，从而识别微生物入侵和组织损伤。这些问题可能出现在皮肤、肾脏、肝脏、大脑、肺、肠道等器官。人体的第一道防线包括血小板、局部毛细血管内皮细胞，以及受损器官的细胞。这些细胞会在发现异常后立即求援，拉开保卫战。其他免疫细胞乃至神经元会随即加入战斗，大批白细胞也会尽快做出回应。

　　一马当先的白细胞包括中性粒细胞（携带着囊泡，内含大量能够抗击微生物的毒性分子）、生活在血液和组织中的清除细胞，以及淋巴细胞（参阅下一章）。收到特定的细胞信号后，白细胞便会前往出现问题的地方。虽说白细胞的行程不会一帆风顺，抵达目的地后要完成的任务也不简单，但它们并非束手无策。白细胞可以利用复杂的"导航模式"来管理行程，穿越各个截然不同的环境，有时甚至是没有营养和氧气的环境。要完成这一段段的路程，它们需要诸多其他细胞通过不断发送信号来提供帮助。

应对紧急情况

信号和应答的第一阶段涉及前往目的地。踏上旅程后，白细胞也会加入信号传递的团队，它们会发送自己编辑的信息，招募更多增援细胞。组织、毛细血管和游走的血细胞会视情况向骨髓发送消息，以此触发新细胞的生成。很快，细胞集结而成的部队便会开始在血液和组织中行进。

白细胞会生成各种受体，接收与此行各个方面相关的信号。当收到 T 细胞（一种白细胞）的信号时，其他白细胞会转变自身的行为，为即将到来的战斗做好准备。这些信号会刺激细胞生成某些毒性分子，用来杀死它们发现的微生物。由于某些信号的持续时间很短，构成毛细血管的组织和细胞必须不断地重复发送信号，直到有足够的辅助细胞抵达作战现场。细胞需要采取不同的措施来应对不同的情况，比如应对创伤或感染。在感染的情况下，我们会需要大量白细胞；但在伤口无感染的情况下，白细胞过多则会雪上加霜。

在体内游走的细胞会与感染或受损部位的毛细血管保持沟通，倾听它们的需求。在行进过程中，游走细胞还会与沿途求援的大血管内皮细胞交流。通过利用化学梯度，游走细胞能够靠近或远离途中遇到的求援细胞。源自细胞对话的信号会生成"黏糊糊"的蛋白分子，帮助血细胞在移动时贴紧内皮细胞。如此一来，即便是逆流而上也不会影响细胞在血液中前行。游走细胞可能会紧紧"抱住"内皮细胞，甚至是靠着它们休息一会儿。游走细胞可能顺着内皮细胞滚动或爬行，也可能抓紧内皮细胞，就像是抓着一根绳子往上爬。

细胞之间需要大量交流，才能够引导白细胞到达出现问题的区域。参与交流的不仅仅是毛细血管壁细胞，还包括肠道和皮肤的内皮细胞、

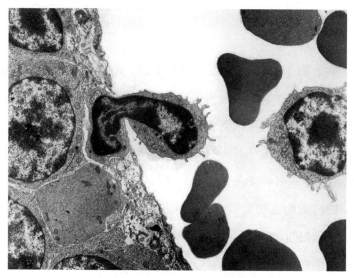

征得同意后，一个白细胞正从一个管壁细胞中抽离出来
（电子显微镜照片，唐·W. 福西特 / 科学图片库）

神经元、支持性脑细胞，乃至细胞外基质发出的分子信号。神经元信号可调控血流，将其尽量引向低血压区域。神经元还可以向所有问题区域的细胞发送信号，告知其白细胞的到来。

多种行进方式

白细胞可以说是在细胞外基质内穿行的小能手。它们之所以能够行动自如，利用的是动态内部支架分子产生的协调动作。这些支架分子呈细丝状，是能够快速灵活变换的细胞骨架，可以不断改变内部细胞结构，从而形成像变形虫那样的"臂膀"和"支腿"，以推动白细胞前行。此外，细胞骨架还能够运用一些"发动机"来带动细胞运动，这就类似于在肌肉细胞上安装马达来带动它们伸缩。这些发动机能够视情况采用不同的方法来提供动力，具体包括滚动、捆绑和紧贴吸附。

　　游走细胞可以不断换用上述几种方法，比如向前或向后推动细胞体，以便在不同表面（黏性表面、光滑表面等）上完成导航任务。细胞前缘能够以滑动的方式移动。细胞会将其丝状骨架结构迅速推到前缘，以扩充细胞体积并带动细胞前行。随即，骨架上工作的"发动机"将拉动细胞后部，使其跟上细胞前缘。与此同时，这些"发动机"也带着细胞核往前走。另一方面，血细胞和毛细血管之间的外部附着分子也会将细胞往前拉。

　　不仅如此，细胞还有一种前进方式：通过各种各样的细胞内"发动机"将细胞的内部物质推向多个外突的圆形区域，顶着整个细胞向前进。为此，提供动力的分子还可以到达细胞外部，附着在细胞之间的分子晶格结构上，伴随分子一同以迅速、连续的方式交替完成抓紧和放松动作。基本上，细胞就像是在用"双脚"一步步向前走一样，时而落地站稳，时而抬脚迈步。

　　通过迅速改变形状，白细胞可以很快穿过多种不同的环境。它们可以从圆形细胞变成极化的扁平定向细胞，而且细胞前后清晰可辨。在低密度细胞基质中，白细胞的活动几乎不需要动力，但遇到结构紧凑的组织时，它们需要在细胞后部提供相对强劲的动力。为了穿过狭小的缝隙，它们甚至会缩小身体并拉长细胞核。

　　而就 T 细胞（详见下一章）而言，它们不仅会运用上述所有行进方法，还会运用更多其他方法。具体来说，T 细胞必须在几个大的空间内找到某个小颗粒，而且往往是在没有辅助的情况下。而身处炎症聚集区时，它们会需要相对来说更优质的归巢信号和移动方法。另外，T 细胞可扫描整个炎症区，运用比其他白细胞更简单的技巧来号召其他伙伴。不仅如此，T 细胞还能以其独特的方式拉长身形，在密度更大的基质中移动。与大多数其他白细胞不同，T 细胞会经常改变自己的形状，而且能够通过多种方式恢复为圆形。

抵达目的地

白细胞中有一大类细胞是巨噬细胞，负责消灭细菌和吞噬其他异物。巨噬细胞又分为几种不同的类型，有些会嵌入组织中，有些则在血液中循环。

如果组织出现创伤（例如，手臂上出现伤口），巨噬细胞会迅速做出反应，吞噬伤口中残留的某些微生物。与此同时，巨噬细胞还会向附近的毛细血管壁细胞发出信号，告知感染情况。接着，毛细血管壁细胞会召唤中性粒细胞，即含量最丰富的一类白细胞，又号称"第一响应者"。中性粒细胞会漂浮在血液中，得到有危险的信号后便附着在毛细血管上，接着挤穿血管进入感染区来辅助攻击细菌。为了使中性粒细胞能够脱离血管并直接进入组织，其他免疫细胞发出的信号必须起到打开屏障（一般含有血管）的作用。再看大脑附近的血管，它们会需要相对更多的信号刺激，这是因为它们构成的屏障有着最为精细的结构。

对于中性粒细胞来说，脱离血管并进入组织不过是入门级技巧。要想横穿组织，它们还必须依靠局部细胞传递的有益信号来运用其他特殊的游走技巧。当更多游走细胞最终抵达感染或受伤部位时，中性粒细胞的信号会使它们于症结核心位置形成集群。起初，一些细胞会试探着进入，向追随其后的细胞发送强烈的信号。接着，中心粒细胞将这些信号传递给后方细胞。这些细胞会不断聚集成群，直至数百个细胞融入其中并形成团块。随着细胞数量的增加，整个症结区将陷入重重包围之中。

成群结队的中性粒细胞

组织中的中性粒细胞在攻击对象上的选择非常广泛。在某些情况下，中性粒细胞会形成体积较大的移动细胞团块，就像是围绕中心抱团的一群昆虫。作为团队的一部分，中性粒细胞群会重塑致密的细胞外基质，让各个细胞群始终处于其能够发挥作用的位置附近。在信号的刺激下，细胞群可以更好地调整定位，以便封锁症结点。最初在细胞群中心的一些细胞会走向死亡，但其间它们会进一步发送信号来扩大细胞群。

每个中心粒细胞可生成 300 多种不同的毒性化学物质，并将其储存在自身内部的囊中，然后在遇到攻击目标时释放。我们将这些囊称为颗粒体，因为它们在显微镜下乍一看很像谷粒。此外，中心粒细胞还有一项克敌战术，就是利用酶来切割蛋白，以此重塑细胞之间的晶格结构。而且，蛋白经切割后的产物还可以作为新的求援信号。

杀灭微生物的毒性分子通常会考虑体内氧元素的不稳定性，以此提供化学反应条件。氧元素的反应活性很高，在监控不严的情况下易引发危险。但生成反应活性高的不稳定氧基分子则是一种战术，这会有助于提升炎症水平，继而杀死更多微生物。不仅如此，这些氧化产物还可以用作调控信号，让免疫细胞了解眼下发生的情况。中性粒细胞的另一绝招是为微生物打造特殊的"陷阱"。这些陷阱采用网状结构设计，由 DNA 片段和蛋白质组成，可捕获微生物以将其剿灭。

同样，杀伤性 T 细胞在执行任务时也会使用各种各样的策略。它们可以分裂成两种细胞，然后兵分两路来追踪病毒。一种细胞会长出多条长长的"手臂"，在细胞之间爬行，慢慢搜索受病毒感染的细胞。为了最大程度扩大搜索范围，T 细胞有时会蜻蜓点水般一次一个迅速触碰多个细胞，以此收集所需的信息。接着，T 细胞会将一些分子放入细胞核中，用来储存它们通过与其他细胞接触而收集到的信息，以便更准确地搜索目标。

减缓活动与慢性炎症

随着与微生物抗争取得胜利，新的信号将带着不同消息前来。这些信号会告诉白细胞以各种方式来减缓炎症，或抽身离去，或视情况协助维持慢性炎症。就像 T 细胞会生成特殊的调控细胞来避免形成过多瘢痕一样，炎症部位的所有白细胞也会在炎症抗击战结束后减缓自身的活动。就与此相关的战后信号而言，其发起者包括濒死或死亡的中性粒细胞。由此传达的指示会提醒清除细胞吃掉细胞残骸，要求它们从催生炎症的侵略性模式转换为愈合或修复组织的模式。如果战后遗留的血细胞过多，它们会在信号刺激下启动程序性自杀。

人体每天会生成数十亿个白细胞。之前，大家一直以为白细胞的寿命不超过 6 个小时，而且大部分白细胞会自杀而亡。但近期研究发现，某种白细胞的寿命远不止 6 小时（可能长达数月；这还有待进一步研究）。一旦炎症得到控制，新的信号就会告诉这种长寿命的白细胞调头离开炎症部位。创伤内部和血管的各种信号会提示白细胞，它们要收拾行装离开了。另外，负责打扫战场的清除细胞还会通过直接接触或分泌信号的方式向白细胞传达同样的信息。

随即，一小群寿命相对较长的中性粒细胞会返回血液中，并在其他细胞发出的信号刺激下，前往其他症结点工作。与此同时，中性粒细胞踏上新征程的消息还会传递给沿途的毛细血管和新症结点的组织细胞。

如何确定促使中性粒细胞离开损伤部位的信号，是现如今研究的重点，这项研究将有助于科学家开发出合适的药物来清除可能造成创伤处细胞残留的白细胞，进而控制危险的感染病症。

另有新研究发现，一些细胞对话会向相对数目更少的中心粒细胞传递信息，告诉它们不要自杀也不要离开，而是要留在原地来维持慢性炎症。一贯的观点是，慢性炎症类疾病与清除细胞活动异常密切相关，因为清除细胞要负责在抗炎战接近尾声时打扫战场。但现如今发现，这些疾病与中性粒细胞活动异常也有关系。

以往大家认为，死亡和处于濒死状态的白细胞都会分泌信号分子，引导清除细胞来吞噬自己。但事实证明，濒死中性粒细胞与死亡中性粒细胞之间存在很大的差异。只有死亡的中性粒细胞才发送这些信号来减缓抗炎活动，而处于濒死状态的中性粒细胞则会发送另一种信号来无限期地维持炎症，这种信号也是最近才发现的。

死亡的白细胞发送的信号有助于避免瘢痕和慢性感染。但如果是长期处于濒死状态下，中性粒细胞便不会选择加快清理战场，而是会继续推动更具攻击性的行为，由此导致慢性破坏性炎症。从动脉粥样硬化、关节炎和肠道疾病的未来治疗来看，了解上述慢速走向死亡的细胞之间的对话有着至关重要的意义。

令人惊讶的是，白细胞的伙伴竟是毫不起眼的血小板细胞，而事实证明，血小板细胞扮演的角色远不止是"止血栓"。通过阅读本书第 5 章，大家会发现血小板身形虽小，却能够在没有细胞核和 DNA 的情况下进行精细的交流，从而帮助白细胞迁移并调控对炎症的反应。

第 3 章
CHAPTER 3

T 细胞——免疫主力
T CELLS—MASTERS OF IMMUNITY

　　我们把 T 淋巴细胞这种白细胞简称为 T 细胞，它们在免疫系统中发挥着重要作用。不夸张地说，T 细胞可以与人体中的所有其他细胞交流。它们不仅会与彼此内部沟通，还会与其直接影响的众多不同种类的细胞交流，包括所有其他免疫细胞、血细胞、内皮细胞，甚至某些友好的微生物。

　　所有器官细胞都会在受到创伤和感染时，向 T 细胞寻求帮助。收到求助信号的 T 细胞会追捕、剿灭微生物，还会攻击癌细胞。此外，T 细胞还能够变化出多种亚型，从而分析各种情况、攻克各类问题，同时以多种方式来支持其他细胞。T 细胞不仅能够非常迅速地组成一支庞大的作战部队，还能够针对助力"病毒入侵反击战"取得胜利的信号，保持数年之久的记忆。

　　T 细胞的主要工作是评估不该存在于人体内的各种物质，包括微生物、癌细胞、细胞残骸、化学物质，等等。当 T 细胞在其他细胞的表面发现此类外来分子时，就会组织战斗来将其消灭。具体来说，T 细胞会指导诸多其他细胞一同作战，包括游走血细胞、B 淋巴细胞（简称 B 细胞）等其他免疫细胞、内皮细胞、神经元、支持性脑细胞、肠壁细胞、皮肤细胞，等等。

抗击疾病的生力军

从很大程度上说，科学家对于 T 细胞通信及其由来仍处于了解阶段。研究人员希望在新研究结果的基础上开发出多种新的治疗方法，从而通过调整细胞对话来激发针对感染和癌症的抗击作用。

一些治疗方法可能会涉及让细胞发出全新的信号，以及在细胞上放置受体。在具体治疗中，我们可能会利用一些既与彼此交流又和癌细胞对话的微生物来传递信号。从治疗多种自身免疫性疾病来看，拦截 T 细胞发出的信号是关键性的一步。利用各种新信号来改变 T 细胞的行为可

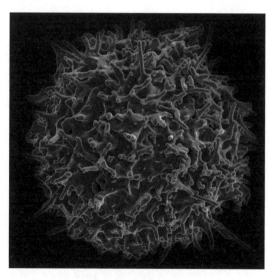

一个健康的 T 淋巴细胞
（电子显微镜照片，美国国家过敏和传染病研究所 / 科学图片库）

能会成为治疗糖尿病、关节炎、疼痛、狼疮和多发性硬化症等诸多疾病的新思路。

目前，我们可以通过在 T 细胞内插入工程化病毒或其他微生物来激发 T 细胞的能量。我们将获得能量的这类 T 细胞称为"超级杀手"。上述基因工程技术的原理是利用微生物来刺激新的受体，从而引发更强的免疫应答来根除癌症及其他疾病。

但总体而言，研究发现，T 细胞本身在对抗微生物方面的能力强于对抗癌症。这背后的原因在于，T 细胞对抗感染往往是"毕其功于一役"；而对抗癌症则不同，癌症涉及多种突变干细胞亚型和不同的发育阶段，因此免疫系统必须进行时间更长、更有秩序的战斗。在如此漫长的战斗中，T 细胞往往会感到筋疲力尽。未来的研究可能会从增强 T 细胞的持久作战能力入手，使 T 细胞利用多元化的方法，在癌症生命周期的各个阶段去攻击不同的癌症亚型。

从另一个角度来说，研究人员还希望进一步明确内部 T 细胞信号如何转变 T 细胞本身的行为，从而找到治疗食物过敏乃至癌症的新方法。催生炎症反应时，T 细胞会变得极具攻击性，但之后又会以另一副面孔来减缓炎症活动。这种从挑起争端到缓和气氛的角色转变会发生在微生物感染缓和之时，又或是受损组织得以修复之后。这种转变能够避免因进一步伤害组织而形成瘢痕组织，以及其他潜在的不良影响。

与疾病斗争结束后，T 细胞会改变其外部信号，以调节参与对抗微生物的整个细胞军团的行为。同样的 T 细胞调控行为每天都在我们的肠道中发生，其中 T 细胞会阻止其他免疫细胞攻击食物颗粒和有益微生物。

通过了解外部信号对 T 细胞调控作用有何影响，我们将能够找到治疗失控性感染和缓解食物过敏的方法。另一方面，我们还可以寻找改变

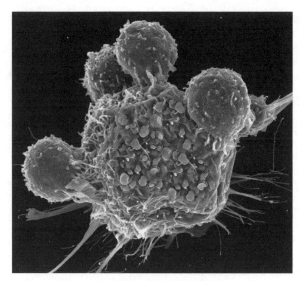

4 个 T 细胞在对抗一个大癌细胞
（电子显微镜照片，史蒂夫·格斯迈斯内尔 / 科学图片库）

这种信号行为的方法，来延长 T 细胞全面抗击癌症的时间。此外，科学家最近还发现，T 细胞会在抗击微生物的战场上留下持续待命的"后代"。这些记忆 T 细胞会常年对患病区域保持警惕。以此类记忆细胞的信号为基础的未来治疗有望强化针对各类感染的预防。

从出生到毕业

"T 细胞"中的字母 T 代表胸腺，这是一个虽然体积小但对淋巴系统和内分泌系统都有作用的中央腺体。胸腺大约长 5 厘米、重 14 克，位于心脏前方胸骨后方。胸腺分为左叶和右叶，每一叶又由体积相对较小的"小叶"组成，这正是胸腺有着凹凸不平外观的原因。

T 细胞在骨髓"出生"，随后迁移到胸腺和其他淋巴组织。到达淋巴组织后，T 细胞会变换出数十种不同的类型。进入胸腺后，T 细胞将接受广泛的教育，逐渐成长为功能完善的免疫主力。但在所有受教育的 T 细胞中，仅 2% 的 T 细胞能够毕业，其他 98% 会因不符合重重选拔的严格标准而由其导师淘汰。

通过测试并获准毕业后，T 细胞便迎来了身份的转变。成熟的 T 细胞经胸腺释放后在体内四处游走，盘查遇见的每一个细胞。这些 T 细胞可以迅速将自己变成多种变异细胞，进而引发各式各样的炎症。但只要人体需要，它们就可以变成抗击疾病的可怕杀手。

历经 T 细胞导师队伍的层层训练

胸腺中的"导师"细胞是非常独特的一类内皮细胞，与人体的任何其他细胞都不相同。这些胸腺内皮细胞会管理胸腺的结构和功能，同时负责"训练"和"磨砺"年轻的 T 细胞。

导师细胞分为两大类，其中每一类都包含刚被人们发现的多个子类别。这两大类导师细胞中，一类负责管理外部胸腺区域，使之形成如大脑般精确的同心圆状三维结构；另一类则存在于一个不规则的中心区域。

从表面上看，大部分 T 细胞都需要同时接受这两类导师细胞的培训。一部分 T 细胞会先在外层接受训练，再转入中心区域；另一部分则先在中心训练，再前往靠边缘的外层。

外层胸腺细胞会首先吸引未成熟的 T 细胞前体细胞。这些 T 细胞自它们在骨髓中出生起就在血液中穿行。导师细胞会向 T 细胞发送特定信号，告诉它们如何前往胸腺并进入其中。

胸腺外层有一类体形异常庞大的导师细胞，我们称之为"看护细胞"。这种细胞会抓起一个进入胸腺的学员 T 细胞并吞下去，在学员细胞周围形成一个防护笼，将其与其余胸腺环境隔开。在这种隔离状态下，看护细胞会运用各种信号的"狂轰滥炸"来测试未成熟的学员 T 细胞。作为回应，学员细胞开始产生大量不同类型的受体。

未通过这场测试的学员细胞将由看护细胞清理出局，进入垃圾处理间。其他学员细胞则重新踏上一条不那么复杂的道路，成为专心完成特定任务的调节性 T 细胞，而非能回应几乎所有刺激的全能 T 细胞。接下来，通过测试的学员细胞将经胸腺外围转送入中心，交给第二类具备多种不寻常细胞特征的导师细胞去训练。

先前研究发现存在大量不同的 T 细胞受体和数不胜数的不同抗体；与此相同，新研究又发现在胸腺中心存在多种类型的导师细胞。这些导师细胞会运用自己的 DNA 来对 T 细胞实施最大限度的训练。尽管大多数细胞仅使用选定的基因在特定时刻发挥作用，但胸腺中心的特殊导师细胞会一次性调动自己所有的基因来生成一切可能生成的蛋白。

各种导师细胞生成的海量蛋白分子为 T 细胞带来了极大的挑战，促使它们生成越来越多的受体。每个学员 T 细胞都要面对众多导师细胞的测试，而且每种导师细胞发出的轰击蛋白都让学员 T 细胞应接不暇。由此可见，T 细胞在最终上岗之前的确经历了一番严苛的训练。不过，这场训练的核心关键是要让 T 细胞懂得在人体内查探问题时，不得攻击正常的人体细胞和组织。当 T 细胞能够辨别"外来"分子和"自身"分子之间的差异时，就不至于引发自身免疫性疾病。

抗原与亲和力

我们将可以触发免疫反应的分子称为抗原。如果细胞表面展示的分子处于正常状态，则我们将其称为"自身抗原"。处于细胞外表面特殊凹槽中的自身抗原会告诉 T 细胞，它们所在的细胞没有问题，内部也没有病毒等异物。自身抗原是正常细胞的标志。

T 细胞最重要的功能就是，在不伤害正常人体细胞的情况下，积极消灭微生物、癌症和残骸。如果 T 细胞误解了自身抗原传达的信息，就会攻击正常的人体细胞，从而导致组织受损和自身免疫性疾病。

从各方面来看，实际的胸腺"考核"系统都更为精妙，不仅仅是要求 T 细胞"收放自如"或是根据自身抗原的信息来判断对错。为了便于理解，胸腺的训练一般被描述为简单的两个方向：一是要求细胞以积极攻击的方式来应对外来分子；二是要求细胞完全不攻击自身分子。

但是，整个训练过程会更加复杂。为了履行多种职责，T 细胞必须以不同的方式对所有细胞做出反应。T 细胞必须保持对所有正常人体细胞的吸引力，才能在持续与这些细胞交流的同时不对其实施攻击。举例来说，T 细胞要对神经元保持恰到好处的关注，既能吸引神经元来参与有关疾病的互动交流，又能避免对其造成伤害。虽说在 T 细胞生成的免疫信号分子中，大部分属于细胞因子，但 T 细胞也能运用神经递质与脑细胞对话。同样，神经元在与 T 细胞对话时也会同时使用这两种信号。

T 细胞"导师"评估的不仅是 T 细胞对自我或非自我辨别的能力，更重要的是评估它们对正常细胞的吸引力强度（即亲和力），只有这两方面都达标的 T 细胞才能毕业。如果根本没有吸引力，T 细胞便无法与正常细胞妥善交流；如果吸引力太强，则会出现组织被破坏等问题。吸引力的大小必须恰到好处，不能太弱也不能太强。

毕业后的 T 细胞正式上岗，在血液、淋巴液和各种组织中巡查，搜索所有细胞表面凹槽中的分子。不幸的是，大部分 T 细胞无法通过胸腺大学针对受体处理能力设置的一系列考核。究其原因，往往是它们无法生成种类丰富、构造适当的信号分子和受体。很多 T 细胞之所以惨遭淘汰，是因为在"攻击时不伤害人体细胞"这项能力上获得的评分不佳。

近期研究表明，一些被淘汰的 T 细胞会重新踏上不同的道路，生成调节性 T 细胞而非主要调节性细胞（如前所述）。通过进一步研究上述选拔流程采用的信号分子，我们将能够从各个方面来改变 T 细胞，使之与多种疾病做斗争。

生成信号分子

由于身兼数职，T 细胞构建了较其他细胞而言最大的受体及信号分子资源库。目前，我们还不清楚 T 细胞以何种方式构建如此丰富多样的分子并使其适应不断变化的环境条件。但可以肯定的是，T 细胞会从多个层面来调控遗传过程，从而生成独特的蛋白质，然后加以修饰。其中多种遗传活动会发生在所有细胞中，但 T 细胞与其他细胞不同，它们还可以编辑自身的 DNA 片段。

众所周知，DNA 会根据自身的编码来生成特定的 RNA 链，再在这条 RNA 链的基础上构建蛋白质。由 DNA 编码生成的其他 RNA 不会继续转变为蛋白质，而是会去执行其他操作。它们当中有的会建起生产蛋白质的工厂，有的会将氨基酸带到这些工厂来生产蛋白质，其他的则抗击微生物的信号分子或担当其他职务。由 DNA 编码形成 RNA 分子继而制成蛋白质的过程复杂多样，人们目前尚未对其了解透彻。以往，大家认为基因是一条 DNA 单链，可以利用编码来生成一条特定的 RNA 链，再生成蛋白质。但实际情况是，为生成 RNA 模板而收集的 DNA 编码可以取自一个"基因"，也可以取自多个其他区域。

经编码生成的 RNA 模板称为"信使 RNA",其中部分编码已删除,余下的则整合形成一条可继续投入使用的信使 RNA 链。这种信使 RNA 分子一经产生即可编辑,不仅编辑方式多样,而且无须任何明显的指示。此外,这种分子为单链,可以用不同的方式剪切和粘贴,产生大量各式各样的蛋白质。完成信使 RNA 的编辑之后,信号分子和标记物会调整其他各类 RNA 的行为。和 RNA 一样,生成的蛋白质也可以继续以多种方式被标记和修饰。

尽管所有细胞都会采用这些编辑和修饰的步骤,但 T 细胞是仅有的两种有自主能力的细胞之一,它们能够自己编辑自己的 DNA 链,生成全然不同的新受体以及 DNA 编码方式焕然一新的信号分子。通过编辑自己的 DNA,T 细胞可以生成各种受体来应对新进化出来的病毒和微生物、环境中的有毒物质,以及人体此前从未遇到过的合成化学物质。

这种 DNA 编辑过程不仅非常复杂而且环环相扣,至少涉及 10 个截然不同的步骤,且会依次用到各种大分子酶。T 细胞从自己基因的三个区域剪切下来的各个部分会以各种不同方式拼接在一起,从而形成全新的受体。

除受体之外,T 细胞还会产生各种信号分子,再将它们以各种方式传递给其他细胞。其中最常见的方式是,T 细胞将信号分子释放到细胞之间或血管内的组织中,再让信号分子前往寻找它们的目标。再或者,T 细胞还可以将信号分子包裹在一个小囊中,然后发射到目的地。此外,T 细胞也能够通过在细胞之间建立的微小蛋白管道来发送信号分子。另一方面,T 细胞还可以在细胞之间实现直接物理接触,并来回快速地交换信号分子。

除 T 细胞之外,人体内仅有的另一种可编辑自有 DNA 的细胞是 B 淋巴细胞,它们会运用与 T 细胞相似的一系列酶来重新调节自有 DNA,进而生成抗体。不过，B 细胞仍需要 T 细胞的帮助才能产生最有效的抗体。

与大脑的对话

大脑回路中神经元之间的固定连接构成了"有线大脑"，可直接与远处通信，而游走 T 细胞则可看作是与大脑直接通信的"无线系统"。神经元和 T 细胞无时无刻不在交流和协作，为的就是保持人体健康。二者均会对感染、异物、创伤、感知和压力有所反应。

现已确知的是，器官中的细胞会出于多方面原因与自身的局部神经元和游走的免疫细胞对话。但近来发现，免疫细胞与脑细胞之间的长距离交流也是细胞频繁对话的一环。这种交流的实现方式可以是利用血液或脑液中的分泌信号，也可以是通过刺激局部神经元来向远处的大脑回路发送信号。

举例来说，在局部神经元之间的组织中，有一些 T 细胞会刺激局部神经元发出信号。它们在组织中游走，发出信号传递给神经元，继而触发远处大脑回路有所行动，对其他我们意想不到的器官产生针灸效应。（详见本章下文和本书第二部分与慢性疼痛综合征相关的内容）

已有研究证明，T 细胞与脑细胞之间的对话在脑部感染中占据重要地位，但鲜有研究可确切显示这些对话是如何发生的。借助更先进的实验设备，科学家已经能够捕获远距离的小分子信号，而且这些信号也已被证明非常重要，无论是对于正常情况下的全身认知调节，还是对于与压力、抑郁和"体感不适"有关的心理变化。未来，发现更多此类信号将有助于截获和改良相应的细胞通信，进而实现全新的精神类疾病的治疗。

身体各方面状况良好时，T 细胞信号会告诉大脑当前可安全进行正常的活动。具体来说，T 细胞会通过向大脑发出恒定的信号脉冲来传达这样的信息，使精神状况保持正常。作为回应，大脑会发送自己的信号分子，让免疫系统知道一切正常。

一旦发现微生物、感染或外伤，T 细胞就会改变向大脑发送的信息，告诉大脑：身体正处于患病状态，需要减缓活动来休息和降低能耗，同时对抗感染。经过这样的交流，身体便会出现"患病感"，表现为昏昏欲睡和疼痛。感染结束后，只有 T 细胞有权发出信号，告知大脑可以恢复正常的认知功能了。

一直以来，大家都认为大脑是脱离免疫细胞的独立个体，还错误地将此定义为"免疫特权"。但今时不同往日，科学家可以利用更先进的显微镜在脑脊液 (CSF) 中观察到免疫细胞，而大脑是浸泡在脑脊液中并受其保护的。以往的观点是，脑脊液只在大脑受到冲击时充当其保护伞。但现在人们知道，这种液体仿若无线通信之河，带着各个区域、各种细胞的信息流过整个大脑。同样，我们现在知道脑脊液往往承载着大约 500 000 个 T 细胞，以及数量相对较少的其他免疫细胞。

进入大脑与跨越其他阻碍

在受保护的脑液和忙碌的血管之间，哪些物质可以穿行取决于 T 细胞与大脑门卫细胞之间的对话。其他经批准进入脑脊液的免疫细胞都会对 T 细胞起到特定的作用，其中有一种白细胞会拾取微生物、癌细胞或细胞残骸的分子样本，再交给 T 细胞评估。而在需要对抗感染的情况下，B 细胞也会前来生成抗体。

如果脑脊液中没有 T 细胞来指导上述细胞，则会引发炎症。其他免疫细胞不像 T 细胞那样了解生活在大脑中的微妙之处。因此，T 细胞必须积极主动地压制所有其他细胞的活动，以防它们造成有害炎症。T 细胞与神经元会经常利用神经递质和细胞因子等信号分子来展开有关压制炎症的对话。

脑脊液会围绕大脑循环，沿神经排出，然后进入淋巴结和颈部血液。与此同时，T 细胞会行经整个脑液，再在离开大脑后抵达颈部淋巴结，寻找可疑颗粒做出评估。在 T 细胞进入脑脊液继而游走到身体的其他部位时，它们需要一次又一次地征得关卡细胞的许可。

与此同时，其他细胞发出的信号也有助于 T 细胞的通行。在 T 细胞游走过程中，局部组织细胞和血管细胞会沿途在大脑和整个身体发送支持性和定向性的信号，帮助 T 细胞完成前往淋巴结的艰难行程。通过利用这些信号，T 细胞将能够跨越由细胞间密集的支架所形成，且通常缺氧的障碍地形，最终抵达淋巴细胞。再者，当 T 细胞需要离开血管前往感染区时，也会获得毛细血管细胞的许可。而且在信号分子的帮助下，它们还能够抓住血管内皮细胞并逆着血流方向攀爬到特定的位置。

为了捕获入侵的微生物、癌细胞和危险物质，T 细胞会通过改变内部代谢来迅速改变自身大小、形状和功能，继而生成强大的杀伤细胞和调节性细胞。杀伤细胞会以物理方式紧紧贴住其他细胞，从而迅速将其摧毁。杀伤细胞还会生成调节性 T 细胞，以便在完成治愈工作后减缓炎症反应，避免损伤组织。这些调节性细胞类似于抑制身体对食物颗粒产生反应的细胞，但除此之外，它们还要处理其他目标和细胞对话。

另一方面，T 细胞会在抵御入侵后留下记忆细胞。记忆细胞会无限期地留在炎症部位来监控形势。抗炎结束后多年，记忆 T 细胞仍会筛查疾病是否复发，而且一旦发现问题就会立即发出求助信号。

情同手足的 T 细胞与小胶质细胞

科学家不了解大脑的免疫功能还有一个原因。在新技术出现之前，人们无法检测到 T 细胞和小胶质细胞（中枢神经系统的主要免疫细胞）之间的对话。但现在知道的情况是，小胶质细胞是 T 细胞的重要搭档，它们会共同参与所有影响大脑的免疫活动。

胎儿发育过程中，小胶质细胞会从骨髓出发前往大脑。到达大脑之后，小胶质细胞及其后代会定居下来，伴随成年人的一生。从始至终，小胶质细胞都会与游走的 T 细胞、脑细胞和其他免疫细胞保持交流。本书第 11 章将介绍小胶质细胞的复杂生命活动。

在正常情况下，小胶质细胞会为神经元连接的维持和修剪提供协助。而在紧急情况下，小胶质细胞则会响应 T 细胞的号召，行使作为免疫细胞的职责。其间，它们会改变形状，成为更具攻击性的细胞来保护大脑免受感染、癌细胞或外伤、阿尔茨海默病造成的损害。

在小胶质细胞抗争状态下发生的活动有时会加剧炎症，甚至使阿尔茨海默病造成的损害升级。对此，截获 T 细胞、小胶质细胞与其他脑细胞之间的日常对话，现已成为阿尔茨海默病研究的前沿领域之一。

T 细胞与针灸

T 细胞与大脑之间的交流方式与众不同。二者的通信信号会经由遍布全身的神经元在大脑、淋巴组织与骨髓之间来回传送。作为两大神经系统，交感和副交感神经系统在大多数内部器官中执行相反的功能，比如升高 / 降低心率，或使肠道肌肉处于活动 / 静息状态。就人体局部区域而言，T 细胞会与这两大系统中的神经元对话。神经元及其附近 T 细胞之间的信号会经由组织来回传播。

这种神经与 T 细胞的对话可能是针刺效应机制的一部分。近来研究发现，刺激手臂（而非任何血管或神经）的穴位会对大脑产生影响。实际上，对穴位进行电刺激，会激活该位置上两条神经之间的 T 细胞。接着，T 细胞向传递到大脑的神经发送信号，继而远程产生影响。对于上述神经与独立游走细胞之间的信号传递，详见专门讨论神经元的第 9 章，以及讲述疼痛的第 14 章。

炎症与抑郁的复杂关系网

T 细胞与大脑的其他对话反映了炎症与抑郁的复杂关系网。在无感染的情况下，T 细胞会发送信号来刺激大脑记忆中心正常活动，包括产生新的神经元。在精神抑郁的情况下，T 细胞会发出炎症信号，同时要求减少生成记忆细胞。当治疗有助于缓解抑郁时，T 细胞会再次发送信号来触发生成新的记忆细胞。有关这些细胞对话，我们需要了解的还很多，或许也会从中找到治疗抑郁症的新方法。对此，本书第二部分有关大脑的内容将做进一步讨论。

压力是人在大脑功能与炎症交界面上的另一种体验。从人以多种方式应对压力来看，T 细胞在其中起着至关重要的作用。大脑和免疫细胞均可感知压力。与学习相关的短暂压力或非预期的压力可能有助于刺激积极的脑部活动。相比之下，长期慢性压力将会通过免疫应答触发破坏性炎症。

在由正常学习引起短暂压力的过程中，T 细胞会运用信号来辅助刺激空间学习和记忆活动。在承受长期慢性压力的情况下，T 细胞会引导产生破坏性炎症反应，使记忆力下降并导致抑郁。这一切过程都基于 T 细胞与各种脑细胞之间来回的信号传递。

是杀是留？一个复杂的过程

我们现已知晓，抗原是可以触发免疫应答的分子，而自身抗原是暴露于细胞表面的正常分子。身处细胞膜特殊表面凹槽中的自身抗原会告诉 T 细胞，它们所在的细胞没有问题，内部也没有病毒等异物。自身抗原是正常细胞的标志。

T 细胞最重要的功能就是，在不伤害人体的情况下积极消灭微生物、癌症和残骸。如果 T 细胞误解了自身抗原传达的信息，它们就会攻击正常的人体细胞，从而导致组织受损。

成熟的 T 细胞会扫描它们遇到的每个细胞，搜寻常态和患病的特定迹象。这些迹象包括细胞内释放并放置在表面特殊凹槽中的识别分子，以及由其他免疫细胞放置的内部感染标记。每个细胞都会挂上识别分子来反映细胞内部的情况，比如功能正常、有微生物入侵、存在癌症、受损，等等。

两大评估系统

T 细胞具备两大系统，作用是识别其他细胞上的分子并评估。其中一种系统涉及特殊的呈递细胞，它们会从异常细胞中获取分子并将其交予 T 细胞。如果 T 细胞和呈递细胞一致认为捕获的是危险分子，则 T 细胞会受到激活而转变成战斗细胞。对于这种激活，呈递细胞不仅要提供可疑粒子，还要在有判定结果时再向 T 细胞发出同意信号。

另一种系统涉及除红细胞以外的所有其他细胞，从其内部发出的示例分子会暴露于细胞表面。对于这些分子，T 细胞会在没有呈递细胞帮助的情况下做出评估，但只有已激活且用作杀伤细胞的 T 细胞才能强势应对这些威胁性颗粒而无须呈递细胞加以辅助。

我们每天吃的食物是一种特殊的外来物质，会由 T 细胞进行评估。在肠道中，细胞可能将接二连三进入的食物都视为异物，因而每次进食都可能引发致命的免疫反应。为了抑制这种食物反应，身体必须按照严格标准来生成调节性 T 细胞。

这些 T 细胞非常擅长克制自己对食物的反应，甚至还可以避免对自然界中前所未见的合成化学物质产生反应。但应对食物颗粒的难点在于，这些特殊的 T 细胞必须每天与肠道细胞和微生物进行协作性对话来获得支持。肠道内皮细胞和微生物会培训调节性 T 细胞，让其充分了解哪些是必需营养物质和消化产物，哪些是友善的肠道微生物。

在这些对话中，维生素 D_3、维生素 A 和叶酸等也起着重要的信号作用，可以提醒保护性 T 细胞不参与攻击。有关肠道细胞和有益微生物如何对 T 细胞进行日常培训，详见讲述肠道细胞的第 6 章以及有关肠道微生物的第 17 章。

危机四伏

为了追捕微生物，杀伤细胞必须迅速繁殖并游走于全身各处，但所经之地不仅危机四伏，通常还没有氧气和食物。针对这一艰难旅程，T 细胞能够通过专门设计的全新方式来利用其内部代谢循环。通常，分子是细胞内普通的营养与能量途径的一分子，它们会充当信号来刺激 T 细胞发生急剧转变，成为更大、更具攻击性的细胞。

攻击性 T 细胞需要进行与以往不同的新代谢，它们会运用其他方法从细胞内除普通线粒体之外的其他位置来获得能量。攻击性 T 细胞会摄取谷氨酰胺等替代性养分，这也是它们不会在日常饮食中摄取的新养分。

燃烧谷氨酰胺而非糖类的方式可以提供更多能量，让细胞以比正常活动快 200 倍的速度来实施攻击。然而，利用谷氨酰胺这一替代性养分会使细胞付出很大的代价，而且对细胞内部资源的需求极高。因此，这种新代谢的持续时间不会太长。

在上述升级为凶悍攻击性细胞的急剧转变过程中，多个细胞区室内部及其之间都会进行细胞对话。这些对话一部分发生在细胞的代谢通路中，另一部分发生在细胞核。细胞核内的基因会触发生成新物质，用于构建强大的攻击性细胞。在与之类似的内部信号传递作用下，癌细胞也会具备异乎寻常的攻击特性。通过了解这些内部 T 细胞信号，我们可以基于激发 T 细胞的攻击力，同时降低癌细胞的破坏性的方式来开展新的治疗。

在抗击外敌期间（见上文），杀伤性 T 细胞会与不幸沦为猎物的细胞之间形成物理附着，我们称之为免疫突触。这种连接在结构和功能上都与神经元突触大不相同，而且只能持续很短的时间。当 T 细胞触碰到目标细胞时，二者的细胞膜几乎是立即形成一种类似于手指交叉的临时互锁连接。数分钟之内，较大的支架分子会形成一个扁平的永久性连接，而临时互锁结构也会随之逐渐消失。

接着，一种复杂的大型分子机器（常用于编排在细胞分裂时经拖动到位的染色体）会在发动机分子的推拉下到达免疫突触附近。然后，这种机器会生产出像注射器一样的大型装置，将一包包的有毒颗粒投向猎物。这一复杂的过程只会持续短短几分钟，效果却是显著的。

保护健康组织

在抗病战斗中，T 细胞还会采取另一种重要战术来保护局部组织细胞，这种战术有点儿类似于避免攻击食物颗粒的机制。初始 T 细胞知道如何不杀死正常细胞，经过复刻的杀伤细胞大军却需要帮助了解如何做到这一点。

初始 T 细胞并未将这些细微的知识点教授给迅速集结的衍生细胞大军。但当抗病战斗偃旗息鼓，T 细胞会生成一种新的调节性 T 细胞，用以查探危险情况并指导杀伤细胞减缓活动，以免攻击正常人体细胞。与此同时，这些调节性 T 细胞还会巡视具体的执行情况。

在这一保护性过程中，诸多不同信号被用来改变杀伤细胞的代谢。如果杀伤细胞确实在攻击正常细胞，那么调节性 T 细胞就会积极运用信号来干预。这将成为未来信号研究的另一个方向，或可为治疗危险性感染提供新思路。

第 4 章
CHAPTER 4

毛细血管——组织发育的"脑中心"
CAPILLARIES—THE "BRAIN CENTERS"
OF TISSUE DEVELOPMENT

最大的动脉和静脉将快速流动的血液送入心脏，再运出心脏。这些血管会形成较小的血管分支，用以连接所有血管中最纤细的毛细血管。在纤细的毛细血管中，血液流动像匍匐前进般缓慢，管内空间仅可供一个个血细胞排成单列滑动通行。在这里，血细胞会与毛细血管及其附近的组织细胞沟通，让氧气和二氧化碳通过扩散作用进行交换。

毛细血管主要由单层内皮细胞构成，这些细胞会形成交错复杂的网络，我们称之为"血管床"。这些网络会嵌入到组织和骨骼之中，进而延伸到全身各个部位乃至每一条缝隙。随着数百亿条毛细血管历经整个人体，这些血管将占到所有血管总面积的 90%。借助高级显微镜，研究人员已开始观察每个器官中这些血管床微环境的细微差异。此外，毛细血管对于每个器官来说都是唯一的。

近期最重要的发现或许是，毛细血管的作用远不止是向人体的各个角落渗透血液、氧气和营养物质。如今研究发现，毛细血管内皮细胞是对于组织来说至关重要的"脑中心"，可以刺激、调节、维持和抑制发育成每个器官的干细胞。上述毛细血管直接影响各种组织和骨骼生长的概

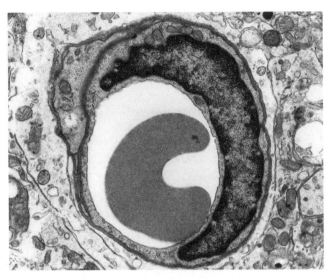

毛细血管中的红细胞及其内部的大细胞核
（电子显微镜照片，丹尼斯·孔克尔 / 科学图片库）

念可以追溯到亚里士多德，他率先提出了血管能够在某种程度上决定器官和其他组织在体内如何发育的概念。

　　不过，我们还不清楚血管和组织如何维持双方之间错综复杂的关系，也不清楚哪一方先主动与另一方建立关系。我们对内皮细胞的功能知之甚少，但据目前的了解，它们最重要的功能是在细胞和信号行经人体每个区域时为血液流动提供保护。

　　虽说我们对毛细血管的了解不深，新的研究进展却时常令科研界感到吃惊。比如，在为能够更紧密贴合邻近细胞等特定情况下，毛细血管会在一定程度上改变自身的形状；又或是通过改变细胞性质来为液体放行。在改变形状方面，人们对大部分示例都还没了解透彻。但已了解的示例是，子宫内的黄体酮会诱发细胞膜穿孔，以使分泌物排出。

　　近来还发现，毛细血管会用装着信息分子的大囊泡来与其他细胞进行通信。借助毛细血管释放的这些囊泡，其他细胞将能够以针对每个组织的独特方式来改变血管周围的基质。囊泡中携带的信息还有助于建立独特的毛细血管生态位，而且目前我们已经在肝脏、骨骼、肺和大脑中观察到了这样的生态位。

不可或缺的建设伙伴

如今，科学家发现毛细血管在组织生长的所有阶段都是其不可或缺的建设伙伴，而且还可以为维护组织出力。毛细血管可以通过发送信号来维持组织的正常代谢，还能够调节所有组织细胞的生长，包括在必要时调节其他血管的生长。其间，毛细血管收到的指示基于干细胞、血细胞、组织细胞和局部神经元之间的讨论结果。

发生感染时，毛细血管会发信号向免疫应答系统求援并提醒 T 细胞"备战"。重建组织时，毛细血管会与干细胞进行通信，以免因纤维过多而产生瘢痕。

干细胞的连接

据悉，成年干细胞存在于全身诸多区域，包括大脑、肝脏、心脏、肠道、牙齿、皮肤和骨骼。这些干细胞会一小群一小群地待在受保护的区域，我们称之为"干细胞生态位"，也是在每种组织或骨骼区域中发现干细胞的地方。这些生态位离毛细血管很近，彼此可以运用加密分子信号或直接接触的方式进行对话。

毛细血管还可以轻松地将信息送入血液，以便与免疫细胞和骨髓细胞进行远距离通信。毛细血管能够在一定程度上了解各个器官的确切需求，并对干细胞产生刺激或抑制的作用。

神奇的是，一种不寻常的毛细血管内皮细胞能够在必要时转化为干细胞。变成组织干细胞后，这些内皮细胞就需要在其他原始毛细血管细胞的指导信号下行动。

另外，毛细血管还会针对局部组织细胞分泌多种信号分子。这些信号分子会告诉细胞，它们所在器官的形状和具体功能。组织修复期间，有序发送的信号分子会指导组织形成三维空间构象。组织细胞也会得到指示，了解特定位置所需的细胞浓度，从而形成大小和轮廓一定的组织。组织细胞不光听从毛细血管的指示，还会在毛细血管和干细胞的双向对话中传达器官的需求。

协调重建和维护过程

研究表明，每个器官的生长和受损组织的修复都离不开组织细胞与毛细血管之间的互动讨论。举例来说，毛细血管之间的对话为干细胞提供了确切的指导信息，告诉它们从细节特征上来构建、维护和重建每个器官。毛细血管将决定干细胞是应保持安静，还是在刺激作用下生成更多细胞。近来发现，每个器官的毛细血管都有其独特之处。

不久前，我们才刚刚发掘到各类组织中毛细血管对话的细节，其中涉及大脑、骨骼、肝脏、胰腺、肠道和肌肉。举例来说，毛细血管信号能够向免疫细胞传达行经路线来引导它们前往受感染的组织，还能够与向其他屏障细胞发送的信号一同来决定进出大脑的物质。

获得上述发现是一个循序渐进的过程。首先，我们观察到毛细血管能够辅助构建胰腺和肝脏。接着，我们发现毛细血管在癌症的传播中起着重要作用。进一步研究发现，不论是胎儿的正常发育还是成人组织的

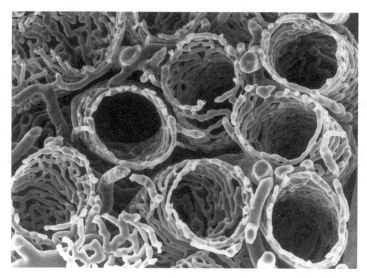

附睾中异常丰富的毛细血管网
（电子显微镜照片，唐·W. 福西特 / 科学图片库）

维系，毛细血管都扮演着不可或缺的角色。现已确知，所有这些研究发现的基础都是细胞对话。

一个器官区别于其他器官的界定性特征之一是其组织细胞之间的分子基质。这种细胞外支架能够将组织结构连在一起，产生特定的局部环境。在此基础上，毛细血管还会根据特定器官、骨骼或其他身体部位所需要具备的特征，为构建血管周围的细胞外基质提供指导。

还有一种细胞会包裹在毛细血管内皮细胞周围，我们称之为周细胞。周细胞既可以像肌肉一样收缩，也可以参与全身各处毛细血管之间的讨论。就大脑血管周围的致密屏障而言，周细胞起着至关重要的作用，而且大脑中的毛细血管内皮细胞还会与周细胞进行对话，讨论是否允许免疫细胞由血管进入脑组织。毛细血管和周细胞都是独立作业，但在大部分组织中，毛细血管会整合所有与周细胞的对话并最终指导局部作业。

有关周细胞的更多信息，请参阅第 13 章。

了解毛细血管如何影响单个器官

　　肝脏是一个很神奇的器官。遭受创伤时，肝脏可恢复多达 70% 的自身组织，其间毛细血管会协调这一组织修复过程。毛细血管信号还会刺激生成新的血管，为新的肝组织提供营养。另外，毛细血管还能以某种形式了解肝脏应该长多大。毛细血管会发信号通知新的干细胞来构建组织，再在组织长到一定大小时抑制其生长。

　　在无法正常再生的情况下，肝脏会形成一种"纤维化"的瘢痕组织，这种组织会占据原本属于正常组织的空间。不巧的是，毛细血管也会促成这种异常瘢痕组织的形成。简而言之，如果是原本健康的肝脏出现急性损伤，则毛细血管会刺激肝脏正常生长；而如果是酒精或代谢综合征

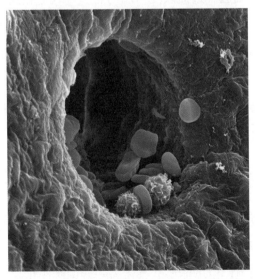

特化的窦状肝毛细血管与多个红细胞和两个白细胞
（电子显微镜照片，史蒂夫·格斯迈斯内尔 / 科学图片库）

导致慢性肝病并使肝组织不断重建直至细胞衰竭，则毛细血管会引导其他通路来产生异常的肝纤维化。

另一方面，毛细血管还对肺功能和组织发育起作用。从肺部来看，呼吸细胞利用其表面伸出的小绒毛来交换氧气和二氧化碳，而毛细血管则与其相互交织。毛细血管和肺细胞必须接近到相互贴着的程度，才能让气体正常地在它们之间扩散。面对肺细胞气体空间，毛细血管会通过广泛交涉并利用多种相关信号分子来建造与这些空间有关的独特膜结构。肺组织被切除之后，毛细血管仍然会刺激生成新的肺细胞。通过精细的来回信号传递，更多干细胞得以产生，以供新组织发育。

胰腺中也有类似的情况。胰腺中的毛细血管位于产生胰岛素的细胞附近，通过血液中的信号分子不断与细胞交流人体代谢情况。毛细血管可以刺激胰腺细胞再生，以便调节代谢失衡。部分毛细血管会历经其他过程转变成脂肪细胞，进而改变与脂肪相关的代谢作用。这些经转变生成的细胞与干细胞相似，二者都需要继续接受正常毛细血管的引导。

心肌周围的毛细血管还可以利用信号来辅助刺激心跳。当毛细血管感觉到氧气浓度低时，它们会产生特定的信号。如果低氧环境使心肌受损，毛细血管会大大提高自身的活性，刺激心肌修复并提高肌肉收缩强度，以便继续向全身泵送血液。

寻求帮助

如果化学物质、创伤、低氧或辐射等因素使组织受到破坏，与干细胞协作的毛细血管会视情况向特定的免疫细胞寻求帮助。这些免疫细胞生来是游走的细胞，但可能要从身体另一侧的骨髓出发走很长的距离才能前来援助。同样，从毛细血管发往骨髓的信号也可能要先根据特定的重建任务来刺激生成多种必要的细胞。

实际上，毛细血管会在向免疫细胞请求必要援助的整个过程中发挥引导作用。在辅助细胞转运期间，毛细血管会全程发送消息，告知问题发生的确切位置。与此同时，毛细血管会刺激救援行程中的其他局部细胞，让其了解问题的起因并生成有助于引导行进者的细胞因子。借助这些信号，行进中的免疫细胞将能够附着在血管上，甚至逆着血流方向朝目标前进。

游走的血细胞到达确切地点后，毛细血管要确定这些细胞是不是它们所需要的。一旦确定，毛细血管就会发信号让血细胞穿出血管进入组织。通常，毛细血管会与邻近细胞紧密相连，以便维护血管边界并防止液体由血液渗入组织。为了方便辅助免疫细胞进入周围的组织，信号分子会转变毛细血管的交汇点，为血液中的细胞开辟一条通道。鉴于大脑的血液与组织之间的屏障更多，通行其间的复杂程度也更高。

大脑发育的好伙伴

与刺激其他器官的干细胞生成一样，毛细血管也直接参与了所有脑细胞的生成。就成年人而言，虽然大脑会大幅减少新神经元的生成量，但会生成大量支持性脑细胞。（我们将这些支持性脑细胞称为胶质细胞，详见本书第 10 章至第 12 章）

从发育中的胎儿来看，数十亿个神经元遍布大脑的各个区域，但随着生命进程的发展，特定位置的新神经元生成量会逐渐减少。对成年人来说，新神经元将用于支持记忆中心和翻新嗅觉神经元。近期一项研究通过考察猝死成年人的大脑发现，记忆中心每天可生成数百个新神经元，即便是进入老年阶段也不例外。但这项研究进一步指出，高龄人群会出现血流速度减慢，从而使上述新神经元的有效性降低。

现已确知，在大脑内以及大脑外局部组织生成新神经元的重要过程中，干细胞附近的毛细血管都有参与。在大脑内，受毛细血管信号刺激生成的新神经元会迁移到适当的位置，再融入活跃的脑回路中。而在大脑外，肺便是迁移目的地之一，毛细血管信号会在此刺激生成局部神经元的干细胞。另一目的地是脐带，毛细血管会在那里发出生成新神经元所需的信号。

与此同时，毛细血管还会刺激生成支持性脑细胞（各类支持性脑细胞均在后续章节中有详细介绍）。脉络膜内皮细胞（又称脑内皮细胞）处于血管与脑脊液之间的关键屏障处。毛细血管内皮细胞会利用信号来调节生成脉络膜内皮细胞的干细胞，告诉它们是要保持静息状态，还是要生成更多屏障细胞。有关脉络膜内皮细胞的探讨，详见第 13 章。

为了实现创伤和卒中后的脑组织再生，毛细血管会通过协调活动来大幅提升信号分子的生成量，为清理和修复受损大脑区域所需的各类新细胞提供营养。这些信号分子会引导大脑干细胞前往特定位置来产生更多细胞，它们起到的作用包括指明行进方向，以及刺激生成更多细胞。在这种情况下，毛细血管与神经元之间会进行更频繁的交流，以调节大脑结构的生长和能量使用情况。

在大脑和其他一些器官中，毛细血管会为生成新细胞提供三个不同级别的支持。在第一级支持中，毛细血管会发信号来转变大脑干细胞的类型，使其从生成多种细胞的通用型细胞变成仅生成某种特定细胞（神经元、内皮细胞等）的有限型细胞。毛细血管能够刺激多种不同类型的干细胞，使之生成一千多种神经元和各种各样的支持性脑细胞。在发出生成有限型干细胞的信号后，毛细血管会再提供两个附加级别的支持。

　　在第二级支持中，毛细血管会引导有限型干细胞移动到特定的位置，以便在必要时生成特定的脑细胞。包裹轴突周围绝缘层的细胞便是一例，这些细胞可以决定神经元回路中电信号的传递速度。根据各种回路所需的信号传递速度，回路中每个位置的绝缘材料（髓鞘）数量会有所差异。毛细血管会指导新的有限型干细胞前往大脑中的特定位置，找到特定的神经元并生成支持性脑细胞，从而在神经元的轴突周围形成适量的包裹结构。

　　毛细血管提供的第三级支持是在大脑正常运转时，对其产生刺激作用。毛细血管会通过发信号来刺激干细胞和脑细胞发挥维护作用。

与骨骼交谈

　　正常、健康的身体会不断地对骨骼进行重塑。在此过程中，不仅坚固的骨骼结构会被改变，骨髓中也会生成血细胞。在两种独特的毛细血管引导下，骨骼会拆分组合成各种结构。一种毛细血管会刺激生成新的骨细胞，另一种会刺激骨细胞开拓出一些窦状洞穴环境，以供毛细血管在骨骼内居住。骨髓中的其他干细胞会参与生成各种各样的血细胞。全身上下的各种血细胞均由骨髓生成，而毛细血管就位于骨窦中的干细胞生态位附近，二者会交流如何生成各种血细胞。

　　骨骼中的毛细血管会响应组织细胞、免疫细胞和全身其他毛细血管的号召，寻找特定的血细胞来应对局部紧急情况。毛细血管会发信号给干细胞，告诉它们按需求生成血细胞：多则减产，少则补给。与在大脑中的情况一样，骨髓中的毛细血管也会在生成各种血细胞和免疫细胞时，为干细胞提供三个级别的指导性支持。在第一级支持中，毛细血管刺激生成更多的干细胞。接着，毛细血管会发一组信号来限制干细胞，让它们只能生成特定的血细胞家族。而到了第三级支持，毛细血管会刺激生成该家族谱系中的特定细胞，或是抑制生成需求量很小的细胞。

毛细血管信号会同时刺激与白细胞和红细胞相对应的干细胞。一种干细胞生成红细胞，另一种生成白细胞（详见第 2 章）。用于生成白细胞的干细胞会转化为有限的类型，进而生成 T 淋巴细胞（详见第 3 章）和 B 淋巴细胞。这些细胞还会进一步生成两种鲜为人知的细胞：天然杀伤细胞和 B 细胞衍生细胞；前者与 T 细胞相似但功能相对较少，后者可生成大量抗体。

在胎儿体内，毛细血管信号还会刺激另一种能够进入大脑的白细胞。这些细胞与之前提到的小胶质细胞一样，都是定居型免疫细胞，会在整个成年阶段一直生活在大脑中。在白细胞谱系中，我们还发现了一种重要的细胞，即生成血小板的大型母细胞（详见下一章）。

当骨髓耗减时（可能发生在严重感染期间），毛细血管会换挡发信号来重新填充骨髓。重新填充骨髓的细胞对话非常复杂，且由多个信号依次传递而成。一些信号有助于避免干细胞衰竭，另一些信号催生新的干细胞来增援。除此之外的其他信号具有全局性，可一次刺激生成所有类型的细胞，包括淋巴细胞和红细胞。如果细胞产量过大，毛细血管会发送抑制因子来叫停生产。

第 5 章

血小板——远不止是"止血栓"
PLATELETS — MUCH MORE THAN A PLUG

科学家惊讶地发现，没有细胞核，甚至都算不上是细胞的低等血小板也会与诸多其他细胞进行细致精巧的交流。在有近来的新发现之前，大家一直认为血小板只是大细胞的组成部分，唯一的作用就是结块止血，偶尔还会因结块位置出错而堵塞动脉。由于不慎在心脏、脑血管中形成结块，血小板会导致心脏病发作和卒中。

在发现血小板与免疫细胞、血管细胞和组织细胞的对话之前，我们甚至很难想象血小板可以像细胞一样发挥自己的功能。血小板如何产生信号和受体？如何在没有细胞核和 DNA 的情况下随机应变？

答案是，血小板早在脱离母细胞"巨核细胞"这一大骨髓细胞之前就已获得傍身之计。这些母细胞会为血小板提供由自身 DNA 编码的全套信使 RNA 分子，以及"核糖体"这种蛋白生产机器。有了这一切支持，血小板便可以自行编制完整的信号和受体信息。

与大多数免疫细胞在最初应对外敌和伤害时进行的细胞对话一样，血小板开展的交流也很重要且丰富多样。血小板信号在抵御微生物时起着关键性的作用，而且往往是领着第一批细胞与体内微生物交锋。凭借遍布全身的数量优势，血小板能够迅速找到微生物并发消息给免疫细胞，刺激它们启动防御机制。在召唤白细胞的同时，血小板会积极加入免疫细胞的行列，与它们一同抗击感染。血小板会充当 T 细胞的助手，帮它们引导 B 细胞生成更优质的抗体。

除了发信号给免疫细胞来抵御外敌并自行对抗微生物，血小板还要解决另一个血流动力学方面的难题，那就是"止血"，这可不像想象的那么简单。在止血的过程中，血小板还必须同时应对各种组织对血流量的确切需求。血流量过多或过少都会损害组织。如果凝血过度，血块会遍及整个血液系统，进而同时破坏多个身体区域。如果凝血不足，组织会失血而亡。

作为损伤的头号响应者，血小板必须在即刻止血、维持适当血流量的同时，抗击微生物。组织受损时，微生物会通过创伤或异物等途径进入组织。组织和血管受损会触发多级凝血因子，进而引导血小板通过改

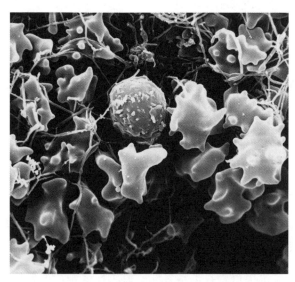

血小板、红细胞与纤维蛋白一同形成血栓
（电子显微镜照片，戴维·M.菲利普斯 / 科学图片库）

变形状来形成血块。血小板也会发信号吸引免疫细胞，让它们前来修复组织并辅助细胞外可结痂的支架分子成形。可以说，血小板同时参与了上述所有活动。

近观血小板

只有哺乳动物才有血小板，其他生物会运用不同的血细胞来完成相同的工作。如前所述，血小板由骨髓中的巨核细胞生成。响应肝脏和肾脏发出的信号时，巨核细胞的体积会扩大到原来的 20 倍，而后即刻产生成千上万个血小板。这些血小板可以存活一周左右。血小板的母细胞会从骨髓出发，到达脾脏后储存起来以备不时之需。这些细胞会在神经元信号的刺激下释放出来。细胞间广泛的对话使血小板的供给恰逢所需，但又不至于供大于求。

血小板之所以能够迅速改变自身的形状，是因为它们处于皱缩状态，有大量额外的细胞膜卷缩成皱褶。其他细胞会向血小板发消息，告诉它们何时改变形状。血小板内部的支架分子会回应这些消息，长出很多只长长的"手臂"，从血小板躯体上伸展开来。血小板"变形记"分三个阶段：长出新的"手臂"，身体舒展开来，中心位置增厚；此时血小板膜结构正下方的"发电机"可迅速扩大膜表面积，而无须自身延展或添加新材料。之后，血小板的手臂会附着在血管破裂处。接着，多个血小板"手挽着手"，一同形成栓塞结构。

血小板会产生信息和攻击性分子，再通过包含化学物质的囊泡发送。不过仅在身体由圆形长出"手臂"时，血小板才会使用囊泡来发送消息。囊泡会携带三种信号分子，每种信号分子的作用各不相同：其一用于调节血流量；其二用于附着并杀死微生物；其三用于重塑血块，以便修复受损器官。要杀死微生物，血小板的手臂必须先抓住微生物，然后对其注射囊泡。血小板的受体众多，能够感知每一种微生物，而且血小板还能提供杀死每种微生物的特定毒性化合物。

全面进击微生物

血小板可以感知伤害的种类和确切位置，并迅速抵达那里。由于在数量上远超其他血细胞，血小板是最初在症结点解决问题时占比最大的参与者，同时它们也在等着更强大的 T 细胞和中性粒细胞赶来支援。发现微生物后，血小板会改变形状并释放攻击性分子。

为了抗击微生物，血小板会运用各种技术手段。遇上难对付的细菌种属时，血小板会释放各种各样的囊泡，一些囊泡含磷酸盐能量颗粒，另一些则含有可利用这些能量颗粒来攻击微生物的蛋白质。而细菌会利用自身的信号来应对攻击，这些信号会阻止血小板分泌并分解血小板蛋白。接着，血小板又会分泌一些酶来分解细菌的攻击性蛋白。这场交锋战将以多种形式持续进行。有关细菌应战的更多信息，详见本书讲述微生物的第三部分。

血小板用来对抗微生物的分泌物能够一次性发挥多种功能。近期研究发现，已知能够启动凝血过程的一种酶还会将血小板产物剪切成多个片段，每个片段均以特定微生物种属为攻击目标。另一种由血小板产生的多功能分子会随着微生物的变化而形成不同的片段和模块，这些独特的分子结构区域会向其他细胞发出求助信号，以便杀灭各种类型的微生物。当血小板直接攻击微生物时，发出的信号会调动更强的攻击。

在抗击微生物的过程中，血小板还会运用特殊的受体。内部受体能够感知其后剩余攻击性分子的数量。必要时，信号会从内部发出，调动信使RNA 和核糖体生成更多攻击性分子，且其生成量有时还会达到原来的 100倍。通过利用受体，血小板还可以分析细胞上伸出的特定脂肪分子，从而区分人体细胞膜和微生物细胞膜。在此基础上，血小板能够做到只攻击微生物，而不攻击人体细胞。

大量的血小板攻击性分子能够有效对抗各种微生物，包括细菌、真菌、原生动物和诸多病毒。近期研究证明，血小板是对抗 HIV（人类免疫缺陷病毒）的第一道关键防线。血小板因子还被证明可限制链球菌性心脏感染。一种特异性血小板分子可进入由微生物占据的红细胞，进而攻击引起疟疾的寄生虫，而且体内的血小板越多，抗击疟疾的成功概率越大。另外，血小板还能够有效对抗多种真菌。而为了攻击蠕虫，血小板会产生过氧化氢和其他攻击性分子。虽说血小板不能把微生物"吃掉"，却可以阻拦微生物的去路，等体形较大的巨噬细胞来吞噬它们。

辅助性免疫细胞

血小板最重要的功能很可能是充当辅助性免疫细胞。它们会查看免疫清除细胞的表面，以确认哪些细胞已受到感染，无法再与微生物作战。随后发信号传达自己的核查结果，召集强兵作战。血小板会刺激与微生物结合的受体，以此帮助白细胞更轻松地吞噬微生物。

血小板具有多种免疫信号受体，这使它们在体内各处游走，以便响应极远处的求助信号。到达目标位置之后，血小板会即刻利用大量受体和信号来应对各种类型的细胞损伤。一些血小板信号会使白细胞迅速做出反应，而通过运用诸多功能最强的免疫信号，血小板还可以引发炎症。在评估当前形势之后，血小板视情况变化来发送一系列的消息。但由于具体过程较为复杂，信号有时会出错，进而导致凝血位置出错。

血小板能够增强白细胞吞噬微生物的能力。如果确定有必要采取某种策略，血小板会发出信号，通知特定类型的清除性白细胞前往与外敌激烈交战的位置。接着，负责吞噬残骸的清除细胞会生成各种酶，将血小板分泌的分子剪切成小片段。这种攻击必须在血小板信号和清除细胞酶的共同作用下才能起效。微生物会用自身的酶来反击，试图破坏血小板的攻击性分子。不过，这些酶也会不慎制造出更小的血小板分子片段，伤及微生物自身。

中性粒细胞会为微生物布下陷阱，我们称之为"猎网"。这些猎网由DNA 分子和蛋白质构成。血小板会参与整个布网过程，将自身与猎网和白细胞一同构建形成纤维集合体。这种复合结构能够募集并激活更多免疫细胞。在此基础上，血小板纤维可以更广泛地附着微生物分子，以便将其杀灭。猎网是一种关键攻击机制，可在杀死多种细菌的同时不损害人体组织。

血小板的辅助作用还体现在其他各个方面。为了妥善解决问题，强大的 T 细胞需要其他细胞来呈递细胞损伤处的微生物片段或微粒。血小板本身不负责向 T 细胞呈递物质，但它们会参与其中并提升呈递过程的特异性。为此，血小板会与微生物建立联系，将其迅速结合到呈递细胞上。

而在受到病毒入侵等情况下，血小板还会直接向 T 细胞发送多个激活信号。与此同时，血小板发送的信号还会提醒 T 细胞攻击其他受感染的细胞。血小板会视情况发送信号，召唤所需的特定类型的 T 细胞。这些血小板信号对于 T 细胞与 B 细胞之间的关键通信也很重要，有助于生成最佳抗体。

血小板与癌症

癌细胞与血小板的关系独特。如我们将在第 8 章所看到的，癌细胞需要获得局部组织细胞、免疫细胞和血管内皮细胞的支持。近期研究发现，在癌症发生时，血小板也帮了忙。血小板可以利用凝血常用纤维来包被癌细胞，使其免受免疫清除细胞和杀伤性免疫细胞的攻击。

血小板能够辅助构建转移性癌症群落的结构，而且群落形成部位的血小板越多，疾病预后情况就越差。在解决此类血小板积聚问题上，新兴治疗手段能够起到一定作用。此外，另一种血小板信号会触发癌细胞从几乎不移动的被动型细胞转变为会移动的攻击性细胞，致使恶性肿瘤生长。在无血小板信号的情况下，入侵的癌细胞可能会回到更被动的状态，癌细胞的扩散也会随之停止。

血小板形成的凝血块可促进癌症发展，而癌症信号本身又可以使这些凝血块转变为特定的类型，比如小凝血块、广泛存在的危险性凝血块、有损于肺部的栓塞，等等。借助血小板与组织细胞的对话，游走的癌细胞群能够到达远端组织，开始形成新的群落。尽管人体内的每个组织各不相同，血小板却能够运用对每种组织来说非常独特的信号。

此外，癌症与血小板之间还会以其他方式来相互作用。癌细胞信号会刺激血小板与附近组织细胞的对话，而鉴于血小板与这些局部细胞之间的既存关系，这将为癌症发展赢得更大的支持。另一方面，血小板信号还会促使血管渗漏，让癌细胞能够更轻松地进出血管。

血小板这种没有细胞核的细胞居然能做这么多工作，真是让人难以想象！

第6章
CHAPTER 6

肠道内的细胞对话
CONVERSATIONS IN THE GUT

对于一个人体细胞来说，让它们感到最为眼花缭乱的情景很可能是由胃、小肠和大肠组成的胃肠道，又称肠道。肠道内皮及其所有褶皱和内陷的表面积至少是我们体表皮肤面积的 10 倍。

到目前为止，肠道是除皮肤之外的对外界环境暴露程度最高的人体部位。形成肠道内皮的单层细胞必须处理我们摄入的一切物质，包括自然界中前所未见的合成化学物质。这些肠道内皮细胞会与数万亿个微生物进行对话，确定哪些是有益的，哪些是有助于消化的，哪些又是必须消灭的。

我们惊讶地发现，单层内皮细胞竟然可以区分其下方组织中的 100 万亿个微生物。内皮细胞会运用各种信号来拉近与有益菌群的距离，同时与有害菌群保持一定距离。内皮细胞会确定哪些淋巴组织是必要的，同时监控对抗微生物所需的炎症程度，以免对组织造成伤害。内皮细胞还会向 T 细胞讲解肠道内的特殊环境，从而构建全身上下最具影响力的免疫中心。了解这些肠道细胞的对话将为我们未来研究益生菌提供极大的帮助。与此相关的更多信息，详见本书讲述肠道微生物的第 17 章。

肠道内皮细胞发出的信号将决定在这些细胞的正下方构建何种免疫组织，以抵御特定侵袭。肠道内皮细胞会每天向 T 细胞发出警示信号，确保 T 细胞不会将每种食物颗粒视作外来入侵者而加以攻击。

肠道细胞对话

肠道内皮细胞、免疫细胞和微生物之间的信号传递必须维持在一种精巧的平衡状态，以确保微生物在消化食物产生维生素的同时抗击敌对细菌。另外，炎症状态也必须加以监控，以免产生癌细胞。有益微生物能够召唤内皮细胞加入自己的抗炎战队，但这种防护可以说是把"双刃剑"，因为癌细胞同样可以借此加强自身的防御。有关癌细胞如何通过与微生物对话来获益，请参阅第 21 章。

神经元和神经元支持细胞也会参与肠道细胞对话。我们一直将半自主性肠道神经系统称为第二大脑，原因在于这个系统的神经元比除中央大脑以外其他任何人体区域都要多。内皮细胞能够与免疫细胞、组织细胞、血细胞和微生物进行对话，从而帮助神经元发挥其功能。神经元能够感知环境变化，继而提醒内皮细胞适当改变其向免疫细胞和微生物发送的信号。另一方面，神经元还会刺激肌肉来使肠道保持蠕动状态。

在整个胃、小肠和大肠中 7 米左右的范围内，存在着丰富多样的微环境，其中各种微生物与特定单层内皮细胞之间都有着相互作用。肠道环境会随着肠道直径的变化而有所差异，包括肠道内皮附近、保护性黏液层附近、肠内快速流动中心等位置。肠道内皮细胞会有选择地拉拢一些微生物（每个区域各不相同），使其贴近自己。内皮细胞会召唤有益菌群，要它们搬迁到附近，成为内皮边缘的永久居民。此外，内皮细胞还会在其选定微生物的居所附近分泌形成保护性黏液层，打造出受保护的独特生态位。

算上深入肠道组织的内陷部分和从内表面伸出的凸起部分，肠道内皮的表面积便大大增加。我们将内陷处称为"隐窝"，将凸起处称为"绒毛"。隐窝内的干细胞能够生成肠道内皮细胞。绒毛尖端的内皮细胞最远能够触及肠道内腔中的大量微生物和食物颗粒，而肠道内腔正是人体肠道这一绵延不断的空心管的管芯部分。绒毛最外层的成熟内皮细胞最远能伸入内腔，继而最大限度地发挥其作用。这些内皮细胞经过不断进修，即可具备最高层次的沟通和决策能力。它们必须应对从肠道内腔流经至

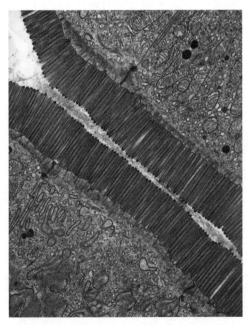

两种肠道内皮细胞长着微绒毛，能够很好地扩大它们的膜表面积，以便吸收营养并向肠道内腔分泌信号分子。同样，我们也可以在这两种细胞中观察到相应的细胞器
（电子显微镜照片，《微景观》/科学图片库）

肛门末端的各种细胞和物质，这份工作的复杂性不容小觑。

像 T 细胞一样，肠道内皮细胞也会逐渐累积知识，在成熟过程中产生大量用于细胞通信的受体和信号。从深藏不露的隐窝攀爬到高度活跃的绒毛，内皮细胞的能力会逐渐提升，变得会应对一系列复杂的相互作用，包括吸收物质、评估情况、分泌信号分子，等等。其间，内皮细胞能够沿着绒毛的表面移动，而不会造成屏障处出现孔洞，导致物质可能从肠道内腔渗入其下方的组织中。成熟细胞在绒毛顶部生活到一定时间后，便会通过程序性自杀来结束自己的生命，并且不会破坏细胞之间紧密的屏障。成熟细胞的生存期不到一周，接着就会被从隐窝踏上"学习之旅"的其他细胞取代。

精良的通信网络

在肠道中，单层内皮细胞位于结缔组织、淋巴组织、血管、肌肉和神经上方，能够对所有细胞活动起到引导作用。内皮细胞会整合上述所有组织和微生物发出的多种信号。有益菌向肠道内皮细胞发送的信号能够刺激产生更多保护黏液。微生物信号可使细胞之间的紧密连接处发生松动，以便物质通行其间。微生物信号还可以直接传递给免疫细胞，再与内皮细胞保持循环通信。对于内皮细胞正下方的免疫中心，其发育受各种细胞信号的引导。这些信号可以刺激免疫清除细胞将微生物分子呈递给 T 细胞。

为了参与精细的细胞通信，肠道内皮细胞形成了自己独特的形状和结构。它们呈不对称的矩形，盘踞在与下方组织相连的坚硬屏障上。通过利用底部屏障和与邻近细胞紧密连接的侧面，肠道内皮细胞能够限制物质从自由流动的内腔进入下方的肠道组织。对此，内皮细胞顶部附近的受体会做出一种回应，同时靠近底部的受体会做出另一种回应。内皮细胞可以改变其连接处和基膜的渗漏性，使特定细胞能够在内皮细胞之间通行，就像血管中的毛细血管细胞召唤游走的白细胞并放它们进入组织一样。与毛细血管细胞类似，肠道内皮细胞也会通过来回传递信号来决定哪些细胞或颗粒可以穿过肠道。

干细胞能够生成功能各异的肠道内皮细胞，包括指导所有活动的主导内皮细胞、生成激素的细胞、分泌黏液的细胞，以及生成有消化和抗微生物作用的蛋白质的细胞。所有这些细胞发出的信号与有益微生物一同为构建绒毛和隐窝指明了方向。这些信号不仅控制着干细胞的数量和位置，还控制着组织的血管密度。借助所有细胞之间的信号传递，肠道内皮细胞可以完成从隐窝上移至绒毛这一复杂的过程，同时妥善维系肠道屏障。在营养信号的保护下，内皮细胞在上移至绒毛的过程中不会过早死亡。

有种内皮细胞能够生成具有特殊交联结构的黏液，这让黏液屏障变得更牢固。微生物和黏液生成细胞之间来回的信号传递会指明黏液屏障的破损之处，进而引导杯状细胞产生更多黏液来修复屏障的断裂部分。

黏液就像是一层保护纤维，为有益微生物提供了一个庇护所，让它们能够在肠道内皮附近生活。征得肠道内皮细胞的允许之后，某些微生物和病毒便可在黏液之中及其周围存活。而在黏液生态位中，病毒竟然会与人体细胞并肩作战，一同击退入侵者，这简直不可思议。被允许在肠道内皮附近生存的一些菌群会形成另一种高度结构化的黏液层，我们称之为"生物膜"（详见第 15 章）。哪些微生物能够接触肠道内皮细胞？这取决于内皮细胞分泌的或以囊泡形式发送的信号分子。这些内皮细会不断与其他细胞对话，对话的对象甚至是生物膜中的细胞。

生成激素的内皮细胞能够提供种类最为丰富的分子，用以杀灭微生物。各种酶分子能够破开微生物的细胞膜，而根据出现的微生物种类不同，内皮细胞还会生成特定的毒物。此外，有益菌会向内皮细胞发送信号，要它们生成毒素来杀灭有害微生物。

与 T 细胞携手维持免疫平衡

肠道内皮细胞与 T 细胞之间的信号传递能够在复杂肠道环境中维持免疫平衡。而在人体的其他部位，T 细胞会前往淋巴结和各种类型的组织，在其中搜寻危险性颗粒。如果发现微生物、异物或损伤迹象，T 细胞就会变得活跃起来。在肠道中，T 细胞位于内皮细胞的底部正下方，它们有时能够包容食物颗粒和微生物，有时又会对其发起攻击。

通过肠道内皮细胞与各种免疫细胞之间的对话，局部 T 细胞将能够获悉只会在肠道中发生的问题。对于人体的某些部位，微生物的出现是超乎预期的情况，这时受体便会触发强烈的免疫反应。但是在肠道中，免疫细胞会受主导内皮细胞的影响，而对微生物产生各种经过调整的反应，包括完全不反应，甚至为特定微生物提供帮助。

全身大部分 T 细胞都会在胸腺中接受"教育"。相比之下，肠道环境非常复杂，以至于肠道中的 T 细胞必须接受临场培训。在调控肠道内皮下方的肠道淋巴组织时，有一类 T 细胞随之产生，这些 T 细胞会前往胸腺，进而在全身游走，告知免疫细胞如何与肠道内的有益菌和平共处。

对特殊肠道 T 细胞的培训，通过各类肠道内皮细胞、毛细血管细胞、神经元与有益微生物之间的对话进行。在肠道内皮细胞与有益微生物之间的相互作用下，T 细胞将能够学会如何构建独特的受体和信号分子，以便妥善应对食物和消化过程。一方面，T 细胞会持续抑制对食物颗粒产生的不良反应；另一方面，T 细胞也会告知细胞分泌一定量的黏液来保护肠道有益菌。

如第 3 章所述，如果不是经过特殊训练的 T 细胞和肠道内皮细胞在持续发挥抑制作用，食物过敏反应就会频频发生。肠道 T 细胞还必须不断向所有其他免疫细胞发送信号，以便控制它们产生免疫反应。要实现这种抑制作用，T 细胞需要接收肠道内皮细胞、血细胞乃至微生物发出的增强信号。在这些信号的指示下，T 细胞将能够妥善控制其手下的免疫细胞大军，使其可以随时待命攻击任何异常颗粒。在通过刺激特殊 T 细胞来抑制食物过敏反应方面，很多为人熟知的维生素和食物分子也起着至关重要的作用。如果没有细胞日常对话来增强这种抑制作用，我们每天都会对摄入的每种外来食物颗粒过敏。

传递信号，协调合作

多个肠道细胞会同心协力抓取外来颗粒并进行分析，从而决定是否对其做出反应。就在肠道内皮下方，几种特殊免疫细胞会将自己长长的"手臂"伸入肠道内腔，采集一些漂浮其中的颗粒。它们的手臂会从肠道内皮细胞的连接点之间伸出，一直伸到内腔流体中抓取颗粒。另外，采集到的颗粒也可以由主导内皮细胞自己运送到其底部，再呈递给内皮屏障下方的T 细胞。不仅如此，内皮下方还有免疫清除细胞，可以发送信号来松弛内皮细胞之间的连接，使免疫细胞的手臂能够伸入内腔来完成捕获。这种清除细胞将决定是让细菌进入组织，还是当场将其吞噬。

　　肠道内皮细胞还会将肠道屏障下方免疫细胞发出的信号分子送回肠道内腔。这些信号分子专用于对抗危险的微生物，它们会首先依附于屏障底部的受体，促使转运体将其送入内皮细胞底部，接着再抵达内皮细胞顶部，然后通过分泌作用进入肠道内腔。所有这一切合作完成的活动都需要信号来协调，包括屏障维护和必要的调整。如果这些活动因代谢问题和感染而中断，屏障便会功能紊乱，进而导致炎症、糖尿病、多发性硬化症、关节炎和癌症等。

　　各种肠道细胞之间进行着复杂的交流，决定了需要哪些特定的免疫细胞来形成内皮正下方的特定肠道淋巴组织。其间，多种特异性免疫细胞会收到信号，前来组建和扩充免疫细胞集群，整个过程与淋巴结的形成有些相似。肠道内皮细胞发出的信号会促使细胞生成黏附分子，使细胞凝聚在一起，进而形成独特的肠道淋巴组织结构。这些免疫中心的人员配备充足，能够视情况转变为高效生产源，迅速生成特定细胞来解决问题。

第 7 章

遍及全身皮肤的信号传递
SIGNALING ACROSS THE SKIN LANDSCAPE

在细胞看来，皮肤表面可以说是赤地千里，密布重叠交错的蛋白质和脂肪分子。作为与外界环境接触最频繁的器官，皮肤必须要抵御各种外界对身体的伤害，尤其是毒素侵害和昆虫叮咬。

在皮肤表面下方的深处分布着毛囊，它们能够调节毛发生长，并通过腺体分泌各种分子，比如盐类、酶、脂肪，以及抵抗微生物的肽分子。肽分子是一条条短链氨基酸（长链氨基酸将形成蛋白质）。皮肤表面呈酸性，含盐量高且氧气充沛。毛囊几乎不含氧，但脂肪很多。与肠道和体内其他器官相比，皮肤就是这样一个干燥贫瘠的表面，因而信号在维持皮肤活动秩序和避免感染方面相比其他器官来说更显重要。

人体各部分皮肤看起来变化很大，手指、毛发、腋窝、面部、手掌，形态各异。像肠道一样，每个局部皮肤环境都会发生特定的细胞对话，从而确定哪些微生物是有益的，哪些是有害的。大量的毛囊和腺体为特定细菌打造了适当的生态位。然而，干湿不定又富含油脂的皮肤表面并不同于肠道内遍布微生物的表面。健康的皮肤并非微生物的理想聚居地，微生物几乎无法在此获得营养，而且还会暴露在紫外线下，进而失去生命或活力。从表面上看，皮肤非常稳定，很难想象它实际上会有如何活跃的表现。

皮肤结构

皮肤主要分两层：最外层的表皮和表皮以下的真皮。真皮由结缔组织、血管、淋巴管、汗腺、油腺和毛囊组成。在真皮之下还有第三层，我们称之为皮下组织，由结缔组织和脂肪细胞组成。

最上层的表皮主要由主导内皮细胞组成，我们将这些细胞称为角质形成细胞。这些特异化的内皮细胞类似于肠道内的主导内皮细胞，是从皮肤深层迁移到表面的细胞，而且它们也会在迁移过程中与免疫细胞、神经元、肌肉、结缔细胞和各种微生物（包括细菌、真菌和病毒）进行交流。角质形成细胞能够生成角蛋白这种纤维蛋白，它既能够作为毛发、指甲、毛皮和羽毛的结构基础，还可以使皮肤表面免受损伤或压力。

此外，表皮还含有色素细胞、驻留和游走的免疫细胞，以及围绕感觉神经元的支持细胞。表皮底部存在着毛细血管，会为离表皮较远的细胞提供氧气。这些血管不仅是与其他区域传递信号的途径，也是游走的血细胞进入最外层皮肤区域的路线。

在各种不同细胞的相互协作之下，皮肤能够保持正常的状态，刮擦、割伤、紫外线和氧化反应等造成的皮肤损伤也会得以修复。细胞的活动将会利用大量能量来分泌复杂的脂质分子，维持细胞之间的紧密连接，并通过构建脂质蛋白保护层来避免水分流失（有关脂质的详细内容，请参阅讲述细胞膜生成的第 25 章）。

皮肤表皮分多层，其表面坚硬但有弹性。表皮能够调节人体水分散

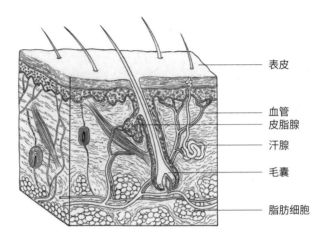

表皮
血管
皮脂腺
汗腺
毛囊
脂肪细胞

人体皮肤切片的解剖示意图，图中显示了表皮、血管、皮脂腺、汗腺、毛囊和脂肪细胞
（科学图片库）

发，是对抗外部毒素、微生物和感染的主要屏障。其中，物理屏障包括
细胞与多种大体积支架蛋白质之间构成的紧密连接；化学屏障则由酶构
成，作用是分解毒素、脂肪、酸和肽分子。表皮能够分泌有毒颗粒来对
抗多种入侵者，但在抗击战结束之后，这些有毒颗粒要由酶来完全消除。

表皮的厚度变化很大，例如手掌和脚掌的厚度是眼睑厚度的 3 倍。
就表皮而言，空气中的氧气会弥散进入表皮最外层的细胞中，成为它们
的养分。表皮之下的真皮结构主要包含提供强度的胶原蛋白，以及提供
柔韧性的弹性蛋白。真皮中不同类型的细胞外基质可以充当向免疫细胞
发送的信号，从而刺激各种各样的细胞活动。

真皮下层分布着丰富多样的免疫细胞和大量结缔细胞，这些结缔细
胞能够分泌生成细胞之间的基质。除此之外，还有将真皮和表皮分隔开
来的基底膜。最近，一层新的流动通道在皮肤表面以下以及整个身体的
结缔组织中被发现，我们称之为"间质"。我们之所以到现在才发现这层

通道，是因为之前在观察组织时采用的研究技术总是会消除组织中的水分。这层通道是否能够传导全身的信号，还有待进一步研究。

皮肤的最上层比较坚硬，由 20 多层特异化角质形成细胞构成，这些角质形成细胞失去了细胞核，与黏性分子紧密地结合在一起。角质形成细胞会产生一些油脂性物质来形成坚固的防水屏障，有效地抵挡感染和创伤带来的损害。作为皮肤的最外层，角质层中还有大量游走的 T 细胞，它们能够采用各种技巧来与角质形成细胞对话。

活跃的细胞对话

最近我们才发现，原来皮肤中的细胞对话与肠道和毛细血管中的细胞对话一样活跃。皮肤是人体最大的器官，要应对的微生物数量仅次于肠道。皮肤环境的多样化程度最高，对外界的暴露程度也最高。各个角质形成细胞必须统筹编排各方面的资源来抵御外界对身体的伤害，同时应对包括真菌、病毒在内的各种各样的微生物。像肠道一样，皮肤也是整个身体至关重要的屏障。越来越多的证据表明，皮肤上的免疫活动也正如肠道中的免疫活动一样，能够影响到全身的各个其他器官。

肠道细胞与微生物谈的是消化，而皮肤则另有话题。皮肤的细胞对话要维持其坚固的表面状态，以防微生物入侵和其他伤害。对于各项愈合工程，皮肤还要求角质形成细胞参与其中。即便是在皮肤这样的"不毛之地"上，一支免疫细胞大军也能集结起来迅速抗敌。角质形成细胞必须判断在体表的每个位置上，哪些细菌能够留下来与特定免疫细胞共存。如同在肠道中一样，皮肤细胞也必须进行多次细胞对话才能抑制住免疫细胞去攻击重要的有益微生物和皮肤组织自身。在这些细胞对话中，很多都是与有益微生物的交流，以便携手对抗其他危险的入侵者。

内皮细胞和结缔细胞之间的对话能够调节细胞之间的各种基质，使其发挥特定的功能。这些细胞对话决定了最外层屏障采用何种基质结构，使角质形成细胞稳定地存在其中。脂肪细胞通过对话来构建基质，在皮肤表面下方起到一定的缓冲作用。脂肪细胞还能发信号来阻止特定的细菌感染，甚至发信号来增加棕色脂肪的含量，从而发挥调节体温等多方面的功能。

通过信号传递，结缔细胞能够利用不同含量的分子纤维、基质成分和细胞外液来生成适当的基质，从而应对不同的情况。基质成分是一种由大分子构成的黏稠液体，在不同情况下，基质成分中氨基酸、肽、蛋白质和糖的含量也会有所变化。在某些情况下，基质成分可能会非常浓稠，导致微生物难以通行。

深入了解角质形成细胞

角质形成细胞由毛囊深处或毛囊之间的干细胞生成。肠道内皮细胞会从深处的隐窝逐渐上移到绒毛顶部，角质形成细胞的行为也类似，它们会穿过各层皮肤细胞到达皮肤表面。在这一迁移过程中，它们还会经历一系列的变化而逐渐走向成熟，变得能够构建更多的信号分子和受体来做出复杂的决策。到达皮肤表面后，部分内皮细胞（角质形成细胞）会舍弃它们的细胞核，以便构筑紧密的屏障结构。成熟角质形成细胞会以发信号的形式来指导各层皮肤的一切活动，特别是保护神经、免疫细胞、有益微生物以及在皮肤最外层游走的 T 细胞。

角质形成细胞的决策包括应对各种严苛情况，比如高温、寒冷、潮湿、毒素、紫外线、瘀伤、割伤，等等。邻近的结缔细胞会通过信号与这些内皮细胞保持密切的联系；游走的免疫细胞会在皮肤中生活下来，与角质形成细胞不断交流有关微生物、感染和创伤的信息；神经元会反馈它们对触碰和疼痛的感知，并与其他细胞一同向主导内皮细胞发送信号，汇报不断变化的情况。

与免疫细胞和微生物交流

由于整个皮肤表面的资源贫瘠，角质形成细胞不会构建大型淋巴组织，这与肠道和其他器官的情况大不相同。实际上，因为其平整的性质，皮肤必须依靠大量在其表面游走的个体免疫细胞。皮肤不像其他组织那样有着固定的大型淋巴中心，而如果要将散布在皮肤上的大量单个移动细胞组织起来，就势必需要更多信号的作用。

在角质形成细胞的信号以及神经元和微生物的共同作用下，免疫细胞会响应号召，进而产生轻度的慢性炎症反应。这能够让活跃起来的免疫细胞保持一种"待命"状态，以防出现更严重的感染。与此同时，特定的免疫细胞还可以修复上述轻度炎症产生的微弱损伤。当面对压力或伤害时，角质形成细胞会发送更强烈的信号，通过改变炎症程度来应对更大的问题。不过，角质形成细胞的信号也可以起反向作用，并停止召集所有游走的免疫细胞。

与人体任何其他部位相比，皮肤都需要亚型丰富得多的支持性免疫细胞。与其他器官不同，皮肤中各种亚型的免疫细胞会依次有序地向 T 细胞呈递物质。评估可疑粒子时，有些免疫细胞会相互交流，有些则依次在不同时间发出信号。举例来说，当针对某种真菌产生特定类型的保护性炎症反应时，三种独特的呈递细胞和多种 T 细胞会同时发挥各自的作用。

角质形成细胞、结缔细胞和免疫细胞之间会进行有关微生物的对话，进而发挥多方面的作用。一些微生物会在皮肤上安分守己地待着，只有在皮肤因蚊虫叮咬、外伤等情况破损时才会构成威胁。在微生物的信号影响下，各种细胞会聚集在一起，一同对抗特定的敌对物种。但如果存在免疫缺陷，免疫细胞和微生物之间的对话将发生转变，进而导致危险的感染。

微生物信号可以产生多种影响。有时，真菌会刺激神经元产生疼痛和瘙痒的感觉；有时，真菌向神经元发送的信号又会引起无痛性溃疡。这些微生物还可以向内皮细胞发送信号，触发各种各样的炎症。微生物向 T 细胞发送的信号可以增加或减少炎症活动。这些信号可以直接触发产生更多的 T 细胞，让它们去追捕有害微生物。再者，微生物信号还可以抑制 T 细胞，让它们不去攻击人体细胞，以免引起自身免疫性疾病。

肠道内有食物来吸引特定微生物，但皮肤不同，其上并没有很多受食物吸引的微生物。尽管如此，每平方厘米的皮肤上仍至少存在着一百万个微生物。各种各样的微生物生活在腺体、神经元或免疫细胞附近。这些微生物能否存活取决于多种因素，包括皮肤色素、清洁用品、温度、湿度、酸度，等等。

对于微生物来说，最复杂的皮肤区域是毛囊深处，那里有点儿类似于肠道的隐窝。毛囊是免疫细胞从血液进入皮肤的入口。遍布皮肤各处的毛囊中生活着最丰富多样的免疫细胞和微生物。与肠道隐窝的情况相似，干细胞通常生活在皮肤深处的毛囊中。多层角质形成细胞会保护它们附近的毛囊和免疫细胞。

通信指挥官

在有关健康和疾病的广泛细胞对话中，角质形成细胞是一切通信行动的指挥官。角质形成细胞向结缔组织发送的信号决定了形成何种细胞基质。它们会监测微生物与免疫细胞之间的对话，还会触发炎症并指导 T 细胞做出反应。角质形成细胞必须不断调控 T 细胞的反应，以免它们攻击有益微生物和人体细胞。即便是在免疫细胞支持有益微生物并对抗外敌的情况下，角质形成细胞的信号仍然会起到控制作用。实际上，向微生物发送的大部分免疫信号都要通过角质形成细胞来传递。

近期研究发现，角质形成细胞的对话能够对多种免疫细胞产生刺激作用。这些免疫细胞生成于骨髓、淋巴组织或皮肤的特定位置。像免疫记忆细胞一样，角质形成细胞会保留其自身的历史事件记录，以供日后参考。角质形成细胞会记住它们可以向哪些免疫细胞求助，还会记住是哪些地方出了问题。

发生癌症侵袭时，角质形成细胞也不会坐以待毙，而是会像片警一样，不断修复异常细胞造成的破坏。遇到可能带有癌变性质的异常突变细胞时，作为主导皮肤内皮细胞的角质形成细胞会自己采取灵活机动的方式来对抗这些细胞。在信号分子的作用下，可能导致癌症的各种炎症都会受到抑制。据现有观察结果，角质形成细胞会包围住入侵的癌细胞，把它们带到别处，然后再修复损伤区域。由于信号在皮肤细胞中的运用非常广泛，新兴信号学或将在皮肤疾病领域产生最迅猛的影响。

记忆 T 细胞

皮肤上的 T 淋巴细胞数量是其他器官的淋巴组织中 T 淋巴细胞数量

的两倍。这些 T 细胞中存在着多种变体，包括相比任一人体器官中数量最庞大的记忆细胞，以及各种类型的活性 T 细胞。活性 T 细胞是抵御微生物的第一道防线，也是最好的防线。某些胸腺 T 细胞也会受到号召而前往皮肤，以监控癌症和其他皮肤疾病。如果在皮肤上划开一个口子，T 细胞和角质形成细胞会产生大量信号，以免当下发生严重的感染。

发生创伤、炎症或感染之后，T 细胞会生成特殊的记忆细胞，持续监控出现问题的部位。记忆细胞会保留它们对暴露于危险微生物、毒素、创伤和癌症的一切记忆。同样的情况可能随时卷土重来，但这些记忆细胞已经做好了准备。记忆细胞会记住皮肤感染的确切位置，以及感染相关的特定微生物和消除它们的信号。随着皮肤状况的不断变化，记忆细胞会与附近的微生物保持交流，确定是否需要采取行动。

记忆细胞具备空间记忆能力，能够了解对抗感染时所处的独特"地形"和"地貌"。举例来说，真菌是特别难监控的一类微生物，它们可以在皮肤表面以芽孢的形式存在，也可以像针一样插入组织深处。深入真皮下层的菌丝（真菌的长管状分支结构）非常危险，记忆细胞必须追踪这些菌丝并加以攻击。

说到皮肤记忆 T 细胞最特别的地方，可能就是它们不像其他 T 细胞一样需要呈递细胞才能成为杀伤细胞。必要时，皮肤记忆 T 细胞可以自己迅速转变模式，产生直接攻击微生物的分子，还可以通过发送免疫信号来获得帮助。这些记忆细胞可以迅速转变为一支杀伤细胞大军，而且它们有能力转变整个局部环境。

皮肤免疫与疾病

通过发现不同细胞之间进行的多种对话，免疫学领域近期也迎来了新的发展。从前，大部分研究把重点放在解决骨髓、淋巴结聚集区和胸腺方面的难题。尽管研究人员很难跟随皮肤小信号分子的脚步去了解它们如何游走于诸多细胞之间，但现在他们转变了思路，开始关注多种细胞之间的对话，包括免疫细胞、微生物、神经元、结缔细胞、毛细血管和内皮细胞。在皮肤上，几乎一切活动都以细胞信号为基础，尤其是微生物与角质形成细胞之间的来回通信。

为了对抗牛皮癣、皮炎等各种皮肤疾病，角质形成细胞会考量数百种备选亚型的 T 细胞和其他白细胞，向其中的新型免疫细胞发出合作邀请。只有成熟的角质形成细胞才懂得如何根据皮肤的需求来发出大量独特的信号。如果没有这些信号，皮肤就会因为广泛接触微生物而频繁产生过敏反应。

角质形成细胞死亡前，会释放信号分子，激活特定的免疫细胞，从而引起炎症反应。某些情况下，角质形成细胞会主动进行程序性自杀，以便发送炎症信号。在肠道和皮肤出现紧急情况时，这种有计划的自杀将提供至关重要的信号。作为回应，病毒和微生物会产生一些分子来干扰计划性细胞死亡，这样就不会触发炎症，也不会损害微生物群落。

有可能带来危险的微生物最常见于皮肤表面，但并不会在这里制造什么麻烦。相反，它们还可以在与皮肤和平共处的同时带来一些益处。不过，它们可能会突然"变脸"，而这种情况往往就发生在它们与多种其他微生物的交流过程中，一些安分守己的菌群可能突然开始引发毛囊感染、蜂窝织炎，甚至成为严重血液感染的始作俑者，而且这些感染还有

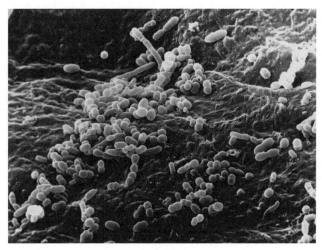

皮肤表面的细菌
（电子显微镜照片，戴维·M.菲利普斯／科学图片库）

可能波及骨骼和心脏。细菌看到伤口，会迅速转变为危险的"食肉者"，而且这种情况常见于那些因其他疾病而免疫力下降的人身上。此外，细菌还可能参与慢性感染，甚至导致人体自身免疫性疾病。

近期研究发现，一些信号会刺激某些细菌，其中以化脓性链球菌较为常见。这种细菌会引起咽喉疼痛，一般情况下会安稳地待在皮肤上，但会伺机转变为危险的"食肉者"。研究显示，一种特定的毒素能够根据免疫细胞和神经元之间的日常对话，以两种方式来触发局部神经元。第一种是利用信号来引起与任何疾病迹象都不相符的严重疼痛。

第二种是利用正常神经元信号来传递有疼痛但无感染的伤口信息，从而抑制免疫活性。这种毒素并未利用神经元传递感染信号来召集免疫细胞，而是操控神经元来发送一些信号，制造没有感染的假象。这种信号能够阻止中性粒细胞前来救援并释放攻击分子。因此，细菌就无须抵抗攻击，而转变成了食肉微生物。

第 8 章

CHAPTER 8

癌细胞——终极操纵者

CANCER CELLS—THE ULTIMATE MANIPULATORS

目前认可度最高的理论认为，癌症的起点是一系列随机突变，这些突变会产生异常细胞，出现复制失控等错乱行为。突变的产生可能是遗传性的，也可能是食物等环境因素所致，还可能涉及与微生物的相互作用和炎症引起的紊乱。

突变可能恰巧发生在 DNA 复制校正的通路中，从而导致一个恶性循环甚至产生更多突变，使细胞复制不再受到常规限制。癌症出现后，细胞一般是先有十几个突变，再在好几年内逐渐积累多个突变。一个癌细胞可能带有 100 种不同的突变，因此即使所患癌症类型相同，不同个体也可能带有大量不同种类的突变。虽说只有一小部分异常细胞会发生癌变，但只要有一个异常细胞就足以启动整个癌症形成过程。

通过发生突变，癌细胞将能够采取多种方式来突破遏制异常细胞行为的限制。所有细胞都有一个内置系统，即程序化细胞自杀途径，作用是消除异常细胞和严重感染的细胞。但在癌症中，这种自杀途径并不会触发，异常细胞会继续生长和繁殖。此外，癌细胞还会通过另一种机制来改变细胞繁殖规律，即改变繁殖所需的染色体末端，我们称之为端粒。

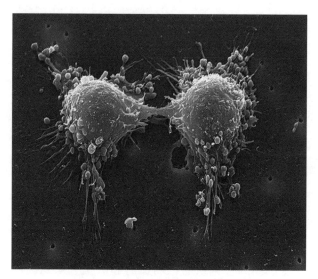

癌细胞以无秩序、不受控的方式迅速分裂
（电子显微镜照片，史蒂夫·格斯迈斯内尔 / 科学图片库）

在正常细胞不断分裂的过程中，端粒通常会逐渐消耗，直至细胞不再分裂。癌细胞会刺激一种能够重建端粒的酶，让细胞能够继续不受控制地繁殖，以达到"一分为五"而非"一分为二"的分裂效果。

直到最近科学家才发现，癌症突变还会以各种复杂的方式来改变RNA 的生成。具体来说，一些通常会刺激细胞损伤修复的 RNA 将受到抑制，进而为癌症的发展创造有利条件。另外，RNA 还能够触发引起癌症的基因。举例来说，研究人员最近发现了一个大型 RNA 系统，能够调控500 个基因。如果这些基因发生变化，它们将能够触发、抑制或以其他方式来影响癌细胞生长。这些基因有 250 000 种独特的相互作用方式，其中多半会引发癌症。

通过利用高级细胞通信手段，癌细胞能够建起自己独特的生活圈。与微生物的行为相似，癌细胞有时会分头行动，再组队作战，仿佛它们是一种多细胞生物。癌细胞会向同伴发送信号，要它们警惕病毒的攻击。它们还可以发信号促进新血管的生长，同时通过改变现有血管的走向来获益。利用信号，癌细胞还能够诱骗它们周围的健康细胞来为它们生成所需的蛋白因子。在癌细胞的信号作用下，细胞之间的基质将发生转变。与此同时，细胞对话将引来微生物成为帮凶，达到抑制免疫攻击的效果。癌细胞还能够让局部免疫细胞叛变，成为它们的盟军，而不对它们发起攻击。

癌症的信号丰富多样，各不相同。癌细胞会想方设法来增加血管的渗透性，以便更顺利地进入其他组织。它们还会发信号召唤神经元，帮助癌细胞群生长。从胎儿来看，一些支持神经元转移的信息同样也会为癌细胞指明行进方向。癌细胞信号能够促进蛋白质和能量分子的生成，让癌细胞能够在食物缺乏的环境中生存。在 T 细胞迅速建起战斗大军的同时，癌细胞也会利用同样的内部信号来转变自身的代谢，通过迅速复制来逐步形成大型细胞群。

与局部支持细胞的对话

癌细胞会通过信号来引诱它们附近的各种正常细胞，利用这些细胞来帮助自己生长。癌细胞能够拦截局部相邻细胞的对话，再发送自己的信号来扭转细胞对话的信息，从而引发癌症。这些信号能够促使结缔细胞转变支架结构，使细胞外基质倾向于支持癌组织的生长，而非普通组织细胞。在这种新环境中，氧气含量下降而液体含量上升，这样便能够阻止免疫细胞追捕入侵的癌组织。

通过利用各种信号，癌组织为它们在局部环境中的生长争取到了诸多利益。癌细胞能够诱导组织损伤，使其为自身抵挡药物攻击。癌细胞还能让局部结构性内皮细胞成为它们的帮手，产生能够保护癌组织的内皮以及一些新的血管内皮，以防免疫细胞追踪癌细胞。另外，癌细胞还会刺激免疫细胞产生一些有利于癌组织生长的因子，而这些因子原本的作用是愈合伤口和促进正常组织生长。不仅如此，一些通常会帮助 T 细胞对抗癌症的局部细胞也会"叛变"，转而发送信号来抑制 T 细胞的攻击行为。

对于癌细胞如何通过信号传递来与周围组织协作的问题，答案已经浮出水面。一开始，癌细胞会利用各种信号来编排现有的癌细胞，使之形成一个初级结构。接着，它们会招募周围的结缔组织细胞来构建最佳的内部结构构型，从而促进癌组织生长。这种编排原则同样适用于癌症向远处组织转移的情况。首先，癌细胞会发信号来编排其他癌细胞，接着，它们又会发信号给所在区域的相邻细胞，让这些细胞为癌组织的结构和生长提供支持。

癌细胞通过信号来操纵局部细胞的一种重要方式就是刺激它们变成干细胞。这些干细胞会回退到胎儿时期的细胞状态，具备支持癌组织生长的异常特性。同样，癌细胞也能够发挥这种像胎儿干细胞一样的能力。作为具备胚胎干细胞能力的细胞，癌细胞和局部细胞都能够从稳定的细胞转变为能够移动且带有攻击性的细胞。在此基础上，局部细胞将能够通过多种独特的方式来帮助癌细胞实现迅速繁殖。

在胎儿体内，两种基本的组织类型是结缔组织细胞和内皮细胞。内皮细胞具有被动性和结构性，而结缔组织细胞则具有主动性、移动性和攻击性。在胎儿发育过程中，某个细胞移动到目标位置后，会从移动型细胞转变为结构型细胞。研究发现，癌症细胞和被它们激活的邻近细胞能够从正反两个方向上利用上述切换机制，从而构建组织和转移性细胞群。有关上述转变机制的更多信息，请参阅本书谈及癌症转移的内容。

破坏免疫系统

对于炎症，癌细胞是翘首以盼的。通常，炎症不仅可以防止微生物入侵，还有助于伤口愈合。在炎症这场混战中，细胞会抗击微生物并修复损伤，但由此产生的免疫攻击信号也增加了发生突变的可能性。凭借长期维持炎症水平的能力，癌症获得了"不愈之伤"的称号。当炎症成为常态时，癌细胞就能够在这种充满变数的环境下，通过多种方式来混淆免疫细胞的判断。免疫细胞会误以为癌细胞也是愈合伤口的一环，甚至会花工夫去"修复"癌细胞。

癌细胞与免疫清除细胞的关系密切。清除细胞会在癌组织中累积，而且在诸多实体恶性肿瘤等特定类型的癌组织中，清除细胞占组织总重量的三分之一。在癌细胞信号的刺激下，清除细胞会行为失常，不再听命于追踪异常情况的 T 细胞。不仅如此，清除细胞还会与癌症干细胞一起刺激新血管，并在癌细胞的引诱下协助它们产生新的转移性细胞群。因此，我们在癌症部位发现的免疫清除细胞越多，癌症的预后就越差。

癌细胞之所以能够利用 T 细胞的典型行为来获益，是因为 T 细胞并不认为抗癌是场持久战。一般来说，T 细胞会对异常细胞或微生物入侵者发起非常短暂的攻击。攻击完成后，调节性 T 细胞会抑制炎症，以免造成组织损伤。这种短暂的攻击性机制对于免疫细胞抗癌来说是一种严重的限制，让它们很难根除复杂且存活时间很长的癌细胞。

尽管没有在根本上做好抗癌准备，但预警性 T 细胞能够率先发起攻击，并刺激其他细胞随即做出反应。不过，癌症变异的复杂性为这些攻击手段带来了阻碍。通常，异常细胞要先被呈递给 T 细胞，才能激起 T 细胞的攻击。但在癌症内部，特定的干细胞会突然发生与以往不同的新突变。接着，这种突变细胞会开始繁殖，然后成为一群新的癌细胞，这就是癌症变异。对于 T 细胞来说，它们很难通过调整来采取多种不同手段应对这种情况。为了解决这个问题，最新的癌症治疗方法针对特定的癌细胞类型设计了新的 T 细胞受体，并将其放置在 T 细胞中，让 T 细胞能够对某些癌细胞变异群发起针对性极强的攻击。

与癌症做斗争不仅会耗费很长的时间，还需要在癌症发展的每个阶段运用一系列的免疫信号。完成比抗癌更寻常的短暂攻击之后，调节性 T 细胞会受信号触发而克制其攻击性行为，但如果想要持续清除癌组织，需要触发的其实是杀伤型细胞，结果却事与愿违。癌细胞会煽风点火，刺激产生更多调节性 T 细胞，让这些细胞在数量上占绝对优势，从而干扰免疫系统对癌组织的进一步攻击。另一方面，癌细胞还会直接与 T 细胞竞争，吃掉 T 细胞所需的大部分精氨酸（一种氨基酸），以此将 T 细胞摧毁。

对于这种长期对抗癌症生长无果的状态，我们称之为 T 细胞耗竭。但最近有研究发现，少数 T 细胞具备长效抗癌能力。这些 T 细胞对抗癌症的方式更为巧妙，它们的攻击性相对较弱，不会造成组织损伤。新抗癌治疗的目标就是刺激这些罕见的长效 T 细胞。不过，由于局部细胞会通过抑制 T 细胞来为癌症提供帮助，发起短期攻击的 T 细胞将受到触发，从而对长效 T 细胞产生干扰。因此，要想进行有效的治疗，必须通过发送信号来避免触发短效 T 细胞，同时刺激更多长效 T 细胞发挥作用。

鉴于 T 细胞的正常保护通路会抑制其在完成短暂攻击后的持续攻击

行为，新的抗癌用药有必要消除 T 细胞的这种本能攻击抑制机制。在大多数情况下，T 细胞内的正常通路，即"检查点"，会防止 T 细胞的攻击波及正常人体组织。这些针对 T 细胞活动的"检查"能够阻止其做出不必要的攻击行为。新的抗癌用药有必要封锁这些检查点，让 T 细胞对癌症发起更猛烈的攻击。我们将这些新药物统称为"检查点抑制剂"。

线粒体在癌细胞增殖中的作用

如今，线粒体信号与癌症生长之间的重要关联已经变得越来越清晰。线粒体是细胞内自由漂浮的椭圆形细胞器，能够为所有细胞提供能量并发挥其他代谢功能，但对于癌症来说，线粒体还能以其他特定方式来提供帮助。其实已有研究证明，改变线粒体对于我们之前提到的很多癌细胞功能都有非常重要的意义。

癌细胞中的线粒体突变能够改变这些细胞复杂的代谢，从而产生诸多益处。用于消除感染或异常细胞的细胞程序性死亡的过程正是在线粒体中得以触发的，而癌细胞也正是因为线粒体发生改变才能免于程序性死亡。癌细胞靠不寻常的食物来源来获取能量，同时通过改变线粒体构建起利用这些新能量源的新通路。此外，线粒体还会通过改变代谢通路来应对慢性细胞应激。

在 T 细胞中，线粒体代谢信号能够提供必要的"燃料"，帮助 T 细胞快速繁殖，附着于癌症或受感染的细胞，进而产生致命的免疫突触来杀死靶细胞。类似的信号转变也能够帮助癌细胞快速生长，做出攻击性行为。而对于我们之前提到的 T 细胞攻击性行为中的检查点，与之相关的细胞通路也涉及线粒体信号。未来，我们将能够通过了解线粒体信号找到新的治疗药物，进而实现"检查点"抑制。有关线粒体的更多信息，请参阅第 24 章。

癌细胞有一种神奇的能力——可以将自身已突变的线粒体送入"外泌体"这种运输小泡中，与其他癌细胞分享。另外，癌细胞还可以利用细胞间的隧道式纳米管将线粒体转移到其他细胞（本章下文将详细介绍信号传输囊泡和隧道式纳米管）。向有利于癌症的方向转变的线粒体基本上是作为信号来发送的，目的就是强化癌细胞团队中的成员。

拉拢脑细胞

神经元的支持是癌细胞生长的必要条件。神经元发出的信号可以抑制 T 细胞对癌细胞的攻击。癌细胞会侵袭神经元周围的组织，沿着神经附近现成的"高速公路"行进。如果没有神经元，癌细胞就无法生长，也无法在远处产生细胞群。对于癌细胞的生长，一些神经递质起刺激作用，另一些起抑制作用。举例来说，交感神经元会刺激早期癌症的发展，而副交感神经信号则会触发晚期癌症的发展。为癌症提供帮助的神经元越多，癌症的危险性就越大。

我们将在下一部分中介绍支持性脑细胞，这些细胞能够以多种方式来帮助癌细胞，比如帮助它们穿过通常可使脑部免受入侵的多种障碍。此外，这些支持性脑细胞还会与白细胞一同受到癌细胞的诱骗，帮助癌细胞构建癌组织。由支持性脑细胞长成的癌细胞可通过产生神经元突触来连入神经元电路网，而且这些突触与常见于神经元间信号传递的突触相似。有两类基本突触是脑癌细胞拉拢的对象，一类是传递神经递质囊泡的突触，另一类是利用细胞间电荷流动的突触。有关这两类突触的讨论，请参阅讲述神经元的第 9 章。

通过利用电突触连接，脑癌细胞能够劫持神经元的电能，从而促进癌组织生长。在一类脑癌中，至少有 10% 的癌细胞能够直接从神经元突触接收电信号。另外 40% 的癌细胞没有与神经元相连，而是通过癌细胞之间的电突触来连接。通过利用这些癌细胞间的突触，第一时间从神经元截获的电能将传遍整个脑癌细胞群。因此，半数脑癌细胞受益于神经回路的信号和电能，从而为癌细胞的生长和编排提供支持。但对于癌细胞如何利用神经元电能，我们还没了解透彻。

星形胶质细胞是人体内最丰富的支持性脑细胞，同样也可以为脑癌细胞的增殖提供重要支持。正常情况下，星形胶质细胞会释放一些生长因子来滋养神经元，但癌变后，这些生长因子会转而帮助癌细胞生长。在癌症损伤大脑的情况下，星形胶质细胞会迅速繁殖，产生一种独特的炎症反应来保护所有其他细胞，但这也意外导致 T 细胞无法进入癌细胞群。星形胶质细胞还会向免疫细胞发送信号，加剧炎症反应的乱象，导致癌症进一步发展。有关星形胶质细胞的对话，详见第 10 章。

与微生物相互作用

癌细胞的生命历程非常复杂，原因在于数万亿微生物的存在及其产生的大量信号。这些微生物与癌细胞的关系亦敌亦友。像皮肤和肠道内皮细胞一样，癌细胞必须确定哪些微生物对自己有益并与之交流。与此同时，癌细胞还必须躲避敌对微生物的攻击。

在已知的各种癌症中，有 20% 的类型会在微生物感染下恶化。一项新研究表明，全球 12% 的癌症类型由与微生物相关的感染引发。在数万亿微生物中，经研究，已经有 10 种确定会引起特定类型的癌症。这些微生物能够感染很多人，但只有其中一小部分人会患上癌症。有几种细菌已知会产生引发癌症的分子；病毒也能够引发几种癌症类型，方法是将 RNA 或 DNA 注入人体细胞，甚至是永久性地放置在人类基因中。

除病毒之外，成千上万的其他微生物也可能以未知的方式来催生癌症，包括肺癌、生殖器癌、泌尿道癌、结肠癌、直肠癌、胆囊癌、淋巴癌等。近期研究发现，细菌会与转移性癌细胞一起传播。另有研究指出，两种不同的微生物会在结肠中相互作用，进而激发癌症。这两种微生物能够整合彼此的信号进行协作，一同突破黏液屏障，攻击肠道内皮细胞，最终引发癌症。

微生物信号能够以多种方式来为癌细胞提供帮助，这些信号能够改变免疫应答，让 DNA 变得不稳定，阻止细胞自杀，促进细胞增殖。这些信号还能触发炎症并抑制免疫细胞活性，从而促进癌组织的生长。它们会改变肠道中的食物颗粒，让它们成为致癌的信号。它们还会参与细胞对话，招募支持性细胞来帮助癌症生长。另外，微生物会影响食物和药物的代谢方式，从而影响癌症及其治疗情况。

从身体各个部位来看，微生物会发挥自己独特的作用，对癌症产生刺激或抑制的效果。胃里面的细菌既能够引起溃疡，也能够防止癌细胞生长。举例来说，生物膜属于结构化保护性微生物群落，但也可能会刺激产生结肠肿瘤。在这种情况下，单个微生物不足以引发肿瘤，需要的是整个生物膜群落的合力。

在癌症发展的不同阶段，微生物信号都能起到一定的辅助作用。结核病等感染的持续时间越长，转变为癌症的可能性就越大。长期存在的慢性炎症会累积更多的 DNA 损伤，使癌细胞能够利用这些损伤来实现自身的异常生长。每年，有一种细菌会通过性传播途径影响亿万人。在这种细菌中，少数会逐渐产生有毒的氧基分子，破坏 DNA 修复，进而引发癌症。第 21 章详细介绍了微生物与癌细胞的对话。

癌细胞转移 —— 新细胞群的扩散与构建

癌细胞能够通过多种方式来扩散和构建新的细胞群。如前所述，胎儿时期的细胞具备一项出色的技能，早期的转移性、攻击性细胞能够通过复刻这项技能来完成过渡，即在到达目的地后转变为稳定的结构细胞。癌细胞会运用同样的过渡手段，实现从稳定细胞到侵袭性细胞的双向转变。在细胞群转移的过程中，牵头细胞会带有攻击性，紧随其后的细胞则处于稳定状态。

转移性、攻击性癌细胞的行为与胎儿发育时的细胞行为相似，它们可以像干细胞一样产生丰富多样的局部细胞，好比我们在骨骼、软骨、结缔组织、内皮细胞和毛细血管中发现的那些细胞。结缔细胞、免疫细胞、内皮细胞和毛细血管发出的信号可以刺激癌细胞在转移性和稳定性之间转换。

侵袭性癌细胞可以入侵邻近组织或经血液扩散到远处，然后建立新的生态位。对于这两种途径，癌细胞都必须学会如何与新的组织细胞对话。癌细胞信号会诱导局部细胞产生酶，破坏细胞之间的细胞外基质，从而降低癌症转移和侵袭的难度。站稳脚跟并生成新细胞之后，癌细胞会马上转为稳定的结构类型，开始构建新的癌细胞群并使之发展壮大。癌细胞会侵入毛细血管旁由组织干细胞占据的精细生态位，然后通过血液与主癌细胞群进行信号的来回传递。而且，这些细胞信号还可以阻挡免疫攻击。

此外，癌细胞也可以通过另一种方式来建立远端细胞群，那就是利用血液将细胞信号传给新组织，诱导远处的组织细胞癌变。不仅如此，转移性癌细胞群还能在与源头处截然不同的细胞中滋生。各种癌细胞都能理解特定远端组织的信号，比如乳腺癌和前列腺癌细胞向骨骼发出的信号。其他癌细胞能够洞悉发给肺、肝和脑的信号，而这些都是常见的转移部位。

通过与血小板、血细胞和毛细血管进行对话，转移性癌细胞群能够为自己谋得利益。向血小板发送的信号有利于癌细胞群游走，因为这会为癌细胞穿上"防护衣"，让它们躲过免疫攻击。另外，血小板信号还可以刺激癌细胞从转移侵袭性细胞变为稳定性细胞。血小板信号有助于癌细胞群附着在血管上，通过增加血管的渗透性来使癌细胞更易进入组织。

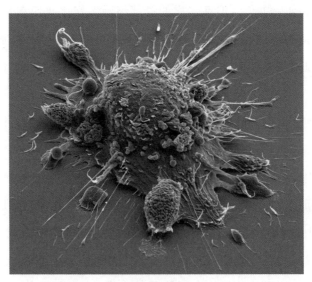

口腔癌细胞
（电子显微镜照片，史蒂夫·格斯迈斯内尔 / 科学图片库）

在这些信号的影响下，毛细血管内皮细胞会收缩并推开其他细胞，为癌组织开辟道路。白细胞也会成为癌细胞的帮手，它们会产生由 DNA 分子构成的网状陷阱。这些陷阱常用于捕获微生物，现在却成了癌细胞的保护伞，让它们不会受到免疫细胞的攻击。

到达新组织之后，无法自行建立细胞群的癌细胞会处于休眠状态并存活很长时间。局部细胞会发信号给这些癌细胞，让它们安稳度日。引发癌前病变的细胞会建起一个小的生态位，以便先抵抗住治疗再伺机激活癌组织生长。

其他精细复杂的消息传递系统

新研究发现，癌细胞往往会采用两种源于外泌体和隧道式纳米管的细胞通信方法。外泌体发现于 20 世纪 80 年代初期，是人体内大部分细胞类型都具备的膜结合性球形囊泡。这些囊泡可用于在细胞间收发信息，也可在细胞内发信息到细胞的不同位置。在外泌体之后发现的隧道式纳米管则是一种纤细的细胞突起，能够让各个细胞实现长距离的彼此连接。这些细长的空心圆筒状结构由蛋白组成，外层包着薄膜。

信号传递囊泡——外泌体

外泌体由细胞内部特殊的隔室产生，其中充满了重要的分子物质，包括蛋白质、脂肪、DNA 链和 RNA 链。有关这些囊泡的更多信息，请参阅讲述膜结构的第 25 章。外泌体生成之后，会被释放到各种体液中四处漂浮。

癌细胞通常会利用外泌体来发送信息并交换亚细胞物质。神经元、免疫细胞、支持性脑细胞等其他细胞也会利用外泌体来向邻近细胞发送信息，但这种行为的发生频率并不高。在所有细胞和细胞器中，癌细胞利用外泌体进行信号传递的频率最高。

癌细胞会利用血液、尿液、羊水和组织发送携带癌变物质的外泌体且距离长短不定，以此来诱骗局部细胞帮助核心癌症组织生长、存活。这些发送出去的外泌体能够改变远端靶组织中特定的支持性组织细胞，为癌症的转移建立生态位。如今，测量血液中的外泌体含量已成为诊断癌症的有效方法之一。

外泌体在到达其他细胞之后，便会改变这些细胞的代谢。外泌体信号包含确切的遗传密码，有利于癌组织的生长。一个外泌体信号分子到达器官之后，会改变该器官的支架结构。一群外泌体信号分子可能导致其"敌对细胞"自杀，或阻止"同伴细胞"自杀并帮助它们大量繁殖。向毛细血管发送的外泌体信号会触发新的异常血管的产生，阻碍免疫细胞发起抗癌攻击。相反，免疫细胞还会在癌细胞周围形成保护性屏障。

癌细胞外泌体中的信息分子有助于其他癌细胞抵抗治疗，其作用类似于微生物与同伴之间传递的抗生素抗性基因。黑素瘤细胞和结直肠癌细胞通过囊泡发送的蛋白质会落在接收细胞的表面，使这些细胞免受药物影响。乳腺癌细胞会分泌外泌体，专用于遏制特定的药物治疗。这可能是非常有意义的做法，因为只要留有少数抗性细胞就能重建整个癌组织或生出新的癌细胞群。通过研究一种特殊的结肠癌发现，靶向治疗后仅百万分之一的细胞具有抗药性，这些细胞却完成了整个癌组织的重建。

另外，癌细胞还擅长在传递信号时利用 RNA 分子来携带信息。癌细胞会将这些精细的遗传分子送入外泌体中，让它们不会像往常一样被血液中的酶破坏。在外泌体内部，脂肪膜分子会包裹住微 RNA (micro-RNA)，隔离那些通常会破坏随机 DNA 和随机 RNA 的细胞信号。RNA 可以拦截"消极"信号，比如那些引导癌细胞自杀的信号。这些 RNA 可能是癌细胞对抗癌药物产生耐药性的因素。RNA 可以为癌细胞转移创造有益的生态位环境，同时刺激骨髓干细胞生成更多癌细胞。而且，RNA 还会触发新血管的产生并使其具有较高的渗透性。

未来，了解癌症信号将有助于开发出新的治疗方法。目前，经改良的病毒和免疫细胞已投入抗癌治疗，而在验血时评估外泌体也让癌症诊断取得了进展。

隧道式纳米管

隧道式纳米管是将细胞连接起来的线状隧道，能够让细胞在没有膜屏障影响的情况下与彼此分享各自的内含物，包括病毒、完整的细胞器等。近期研究发现，这些由蛋白质构成的圆柱状结构广泛存在于癌细胞之间，对癌组织的生长有着至关重要的作用。尽管人们已在多种癌细胞之间观察到纳米管，比如艾滋病病毒（人类免疫缺陷病毒）利用纳米管在 T 细胞之间转移，但直到最近才有研究发现，癌细胞之间常用的纳米管是它们进行细胞通信的主要途径。

目前，研究已发现两种不同类型的癌小管网有利于癌症的生长。其中，相对较小的癌管用于传播遗传信息，但存在时间仅短短几分钟。相比之下，我们可以在一些特定的癌细胞中观察到各式各样较大的癌管，这些纳米管会持续存在一百多天。通过利用这些空心长管，癌细胞能够在复杂的网络中通信，从而实现转移、组织入侵、应激存活和治疗抵抗。

这些管状结构可以传送各种细胞器，甚至是正常或癌变的线粒体等大型细胞器。研究显示，某些癌管网会在感知到抗癌药物的存在时变大，这可能在使癌细胞群免受药物侵害中起着关键性的作用。细胞能够利用它们通信网络中的信号检测到同伴受到的损伤，再通过其他信号来修复损伤。同样，癌细胞也可以将癌管伸向细胞远处来连接周围组织，向远处正常的局部细胞寻求帮助。

第 二 部 分

SECTION 2

大脑
THE BRAIN

第 9 章
CHAPTER 9

神经元的世界
THE WORLD OF NEURONS

在人体数十亿个神经元中，每个神经元都有数千个突触，进行着人体中规模最大、最协调的细胞对话。神经元之间的连接纷繁复杂，不计其数。成人有 800 亿个神经元，其中每个神经元都有多达 10 万个接触，因而总数可能达到 10 000 亿。然而更令人震惊的是，神经元之间的连接还会在同一时间以多种方式进行不断变换。神经元有时会构成一种回路，有时又会构成另一种截然不同的回路。

神经元能够同时参与多种细胞通信。一种是运用神经递质信号和突触来与其他神经元通信，一种是运用电信号和突触来与其他神经元通信，还有一种是利用电信号和突触来与其他类型的细胞通信。最终，神经元可以将信号发送到突触以外的地方。

神经元的其他通信途径还包括由各个脑区之间的神经元群组传输的脑波，以及将包裹着的信息分子送往各类细胞的囊泡。此外，神经元还长着一些体积较大的多细胞突触，这些突触与疼痛和炎症相关，能够一次整合多个细胞之间的对话。

近年来的研究发现，大小各异的多种隧道式纳米管能够与大多数细胞相连。对于这些纳米管，我们在第 8 章谈癌细胞时提到过，它们是将细胞连接起来的线状细胞突起，能够让细胞分享彼此的多种内含物。

通过观察大脑发现，隧道式纳米管会在不经意间运送错误折叠的蛋白质，而这些蛋白质正是导致退行性脑病的原因之一。与此相关的纳米管很可能是神经元之间进行常规交流的源头，类似于携带信息分子的囊泡，但这些推测尚未得到证实。

与神经元相关的研究不计其数，我们无法在一个章节中囊括神经元信号传递的各个方面。因此，本章仅简要介绍一种最常为人所提及的神经元通信方式，即沿轴突发送触发神经递质的电信号。在此基础上，我们会谈到神经元能够同时运用的其他各种类型的信号。此外，本书的其他章节也会涉及神经元信号传递的各个方面。

不过，本章会涵盖与神经元信号传递相关的三大要点。第一点，如何通过信号产生新的神经元，再将其整合到信号回路中；第二点，神经可塑性的内涵，即在学习过程中，神经元信号传递如何改变细胞通信回路；第三点，何种信号传递是维持神经元本性（可能长达一个世纪）所必不可少的。

洞悉神经元网络

为深入了解神经元网络，科学家开展了大量研究，但仍旧面临着诸多挑战。庞大的神经元连接体系究竟如何产生一致的主观精神体验？这至今都是未解之谜。一种观点认为，如果不考虑星形胶质细胞、小胶质细胞和少突胶质细胞（将在后续章节中介绍）等神经胶质支持细胞发出的信号有何作用，就不可能破解神经元网络的运作机制。

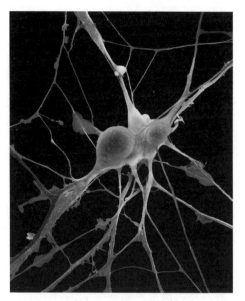

多个神经元及其细胞体相对末端伸出的轴突和树突
（电子显微镜照片，丹尼斯·孔克尔 / 科学图片库）

　　大部分神经元细胞群会与多个其他神经元细胞中心建立长距离的连接。曾有人认为，包含视觉、听觉等在内的每种感觉模式都以相互独立的方式运作，继而将信号发送到融合各种感觉的区域。但从研究人员目前的了解来看，每个感觉区域可能涉及多种感觉和多种模式，这就意味着感觉区域彼此相关，能够同时行使功能。而且，这些区域也会向其他区域发送信号，与其原有的多种信息汇总在一起。考虑到上述研究结果，确定整个流程的指挥中心变得难上加难。因此，究竟是哪个中心让人产生了一致的主观体验，至今都没有定论。

　　最广为人知的一种神经元通信类型涉及沿轴突传播的电流。轴突是神经元末端的细长纤维，可通过电脉冲来传输信息。轴突末端有一种非常精巧的连接，我们称之为"末端突触"，它可以连接到神经回路中的另一个神经元。第一个神经元的轴突尖端与第二个神经元上的一条分支之间会形成突触，这些分支的数目庞大，我们称之为"树突"。

突触需要数千个复杂的分子来维持结构并收发信息。同样，与之相连的第二个神经元上的数千个树突往往也会同时收到多个其他神经元发来的信息。接着，第二个神经元会整合所有传入信息，再沿轴突向神经回路中的第三个神经元发信号，依此类推。

接收信息的树突中含有又大又复杂的蛋白质机器，以不同形式存在于大脑的各个区域。这些信息接收中心由另一套连锁蛋白质构成，包含数千个蛋白质分子，而这也同样是还没有研究透彻的一个问题。本书第27章介绍了接收信息的神经元如何通过内部信号来解读传入树突大枢纽的各种信号，其中还会谈到很多有关树突的内容。

在突触处，充满神经递质的囊泡会从第一个神经元的膜上弹出，同时以某种方式保证膜上不形成孔洞。从囊泡中释放出来的神经递质会通过突触到达第二个神经元，进而触发受体。随着研究的推进，人们不断发现新的神经递质，共计已超过30种，其中10种备受关注。每一种信号都作用于特定类型的神经回路。

在囊泡释放神经递质之后，第一个神经元会将其拾回，然后循环利用。在两个神经元之间的突触中残留的神经递质由星形胶质细胞吸收，这些长得像星星的细胞能够围绕着突触起支持作用（下一章将专门讨论星形胶质细胞）。神经元如何迅速产生囊泡，再将其弹出、拾回并循环利用。这是我们还没完全弄明白的问题。说实话，我们很难解释这整个过程为何会发生得如此之迅速，又为何能不在膜上形成孔洞。

电突触

电突触会在两个细胞之间来回发送信息，但它们采用的工具不是神经递质，而是双向电流。电突触对于整个大脑来说都是必不可少的，它们通常是星形胶质细胞的搭档，但很少与神经元合作。不过，电突触会以一些复杂的方式来与神经元的化学突触进行相互作用。所有哺乳动物体内都有电突触，但人脑中的电突触尤为丰富。最初发现电突触的位置是在大脑的视觉和嗅觉中心。现如今，我们能在大脑的各个区域观察到电突触。

电突触由跨细胞膜且成群分布的多个通道组成。这些通道由两个蛋白质构成，每个蛋白质有 6 个组分。这两个蛋白质分属于两个细胞，共同形成一个管道，以供电流通过。电流能够通过这些管道在成对的细胞之间进行双向流动。此外，小能量分子也会通行其间。从大小上看，电突触是化学突触的十分之一。一个神经元可以同时拥有多种类型的电突触。

通过电突触进行信号传递的速度非常快。通常，电突触是循环回路的组分，连接着感觉神经元和运动神经元，以便做出迅速反应，比如鱼摆尾、退缩等单一的关键性逃逸动作。多个神经元可通过电突触连接在一起，让其中的每个神经元都能非常迅速地接收到信号。利用电突触快速传递的特性，多个神经元群可同时受到触发，产生同步脑电波。

另外，某一区域的多个感觉神经元也可以齐心协力地利用电突触产生更强的信号。从人体来看，上述神经回路不仅反应快，而且可靠性高。通过不断学习，电突触也能像化学突触一样实现重塑。我们将这种重塑过程称为神经可塑性（详见后文）。通过改变亚基和受体，电突触通道可产生特异性更强的神经回路并做出快速反应。

化学突触与电突触之间的相互作用

化学突触和电突触都很复杂，而且在信号上相互依赖。实际情况是，化学突触无法在没有电突触的情况下单独生存。从胎儿发育来看，首先形成的是电突触，它们为神经回路建立架构。接着，化学突触会逐渐在电突触的基础上形成。

在每个大脑区域和每种神经元中，化学突触接收端的连锁蛋白所构成的大平台各不相同。同样，电突触也具有由多种大型蛋白质构成的精细结构，作用是支撑电突触通道。这些支撑组件的性质各异，可实现特定类型的定向流动，比如辅助听觉系统中的感觉神经元进行协作。

在胎儿体内，电突触会首先让神经元进行快速协作并协调机体活动，比如移动到目标位置。运动神经元会以电突触为起点，协调各个肌群的活动。随着活动量的加大，伸向各个肌群的多个电突触会转变为一个系统，使每个肌群具备一个化学突触。同样的过程也会发生在皮质柱中，这些柱会先通过电信号连接，接着才有特定的神经递质出现在相应的神经回路中。

电突触和化学突触会以各种方式进行相互作用。化学突触需要在电突触帮助下才能形成，反之亦然。特定的神经递质是形成电突触所必需的。当成人大脑中的化学突触受损时，有缺陷的神经元发出的神经递质信号会刺激电突触通道，让神经元能够在修复过程中保持活力。

神经元可以同时拥有上述两种突触并兼具二者的特征。以眼部为例，视杆细胞会运用由神经递质调节的电突触，眼部的其他神经回路也会运用由电突触改变的化学信号。从耳部来看，混合型突触可用于实现快速反应。

脑波参与的细胞通信

大量个体神经元的同步动作能够以特定的节奏产生电波，我们称之为"脑波"或"脑电波"。一些可测定的脑波是数百万个神经元齐头并进的结果。由神经元产生的同步振荡会历经或长或短的距离，在各个大脑区域之间传递信息。有时，大脑某个区域会向另一个区域发送脉冲信号，提醒该区域注意随下一脑波发送的其他信息，而该脑波也会以不同频率发送，以体现特定信息的类型。

大脑记忆区存在着一种脑波通信，一组神经元会以每秒 1 至 4 次的振荡频率发送信息，显示记忆动作发生的位置。与此同时，神经元还会以每秒 7 至 10 次的振荡频率发送特定记忆中同一动作的时间信息。与此相关的研究正处于起步阶段，旨在探究与记忆信息相关的特定频率，如睡眠期间的振荡频率有何意义。

振荡产生的方式多种多样，但我们目前只能测到幅度较大的振荡。各个神经元均可发出有节奏的脉冲，进而形成脑波。各个神经元信号环路也可以产生振荡，比如感觉传入与肌肉运动之间形成的环路。抑制性神经元与刺激性神经元的相互作用会产生振荡。皮质的局部小回路也会产生振荡，而且在各排神经元整齐划一的作用下，脑波会因叠加在一起而变得更强。

两个不同的皮质层可以通过相互作用来形成脑波，一个皮质层也可以与其下方的大脑层相互作用。慢波与快波可以相互作用并一起传播，其间快波会带头向信息接收区进发，与之相关的慢波随即将信息送达。与大量神经元相连的星形胶质细胞能够促进脑波形成。

目前，对 4 种脑波频率的研究较为透彻，但仍然很难在这些脑波频率与精神状态之间建立确切的关联。慢波可能与记忆相关，稍快些的脑波与入睡后的警觉性相关，而快波则与注意力相关。特别快的脑波可在整个大脑中建立远程连接，还可能在人做白日梦时将相关脑区连接起来。

要了解脑波，频率并非唯一的关键因素。脑波的形状也很重要，但这一点尚未得到透彻研究。就好比声波的形状决定了声音的质量，所以钢琴和萨克斯发出的声音不一样。对脑波的研究发现了很多复杂的形状变量，表现出延迟、激增、衰变、持续、放缓等特征。比如，目前已知的多种衰减模式都能够刺激产生复杂的局部反应。

具体来说，神经递质的传播并非仅限于突触，而是会扩散到神经元区域附近的组织，这就会影响到神经元群的节律性活动，进而反过来影响脑波。这些神经递质可作用于局部，也可在睡眠等情况下作用于范围更大的脑区。不仅如此，它们还能够微调特定的脑区，以便接收来自其他脑区的同步振荡信息。再者，神经递质也能够在执行特定任务期间改变活动节律，比如调控与视力相关的皮质柱。

脑电势

除了之前提到的电信号，其他电信号也可能会影响神经元，比如神经元内部和周围的局部电场，但我们对此知之甚少。研究显示，电梯度（某区域内的电荷差异）遍布全身，尤其是在大脑中。大脑的电活动复杂，与沿轴突和电突触传递的信号相关。不过，这些区域的信号传递功能以及脑电势的情况，我们还不太清楚。就其他组织而言，电梯度可为血小板和免疫细胞提供信息，引导它们前往感染部位。而且，这些梯度有助于构建特定大小和形状的器官。它们能够触发干细胞，但也会为癌细胞"指路"，导致癌细胞转移（有关化学梯度如何用作细胞信号，详见第1章）。

神经元附近局部区域的电能总和会产生一个电场，其中的每个点都互不相同。该电场涉及突触传入信号、星形胶质细胞的钙激增（详见下一章）、轴突电信号，以及轴突电脉冲的后置效应。神经元的形状和脉冲时序会影响电荷强度和电荷效应。

不同形状的神经元及其排列方式也会对其所在区域的电量产生很大的影响。举例来说，大脑皮质中的不对称神经元沿既定的平行纵列分布，具备体积很大的树状树突。这种有序分布形式可使细胞之间产生大量离子流，导致所有电荷叠加在一起，产生更强烈的电效应。相比之下，对称分布的神经元则不会将其电荷叠加在一起。另外，抑制性神经元会在神经元细胞体和树突之间产生一种与众不同的梯度，脑部褶皱处也会产生各种电效应。

再者，我们还要考虑一点，长时间的电活动会影响小规模的电活动，而持续存在的小信号会进一步增加磁场强度。如果电活动的持续时间短，则不会影响到附近的其他电活动。随着电活动的时间延长，电活动之间的相互作用方式也会变得多样化，进而产生更大的电荷效应。在小规模的经颅刺激治疗中，我们会用到延时电荷叠加效应。星形胶质细胞的钙激增（详见下一章讲述星形胶质细胞的内容）可能会持续较长时间，进而对附近的电能水平产生显著影响。鉴于电梯度能够在人体的其他部位起信号作用，我们有望在电梯度的脑部用途上取得更大收获。

新神经元的产生及其与神经回路的融合

有关神经元如何产生，近十年来的研究结果虽有部分存在争议，但仍得出了一个共同结论：人和其他动物的神经元产生都会一直持续到成年阶段。一项新研究针对各个年龄段的成人展开，探索了其中猝死者的大脑情况。研究人员发现，猝死者的大脑记忆中心存在着数百个新生神经元，即便是老年群体也不例外。他们还发现，血管老化可能会促使神经元丧失功能。

虽说胎儿阶段会有大量神经元产生，但随着年龄的增长，新生神经元的数量也会逐渐下降。成年之后，人体内每天产生的神经元数量可能不到一千，而且主要集中在记忆和嗅觉中心。无论是从记忆中心还是记忆更替来看，新生神经元都占据着重要地位，仅凭纤毫之差便可构成记忆并与意识融合。新生神经元可以重塑以往的记忆，或通过重连神经回路来产生新的记忆，在此基础上生成的新细胞会处理新的数据，通过增加有辨识度的细节等方式来具体化以往的记忆。举例来说，有人会先回忆起很早前的一辆车，接着又会想到车的品牌是雪佛兰。从生到死，记忆细胞总会对新的细节有所反应。对此，支持性脑细胞也不会置身事外，它们会在不断完善突触的同时为新生神经元提供"营养补给品"（接下来的三个章节，我们会进一步讲述神经胶质细胞）。

新神经元诞生之初会先受到其他神经元信号的抑制，再逐渐通过自我调整来适应新环境。几天后，已有的神经元会与新生神经元连接。在新生神经元建立好更多连接并接收更多信号的同时，星形胶质细胞会辅助这些神经元构建突触。相比之下，无法适应环境的新生神经元则会被小胶质细胞吞食。新生神经元会先获取信息，再开始自主发送信号。这些神经元会在几个月内逐渐收到越来越多的信号，这有助于它们丰富经验并加快学习。研究表明，在动物做运动或其他刺激性活动时，新生神经元进入神经回路的可能性更大，存活率也更高。与此同时，进行多样化的活动也有助于建立更多神经连接。

在新神经元诞生后 3 周内，它们的突触会变得明显起来。接着，新生神经元开始影响局部神经元回路，使这些回路的规模逐渐扩大。实际上，新生神经元建立连接的范围比旧神经元更广，而随着新生神经元了解到的信息和细节日益增多，它们也会变得越来越活跃。从动物实验来看，新生神经元对奖励机制的敏感性尤为突出。与旧神经元相比，新生神经元关注的细节更具体，能够全面塑造与记忆相关的感觉神经系统。

随着新生神经元开始负责与"新版"特定记忆相关的信号传递，构成"旧版"记忆的旧神经元的活性也会逐渐下降。新记忆并不会与旧记忆冲突，不过是逐渐取代旧记忆罢了。随着时间的推移，几乎整个记忆区都会逐渐由新生神经元细胞重建。

与神经可塑性相关的信号

神经可塑性或许是目前最难解释的现象，它指的是大脑通过自我改变来学习新知识的方式。举例来说，如果让一个视力正常的人蒙住双眼，只需数小时，视觉中心的神经元便会开始搜寻其他类型的感觉信息，比如声音、触觉等。

有关神经可塑性的问题，中国报道过一个神奇事例。一名医生在进行常规检查时发现，某女子虽然脑部缺失对运动来说必不可少的部分，但其身体机能正常。除了轻微的步态障碍和口齿不清，该女子在言行举止上毫无异常，日常生活也没有受到影响。进一步来说，她的大脑以某种方式消除了缺失常规必要区域所带来的影响。

神经可塑性的实现不仅需要改变突触连接，还需要利用新生脑细胞。撇开主流观点不谈，老年人在长期积极思考的情况下，大脑状态其实会优于年轻人，因为学习会对神经回路的动态布局和突触的变化产生影响。通过研究活跃的老年大脑人们发现，额叶与其他区域以及左右脑之间通过神经回路建立的连接有所增加。多种不同的分子机制会改变神经元网络。大部分大脑活动会涉及整个大脑范围内的神经回路，需要整个大脑在多个位置同时发生多种突触变化。不过，这一切究竟如何协调，尚未确知。

有关神经可塑性的多种突触变化，本书不做细节描述。某些突触变化涉及树突随细胞支架的变化而迅速改变其形状。另外，一些突触会改变从其两侧伸出的大分子，使它们环抱在一起。再者，刺激与抑制之间的平衡也会有所变化。

在钾钠电通道发生变化的同时，各种电活动会沿轴突产生。受体的亚基可能会有所转变，运输分子和囊泡的各种微型动力装置也可能会发生切换。在此情况下，不仅电突触会发生变化，支撑这些突触的细胞外基质也会发生变化，从而实现神经可塑性。此外，如果触发炎症通路（详见第 14 章有关疼痛和炎症的内容）的神经元发生变化，也可能会产生神经可塑性现象。

三种神经胶质细胞均在神经可塑性方面起着至关重要的作用。脑外施万细胞和脑内少突胶质细胞能够生成髓鞘细胞，二者起到的关键性作用在于协调信号的传输速度，确保信号能够按时送达目的地。本书第 12 章会详细介绍髓鞘，它是支持有效传输电脉冲的绝缘材料。星形胶质细胞和小胶质细胞会以自己的方式触发神经可塑性。此外，神经胶质细胞和毛细血管信号也会刺激生成新的脑细胞。

维持神经元性质的信号

神经元细胞区室内部以及与其他神经元细胞之间的信号传递决定了每个神经元的特征。我们已经发现了越来越多种类的神经元，其数量现已超过 1000 种。决定神经元种类的因素包括活性基因、形状、神经回路、功能、受体和信号。大部分神经元会在生成之后一直以某种细胞类型存在。

不过，有些神经元会在信号传递过程中转变其细胞类型。这并不像我们想象的那么简单，因为神经元的细胞性质会需要每天通过信号传递来维持。神经元的细胞性质取决于某些基因的控制，这些基因会产生特定的蛋白质来响应信号。维持神经元的细胞性质涉及数千种日常信号分子，包括特异性 RNA 和蛋白质，以及 DNA 上的标签和保护 DNA 的蛋白质。

即便是特定类型的神经元也会不断变化其细胞形状，其间轴突和树突会不断生长，新的突触也会产生。特定神经元运用的神经递质一般处于稳定状态，但神经元也可以在某些情况下转变这些神经递质。神经元会需要特殊的信号和基因网络来循环利用某些神经递质，而且此类神经递质在胎儿阶段不同于成人阶段。在学习过程中，神经网络会不时地发生变化，以响应来自环境的信号。这些信号可以转变神经元的细胞性质，触发产生新的神经元类型。来自环境的信号可以触发新的遗传网络，从而改变神经元的功能。

目前，我们还不清楚上述各类细胞通信如何与神经元、星形胶质细胞、小胶质细胞、少突胶质细胞、T 细胞、毛细血管细胞和免疫细胞之间的信号传递一同发挥作用。有关神经元的方方面面都有待我们深入了解,而随着了解的加深,我们可能会找到治疗脑部疾病的新方法,进而洞悉主观精神活动。

第 10 章
CHAPTER 10

星形胶质细胞的支持性作用
THE SUPPORTIVE ROLE OF ASTROCYTES

星形胶质细胞包含三种最丰富的支持性脑细胞，统称为神经胶质细胞，其命名源于希腊语"胶水"。一般来说，所有神经胶质细胞都比神经元小，占比却在大脑和脊髓体积的一半以上。虽说神经胶质细胞的具体数量尚未确知，但此类细胞与神经元的相对比例在大脑每个区域各不相同：大脑皮质的神经胶质细胞比神经元多，小脑的神经胶质细胞则比神经元少。

星形胶质细胞的名称源自其多个细胞突起形成的星形外观。从大脑的所有功能来看，星形胶质细胞都起着不可或缺的作用。这些细胞的"手臂"可触及神经突触，"脚趾"包裹血管，能够利用血液中的信号轻松地与神经元和多个其他细胞对话。这种星形胶质细胞之间相互连接的网络就像是一个瓦片状的支架，能够覆盖并保护整个大脑中的所有神经元和血管。

为了解精神思维过程，脑图研究人员通常会描述神经元之间的各个回路。不过，要更全面地了解这些神经元参与的过程，我们还必须考虑到星形胶质细胞网络中的所有神经回路和枢纽。举例来说，尽管很多人

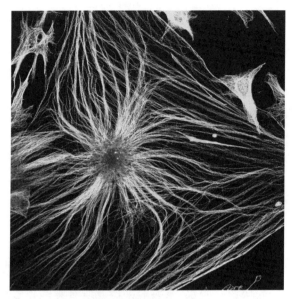

星形胶质细胞
(共焦光显微图，戴维·罗伯逊，癌症研究院 / 科学图片库)

认为功能磁共振成像 (fMRI) 可在大脑研究中用于测定神经元的活动，但该方法实际上测定的是受脑部星形胶质细胞控制的血流，所得影像中的每个光点代表的是流经数万个神经元的血流。

至于基于血流获得的 fMRI 脑部影像与神经元活动之间的关系紧密程度如何，我们还没有完全弄清楚。新研究表明，在神经元活动发生之前或之后，血流可能会瞬时增加，但这种现象不会在神经元活动的高峰期出现。

星形胶质细胞在神经元功能中的广泛作用

在为神经元提供支持方面，星形胶质细胞的重要性再怎么强调也不为过。星形胶质细胞的信号在突触的整个生命周期中起着至关重要的作用，包括参与突触的形成和正常功能的发挥，修剪未尽其用的突触，以及促使突触在学习过程中发生转变。星形胶质细胞会向血管发送信号，要它们向急需供能的神经元提供氧气和其他营养物质，而在神经元的需求被满足之后，星形胶质细胞又会发出信号来要求血管停止供给。

星形胶质细胞支架支持着神经元不断发生变化，促进神经元连接的日常更替。每个神经元都能够与其他神经元之间形成多达十万个突触，而每个星形胶质细胞也都能够保护好大量神经元的突触。星形胶质细胞能够从各个方面来控制突触环境，包括突触周围的细胞外基质和局部化学梯度。星形胶质细胞既能够分泌生长因子，以供神经元保持健康状态，也能够消化分解突触位置产生的神经元残骸。当神经元或轴突迁移到新的位置时，星形胶质细胞会为它们开路清道，即清空星形胶质细胞支架中的各条通道。

新生神经元无法自行生成突触，必须先通过与星形胶质细胞进行物理接触来"学习"如何生成突触，这一过程在胎儿大脑发育中起着重要作用。在此基础上，星形胶质细胞和神经元产生的黏性分子将能够构建突触并使其紧密相连。另外，胎儿体内的星形胶质细胞信号也会参与建立血脑屏障的紧密连接。不仅如此，胎儿体内的大体积星形胶质细胞还能够横跨整个胎儿大脑皮质。这些大体积星形胶质细胞会为所有脑细胞生成干细胞，形成支架结构来帮助细胞迁移到目标位置。

星形胶质细胞及其他多种细胞发出的信号会刺激干细胞生成新的神经元。星形胶质细胞维系神经元轴突沿线的电平衡，先摄入钾，再使之通过细胞膜上的通道释放，以此实现沿轴突方向的电信号传递。星形胶质细胞会在突触位置拾取已使用的神经递质，再将其回收利用。

这些神经胶质细胞还会发送和接收大量神经递质、免疫细胞因子信号及其他因子。从每个大脑区域以及每个单独的星形胶质细胞来看，星形胶质细胞的信号各有差异。此外，单个星形胶质细胞上有数万个微小的细胞突起，其中每个突起的信号也会有所不同。

星形胶质细胞的类型和形状

目前，我们已经发现了上千种形态各异的神经元。近期研究表明，星形胶质细胞也可能是多种多样的，每个大脑区域都存在多种独特的星形胶质细胞，而且如果不采用最先进的技术，我们可能无法分辨这些细胞之间的细微差异。星形胶质细胞表面有很多像手指一样的结构，占到了表面积的90%，它们有的长得很大，有的大小适中，有的又长得很小。

有种星形胶质细胞在靠近突触的位置有十二条大臂和数千个小突起，而且每个突起的形状都各不相同。在记忆中心，一个星形胶质细胞可以利用每个神经元群中大小不同的突起来连接数千个突触。

星形胶质细胞的突起会像变形虫那样移动、变换。这些细胞突起会迅速与神经元连接，触发形成新的突触。突起在大小、位置和运用的信号方面各不相同。最小的突起看起来像是锯齿状"薄片"，其中储存了大部分糖原，可为神经元和核糖体提供合成蛋白质所需的能量。发出神经元信号时，这些微小的突起会像变形虫一样，在星形胶质细胞内部钙信号的刺激下移动（有关钙信号的更多信息，详见下一节）。

多变的星形胶质细胞信号

星形胶质细胞会运用到与神经元相似的各类信号，包括分泌信号分子，细胞间的直接接触，携带信息分子的囊泡，以及电突触。通过利用所有这些消息传递模式，星形胶质细胞能够与神经元、免疫细胞、毛细血管细胞及其他支持性脑细胞对话。

像癌细胞一样，星形胶质细胞也倾向于以囊泡作为首选细胞通信方式。星形胶质细胞向神经元发送的囊泡中包含 RNA、肽和蛋白质。这些囊泡携带的信息有助于实现离子平衡，维持血脑屏障，以及向免疫细胞发出警示信号。在突触膜或专门的内部细胞区室处产生的囊泡会发送给生成髓鞘的细胞，引导这些细胞在轴突沿线的特定区域生成更多绝缘性髓鞘。作为大脑中的固有免疫细胞，小胶质细胞会收到有关抗击微生物和修剪突触的信息。向神经元发送的信息会影响轴突放电强度以及整个生物体的应激反应。星形胶质细胞信号还在神经网络的修复过程中发送信息。

钙信号传递

钙在细胞中无处不在，是细胞发挥重要功能的关键。几乎所有细胞过程都依赖于钙离子参与的细胞内信号传递，包括肌肉收缩、受精、神经冲动等。钙信号传递在所有细胞中普遍存在，却因其复杂性还有待我们深入了解。不过，我们可以确定地说，钙信号是一种适应性最强、分布范围最广的细胞信号。

当细胞内蛋白质释放其储存的钙离子时，信号传递便会随之发生。另一方面，经由细胞外液增加细胞的钙离子浓度也会触发钙信号传递。肌肉细胞中会发生钙信号传递，尤其是在心肌细胞处。再者，钙信号传递能够将轴突的电信号转化为分子信号，从而刺激神经递质囊泡的释放。

钙信号传递源自储存在特定细胞器中的钙，这些细胞器主要包括内质网（ER，附着在细胞核上的膜网络）和高尔基体（多个薄层囊结构组成的细胞器）。钙一经释放便会因线粒体和其他一些不常见细胞器而减缓速度，并由其拾取（有关这些细胞区室的信号传递，详见本书第四部分讲述细胞器的内容）。

储存的钙会通过专门的蛋白管路流出，其间还会伴随着诸多协助钙流出的辅助分子。另一方面，钙也可以通过细胞外膜上的特殊通道从细胞外流入细胞内。每种类型的细胞和每个细胞区室都有多种复杂的蛋白质通道，以供钙移动。不仅如此，钙转运体分子、受体和辅助分子均可在钙移动中发挥各自的作用。钙信号传递与多种其他信号传递过程密不可分，以一系列连锁反应的形式发生。这种信号传递形式可同时控制多个过程，因而很难加以研究。

在本书讲述细胞器的部分，我们介绍了新发现的接触位点，内质网、线粒体等细胞器会通过在这些位点进行接触来形成信号传递平台。这些位点通常会发生特定类型的钙信号传递，对各项免疫细胞功能的发生起着重要作用。

揭示星形胶质细胞的钙信号传递

尽管已确知钙信号对动物发育极为重要，但对于星形胶质细胞如何利用钙波动来实现信号传递，研究人员最近才有了眉目。细胞内钙信号会在不同情况下表现出巨大的变化，但这一现象尚未研究透彻。

当电信号沿轴突传递时，附近的星形胶质细胞内便会发生钙波动，仿佛是在回应电信号的传递。星形胶质细胞的"手、足"部分都分布着各种细胞区室，能够以多种方式运用钙振荡进行交流，并与附近神经元区域的活动建立关联。另外，中央星形胶质细胞体有着各自互不干扰的独立信号传递体系。

虽说我们已经发现了多种类型的星形胶质细胞钙信号，对于这些钙信号的细节却知之甚少。钙信号会与神经元保持同步，具体取决于神经元所利用的每种类型的神经递质。根据大脑区域和活动的不同，钙信号也会有所差异，表现为感觉信号、运动信号，以及交感和副交感神经信号。钙信号可能关系到大脑皮质和小脑的神经元受体触发。

另外，星形胶质细胞也会发送与神经元活动无关的大幅度钙激增信号，尤其是在胎儿发育期间。星形胶质细胞会通过整个大脑的星形胶质细胞网络发送激增信号，就像神经元能够经由整个大脑的神经回路发送信号一样。目前，科学家正在研究这些广泛传递的信号究竟有何功能，推测可能与协调整个大脑的结构构建相关。

星形胶质细胞中存在着丰富多样的钙信号传递活动，而其中的细节也还在不断得以揭示。这些信号传递活动可以是局部短暂性的，也可以是延伸性的。延伸性钙信号传递活动遍布各个大面积的大脑区域。局部钙信号传递活动可能与神经元和星形胶质细胞之间的神经递质拾取相关。幅度较大的高优先级钙信号可以同时激发各种局部信号。

中央星形胶质细胞体发信号的速度慢且频率低。经 fMRI 测定发现，这些信号可能与星形胶质细胞控制血管开闭相关。星形胶质细胞中存在特定频率的钙振荡，可触发各种细胞反应。小幅度的钙波动会对神经元起到刺激作用，而非抑制神经元的活动。高频率的强烈钙信号会触发记忆中心进行长时间的学习活动。

神经元与星形胶质细胞的相互作用

神经元信号可以转变星形胶质细胞的功能，包括触发星形胶质细胞向神经元发送更多能量粒子。反之，星形胶质细胞也可以转变神经元的放电活动以及参与放电的神经递质。以前，大家认为星形胶质细胞只会对强烈的神经元信号做出反应，但近期研究发现，星形胶质细胞还会对一些幅度小得多的神经元活动做出很多微妙的反应。各个星形胶质细胞区室会不断地对多种神经元活动做出反应，甚至是突触位置发生的极其细微的活动。目前，我们还不清楚星形胶质细胞如何整合不同位置、不同时段、不同幅度且伴随着多种信号的神经活动。

多样化的星形胶质细胞信号或许可以协调多个神经元发出的特定动作，与记忆区神经元群相关的大幅度信号似乎起到了编排神经元活动的作用。在小脑中，一种间歇性星形胶质细胞信号与协调性动物运动相关。在丘脑中，星形胶质细胞信号能够起到与精神科药物相似的镇静作用。在延髓中，神经元会评估血液中酸、二氧化碳和氧气的情况，再将结果告知星形胶质细胞。接着，星形胶质细胞会直接向其他大脑中枢发送信号，以此调控呼吸频率。随着研究的进行，我们也逐渐解开了沿整个脊髓传递的神经元信号触发星形胶质细胞的新反应机制。

另外，星形胶质细胞信号还能够协调脑波，其中涉及大量神经元参与的同步脑电活动。这类活动发生的原因在于，星形胶质细胞网络与大脑某个区域的大多数神经元相连。特定频率的协调性脑波可在大脑各个位置之间传递信息。

调控大脑能量

调控大脑能量可能是星形胶质细胞最重要的功能。星形胶质细胞是大脑中唯一以大分子糖原形式储糖的细胞，这些糖原能够满足神经元的紧急供能需求并经分解产生乳酸。星形胶质细胞决定着进入大脑的葡萄糖量，以及供能所需的血流量。大脑要消耗人体全部能量的 20%，其中的 80% 会被神经元突触消耗，用以生成和转运满载神经递质的囊泡，其余 20% 能量中的大部分则被星形胶质细胞利用。

　　神经元所需的大部分能量由葡萄糖的化学氧化反应提供。近期研究发现，神经元有 10% 的时间（比如应激或运动期间）会通过其他途径来获取能量。这种途径利用的是乳酸，而大脑中的乳酸主要由星形胶质细胞提供。在视网膜等特定位置，供能仅利用乳酸而非葡萄糖。当神经元需要补充能量时，相应的信号会触发星形胶质细胞分解糖原，生成更多的糖或乳酸。近期有关大脑学习的研究也表明，触发神经可塑性的因素是乳酸，并非葡萄糖。

　　就大部分细胞而言，线粒体起着调控能耗的作用。神经元细胞虽含有大量线粒体，但还是会将星形胶质细胞作为备选供能来源。星形胶质细胞也含有线粒体，但会以不同方式调控能量循环，最终生成乳酸。在这一能量替代代谢过程中，星形胶质细胞会为代谢途径中的分子提供磷酸分子，以便它们从中获取能量。

　　此外，星形胶质细胞还会通过其他方式来密切监控能量的产生和消耗。突触周围的星形胶质细胞臂可生成蛋白受体、转运体分子和通道，用以接收神经元发出的神经递质信号。接收这些信号会触发乳酸生成，进而改变神经元的行为。星形胶质细胞可以通过神经元信号得知何时分解糖原。与各皮质层连接的特定神经元也会衡量能量需求，向星形胶质细胞发出信号，为大脑皮质的特定层结构和柱结构争取到更多的糖和乳酸。除此之外，另一个大脑中枢会在大脑的大部分区域发送信号，触发皮质外部累积更多的糖和乳酸。

　　通常，星形胶质细胞会与神经元建立双向电连接，迅速沟通能量问题。

二者之间的电突触可刺激神经元的能量供给，即便是距离很远也不例外。新的研究结果表明，电信号可促使乳酸转运到距离突触很远的神经元。

星形胶质细胞与疾病

星形胶质细胞信号可对多种疾病产生影响。在有脑损伤的情况下，星形胶质细胞的形状、数量和功能均会发生变化，进而在异常脑组织周围形成某种特殊的炎症屏障，而这可能导致进一步的脑损伤。星形胶质细胞的排列从平铺的网络结构变成圆形，各个细胞的"手臂"交缠在一起，同时与免疫细胞进行信号传递。在亨廷顿舞蹈症模型中，我们可以观察到星形胶质细胞异常，进而导致神经元功能异常的现象。在阿尔茨海默病中，淀粉样斑块附近存在着异常的星形胶质细胞。在有普遍脑损伤的情况下，远处的星形胶质细胞会留在原处行使其功能，但细胞体积会变大，细胞信号和产物也会变多，从而导致疾病继续进展。

在伴随疼痛和炎症综合征出现的大体积多细胞突触中，星形胶质细胞还会与神经元和其他细胞发生相互作用（详见第 14 章）。在这些多构面突触中，参与对话的细胞包括神经元、T 细胞、血管内皮细胞、免疫清除细胞，以及三种神经胶质细胞。所有这些细胞会在一个大体积突触中同时发送数百种不同的信号。从这些突触来看，与炎症相关的星形胶质细胞发出的信号呈现出从毫秒到秒变化的时间序列。

这些脉冲式信号会以多种方式影响突触中的其他细胞。星形胶质细胞将能量粒子作为信号发送给大突触中的其他细胞，这些信号触发对神经回路的刺激或抑制作用。对上述多细胞突触的研究还处于起步阶段，详见第 10 章和第 14 章。

第 11 章
CHAPTER 11

小胶质细胞——大脑的主要调控者
MICROGLIA—MASTER REGULATORS OF THE BRAIN

小胶质细胞是体积最小的神经胶质细胞，分布在大脑和脊髓的各个位置。这些细胞对于整个大脑的维护都是必不可少的，它们与免疫清除细胞相关联，是整个中枢神经系统免疫防御的主力军。

不过，小胶质细胞的功能远非如此，它们的功能丰富多样，会依据环境变换形状，既可作为独特的免疫细胞，又可作为重要的脑细胞。直到最近，我们才观察到小胶质细胞复杂的生命活动。据我们所知，小胶质细胞会与多种细胞进行对话，包括神经元、星形胶质细胞、髓鞘生成细胞、脉络膜内皮细胞、血管细胞和免疫细胞。

细胞中的劳动模范

神经元是传递信息的主导者；星形胶质细胞负责提供营养补给、调控血流和维护突触；小胶质细胞则在特定的大脑区域四处游走，起着观测、刺激、抑制、清理、抗击微生物、维护所有脑细胞功能的作用，同时还会不断传达有关脑部活动的信息。

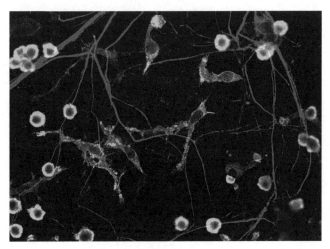

小胶质细胞与神经元
（格里肖/维基共享）

　　正如 T 细胞在整个免疫系统中占据主导地位一样，小胶质细胞也对所有脑细胞起主要调控作用，包括调控大脑中的所有免疫应答。小胶质细胞会根据大脑区域的不同，协助确定所需的各类脑细胞的数量，同时发信号给干细胞来调整生成细胞的多少。在胎儿体内，小胶质细胞会为神经网络的构建提供支持。在成人身上，小胶质细胞会通过发信号的方式来建立更丰富的神经连接。必要时，小胶质细胞也会发信号来为神经元获取能量供给。在胎儿及生命早期阶段，小胶质细胞会利用定向信息来参与神经元和轴突的迁移。

　　小胶质细胞会在小范围内独自游走，而不依附于任何结构。它们会不断探索自己的活动区域，伸出"手臂"来反复触碰周围的一切，包括轴突、突触、星形胶质细胞、髓鞘生成细胞和细胞外基质。通过接触，小胶质细胞便可判断哪些细胞功能处于次优状态。此外，小胶质细胞会运用复杂的无线信号传递方式来与神经元和星形胶质细胞通信，确定所需的脑细胞数量以及清除某个突触的时间。

目前，我们还不清楚小胶质细胞如何通过触碰其他细胞来确定它们的功能状态。近期研究发现，小胶质细胞触碰其他细胞时会迅速形成一种全新的突触。利用这种突触，小胶质细胞就能够测出为细胞化学反应供能的分子处于何种浓度水平。这便是小胶质细胞确定细胞代谢是否处于次优状态的方法之一。这一新发现或将帮助我们了解小胶质细胞如何利用此类信息完成各项复杂的工作。

小胶质细胞能够持续监测所处环境，以便发现入侵微生物、细胞残骸、癌细胞及其他受损细胞，然后将其吞噬。根据其他细胞发出的信号，小胶质细胞能够发现多余的神经元突触并将其去除。发现破损的髓鞘斑块后，小胶质细胞会发出修复信号。另外，这些细胞还会参与诸多有关应激的大脑及免疫细胞对话。

在胎儿发育的第 9 天，小胶质细胞由卵黄囊形成，以清除性白细胞的形式存在。接着，小胶质细胞会前往大脑，然后一直生活在脑部的某个小区域，除非外界要求它们对抗感染或修复其他位置的损伤才会开始迁移。小胶质细胞会在其聚居区繁殖，打造现成的储备细胞库。绕聚居区环行并评估情况时，小胶质细胞一般不会生成新细胞，新细胞的生成常见于抗击入侵微生物或修复受损脑组织期间。在大多数情况下，小胶质细胞会以分散排列的稳定细胞群形式存在，其中每个细胞都很清楚自己的领地，但同时也会与其他聚居区的小胶质细胞交流。

形状多变

由于各种小胶质细胞的外观截然不同，科学家直到最近才发现，他们数年来在大脑中看到的形状多变的小胶质细胞，其实是处于不同阶段的同一种细胞。此前，没人想过一大团清除细胞与那些轻拍突触的星形移动细胞居然是一种细胞。出现入侵微生物时，小胶质细胞，会变换出不同的形状来与之对抗。一开始，小胶质细胞是小体积的星形移动细胞，接着会迅速变为大体积的细胞团。这些细胞团就像是被激活的免疫细胞，能够直接攻击细菌和病毒，同时与其他免疫细胞进行信号传递。

此外，小胶质细胞还有一种变体，长得很像变形虫，能够在沿细胞表面爬行的过程中搜寻细胞残骸。静态小胶质细胞长着很多又长又能够活动的手臂。大颗粒状的小胶质细胞会充斥着细胞残骸。对抗感染时，小胶质细胞还能够变换出独特的杆状外形。修复血管时，血管旁的小胶质细胞会收起一些向外突出的手臂。另外，血管膜屏障上还有一种静态小胶质细胞，随时准备应援。

由于难以检测脑组织中单个细胞的活动情况，科学家直到最近才观察到形状像变形虫的小胶质细胞。这类小胶质细胞长着很多长长的手臂，可用于伸入星形胶质细胞和神经元网络。一些小胶质细胞的手臂会短时间地缠绕住突触和轴突，在不断活动的同时拍打接触到的物体。这些手臂可迅速伸长，再收缩，再伸长。

在大脑中，小胶质细胞是移动性最强的个性化脑细胞，能够像 T 细胞一样独立行使功能，与所有其他细胞进行无线通信。一般来说，小胶质细胞只在自己的聚居地活动而不会踏入别家，但在有危险的情况下，它们便会开始积极地自由活动。

应对威胁

小胶质细胞能够以多种方式应对多种威胁。根据各种信号，小胶质细胞能够立即感知问题所在，不论是当前所在的位置还是远处的大脑区域。根据情况的不同，小胶质细胞做出反应的时间可能是几分钟，也可能是几天。这些细胞是大脑中唯一与其他细胞没有物理连接的细胞，可迅速前往响应细胞发出的求助信号。

在感染或创伤导致大脑受损的情况下，小胶质细胞是第一时间有所反应的细胞。它们能够发送含有微生物颗粒乃至微生物本身的囊泡，以此将微生物颗粒呈递给 T 细胞。接着，小胶质细胞会遵循 T 细胞下达的指令，而且一旦发现细胞残骸，小胶质细胞会立即将其清理干净。研究表明，小胶质细胞会率先爬行到损伤处，同时吞噬沿途的微生物尸体和受损神经元，这有助于为伤口愈合腾出空间。此外，小胶质细胞还可以发送信号来抑制大脑中的炎症反应。

小胶质细胞对其他免疫细胞、脑脊液（详见第 13 章）内皮细胞以及其他支持性脑细胞发出的信号非常敏感。对于一切异常活动，小胶质细胞都会参与调查。即使面对最低程度的神经损伤，小胶质细胞也会突然变得非常活跃并改变自身的形状。而面对一切脑部炎症，小胶质细胞会变得极其活跃，其中包括艾滋病病毒等病毒引发的炎症，以及梅毒、癌症、神经退行性脑疾病（阿尔茨海默病等）和自身免疫性疾病（多发性硬化症等）。就多发性硬化症而言，髓鞘会因自身免疫反应而丧失，而这些反应中就包括炎症期间的小胶质细胞数量增加。但在重建髓鞘时，小胶质细胞又会改变形状，以便抑制炎症并触发生成新的髓鞘。

像其他免疫细胞一样，小胶质细胞也会对抑郁和情绪压力（社交隔离等）有所反应。在压力影响下，小胶质细胞的活动力会增强，而且压力相关脑区（下丘脑和垂体）的小胶质细胞数量也会增加。作为大体积多细胞突触的一部分，小胶质细胞会对疼痛做出反应，这一点详见第 9 章讲述神经元的内容以及第 14 章讲述疼痛和炎症的内容。小胶质细胞会发送信号来协调机体对疼痛产生的高水平情绪反应。

如果大量小胶质细胞在抗击微生物时牺牲，则需要骨髓生成的亚型小胶质细胞来增援。这些免疫清除细胞就驻留在血管边缘附近，准备着在原始小胶质细胞耗竭时接受召集。这些替补细胞无法像小胶质细胞那样理解大脑中复杂的信号传递，毕竟小胶质细胞已经与其他脑细胞一同成长了数十年之久。这些替补细胞会在 8 个月内逐渐适应大脑，但仍无法习得小胶质细胞的所有功能。

多种信号

在与神经元、星形胶质细胞和免疫细胞对话时，小胶质细胞会运用各种信号和受体。小胶质细胞会接收神经元发出的神经递质，然后回发可转变神经元活动的信号。小胶质细胞收发的信号分子包括免疫细胞因子，它们携带着为免疫细胞指明行进方向的信息。小胶质细胞会发送特定的蛋白质，进而转变细胞外基质，以达成与其他脑细胞相关的目的。

神经元信号会影响小胶质细胞在炎症和突触修剪方面的行为。小胶质细胞会向神经元学习新的行为和信号传递技巧。在大脑累积了多年学习经验之后，小胶质细胞会更善于处理神经元信号，其能力超越骨髓在免疫危机期间发送的同类清除细胞。小胶质细胞是大脑中唯一对凝血调控级联反应中各个分子有受体的细胞。对于自身免疫性疾病、创伤、阿尔茨海默病等各种疾病，小胶质细胞都能产生独特的信号。

　　与神经元、星形胶质细胞和癌细胞相似，小胶质细胞也会利用携带信息分子的囊泡来发消息。囊泡会因星形胶质细胞发出的能量粒子而受到触发。一个囊泡中含有多种酶，可将蛋白质切成一个个片段，其中每个片段均可发送炎症信号。其他囊泡可能会像 T 细胞那样携带着针对淋巴细胞和受体的免疫信号。其中可能包含一些必要的蛋白质，用于将受体折叠成有活性的形状。此外，还有一种囊泡会携带与阿片类物质代谢和疼痛相关的酶，另外一些则会含有与阿尔茨海默病相关的分子。

　　小胶质细胞的囊泡可增加轴突放电强度以及突触位置释放的神经递质数量，以此来调节神经元活性。我们在上一章讲述星形胶质细胞时提到，乳酸是由星形胶质细胞向神经元提供的特殊能量来源。同样，小胶质细胞在向神经元发送囊泡的同时也会提供乳酸，用作神经元的替代性能量来源。

与神经元之间的关系

　　小胶质细胞特别关注神经元。在正常情况下，小胶质细胞会发送生长因子，以保证神经元的健康。每隔几小时，小胶质细胞会绕行 80 微米左右，对其所在聚居区实施全面检查，同时使用各种标签来标记有缺陷的突触，以便日后予以清除。对于另外一些要清除的突触，小胶质细胞会根据神经元和星形胶质细胞发出的信号来判别。健康的神经元会分泌信号分子，告诉小胶质细胞不要吞噬突触。但如果神经元因损伤和感染而陷入绝境，则会启动程序性自杀并向小胶质细胞发信号，要求它们清理细胞残骸。

不知为何，小胶质细胞总能得知胎儿和之后的生命阶段会需要多少新生神经元。它们会将这些信息发送给干细胞和其他细胞，从而促进或抑制新生神经元的生成。另外，小胶质细胞发送的信号还能够刺激神经元之间建立新的连接，尤其是在小胶质细胞特别活跃的海马记忆区。

胎儿大脑发育时会生成大量脑细胞，此时小胶质细胞会起到至关重要的作用。它们向干细胞发出的信号不仅决定了脑细胞的生成量，还决定了大脑总生长速率和胎儿期大脑皮质的大小。小胶质细胞会吞噬过多的干细胞，进而影响大脑生长速率。从整个大脑来看，新生神经元数量最多的区域也是小胶质细胞数量最多的区域。妊娠期接近尾声时，胎儿的大脑每分钟会生成数十万个神经元，之后每个神经元会建立起数千个连接。其中大部分连接是无用连接，由小胶质细胞将其清除。这种修剪处理将塑造大脑连接，而完成修剪任务的小胶质细胞最终会散布到各个聚居区并在此度过余生。

小胶质细胞有助于重塑神经元连接，是大脑学习的关键所在。如果让小鼠长期处在黑暗环境中，它们的眼部中心会丧失大量突触，同时也会富集大量小胶质细胞。如果再让小鼠回到光亮环境下，新突触会长出，小胶质细胞也会随之消失。另外，小胶质细胞还会发信号催生更多髓鞘，这对于所有学习过程都非常重要，尤其是涉及肢体运动的学习过程。有关髓鞘的内容，详见第 12 章。

小胶质细胞与疾病和疼痛

小胶质细胞在脑部疾病中扮演着关键性的角色。大多数情况下，小胶质细胞有益于治愈脑部疾病，比如它们会尽量吞噬阿尔茨海默病中错误折叠的蛋白质团块。不过，也有研究证明小胶质细胞会对疾病起到不利作用。

身体发生炎症时，小胶质细胞会变成有侵袭性和破坏性的免疫细胞。它们可以破坏突触，释放过量的神经递质，使破坏力变得更大。受艾滋病病毒感染的小胶质细胞会释放出有毒物质，损害神经元，导致与艾滋病病毒相关的痴呆症。这种情况也见于其他病毒引起的脑炎。

受到欺骗的小胶质细胞会运送大脑周围错误折叠的蛋白质。其中一种异常蛋白叫"朊病毒"，经研究认为与人和动物的多种神经退行性疾病相关，包括牛海绵状脑病（又称疯牛病）。在朊病毒的刺激下，小胶质细胞的数量增加，而当小胶质细胞要吞噬朊病毒时，却误打误撞地将其运送到了其他区域。

另有研究指出，小胶质细胞与多种类型的疼痛相关。在神经性疼痛中，脊髓背角的神经元会变得过度兴奋。在由此引发的疼痛状态下，小胶质细胞受体会拾取受损神经元发出的各种信号分子。接着，小胶质细胞会分泌自己的信号分子，引起兴奋性神经胶质增生和疼痛神经纤维性炎症。小胶质细胞发出的某些免疫信号会激活对神经细胞有害的其他信号，甚至导致细胞死亡。

在牙科手术引发炎症时，面部主要神经出现小胶质细胞增加；心脏病发作后，下丘脑也会出现同样的情况，这些都会引起疼痛。另外，小胶质细胞还参与了与吗啡耐受相关的复杂信号传递。

在小胶质细胞的细胞对话方面，我们要探究的还很多。从现阶段的研究进展来看，我们才刚刚能够识别小范围脑区内移动的单个细胞。未来，识别小胶质细胞信号可能会有助于开发针对多种脑部疾病（包括疼痛综合征）的治疗方法。

第 12 章
CHAPTER 12

生成髓鞘的少突胶质细胞
THE MYELIN-PRODUCING OLIGODENDROCYTES

第三种神经胶质细胞能够生成包裹着轴突的髓鞘，这种细胞的名称既奇怪又令人疑惑。最初，有人说这种细胞"有少数分枝"，因此在名称中用 oligo 表示"少数"，dendrite 表示"分枝"，cyte 表示"细胞"，合起来就是 oligodendrocyte，现命名为"少突胶质细胞"。

髓鞘是一种白色脂类物质，也是神经元发挥功能所必不可少的。髓鞘的作用是充当绝缘材料，以实现神经元之间的最佳电通信。髓鞘的主要成分是脂质，另含有一些蛋白质。作为包裹轴突的绝缘鞘，髓鞘可以在保护神经末梢的同时提高神经元之间的电通信速度（脊髓外部外周神经系统中的施万细胞也能生成髓鞘，但其信号传递机制尚未确知）。

以往的观点认为，让多层髓鞘形成于轴突周围并将其包裹是一个非常简单的过程。人们认为少突胶质细胞会沿着特定的轴突形成简单的油脂绝缘构造，作用就是加快电信号的传输速度；少突胶质细胞也不会与其他脑细胞有什么复杂的细胞对话。

但现已发现，根据包括少突胶质细胞在内的所有脑细胞对话，髓鞘形成了各种复杂的排布；另外，对于协调整个大脑神经回路中各种长信

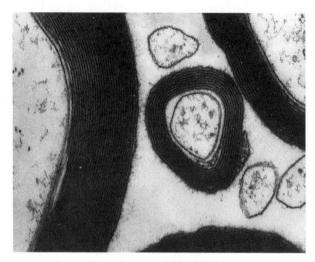

多个轴突及其周围髓鞘的横截面
（电子显微镜照片，丹尼斯·孔克尔／科学图片库）

号的传递速度来说，各种各样的髓鞘构造都有其必要性。实际上，多层髓鞘的形成已证明是一个非常复杂的过程，其间需要各种脑细胞不断与彼此进行对话。而为了提供适于细胞对话的髓鞘构造，少突胶质细胞也会在脑组织中迁移，有时看起来像是变形虫在爬行。

　　在神经回路中，单个突触位置会以几乎同时的方式接收多个信号，以便根据多种传入信息实现迅速决策。要想使大脑各个部位发出的信号同时到达目的地，必须利用特定的髓鞘排列沿不同长度的轴突段来协调各个信号的传递速度。

　　髓鞘并非连续不断地包裹着轴突，而是沿神经纤维方向形成分段包裹轴突的构造。这种髓鞘相间排列的分段构造会不断发生变化，具体要根据神经元、星形胶质细胞及其他细胞传达的信息所确定的需求。另有研究发现，定量编排多层髓鞘这种脂质性绝缘物是非常具有挑战性的，也是脑结构形成过程中不可或缺的一环。

解密髓鞘

在发现髓鞘的构造变化之前，我们无法解释大脑如何协调短、中、长这三种神经回路。最新研究表明，管理这些神经回路的关键在于星形胶质细胞、干细胞、脉络膜内皮细胞（即脑脊髓内皮细胞，详见下一章）和毛细血管内皮细胞之间通过少突胶质细胞进行的对话。

可想而知，生成髓鞘会是一项艰巨的任务。尽管研究人员还没有完全弄清楚髓鞘的结构，但他们已经发现了很多与此相关的要素，这些要素决定了大脑会以不同的速度来行使不同的功能。这些要素包括沿轴突的髓鞘长度、髓鞘层数、各层髓鞘的厚度，以及间隔分布的髓鞘构造。髓鞘之间的间隙是轴突上裸露的部分，可在非绝缘条件下进行电传输。

一些间隙比较特殊，我们称之为"节点"，这些节点上集中分布着离子通道，能够让电信号从一个节点迅速跳跃到另一个节点。研究表明，在与星形胶质细胞、少突胶质细胞等其他细胞进行对话的过程中，轴突节点也会收发信号。与神经元突触类似，星形胶质细胞会与每个轴突节点紧密接触，从而实现细胞对话。另有研究发现，上述髓鞘构造中还存在其他更大的裸轴突区，但又并非节点。这些裸露区可用于进行从轴突到其他细胞的横向通信，但除此之外的其他用处还有待研究。

与生成突触相比，编排髓鞘的复杂程度要高得多。髓鞘的生成、重塑和维护会在整个大脑中同时发生。在新发现的多种髓鞘构造中，大脑各皮质柱的髓鞘排布尤为独特。研究发现，轴突之所以在某些位置没有髓鞘包裹，是为了让神经元与局部免疫细胞和血细胞之间进行通信。裸轴突区发送信号的形式包括分泌免疫信息分子、神经递质，以及发射携带 RNA、肽和蛋白的囊泡。

　　干细胞能够生成新的少突胶质细胞，而且在大脑生成的新细胞中，由干细胞生成的新细胞最多。干细胞会根据信号在整个大脑中游走，确定哪里需要生成髓鞘。接着，这些干细胞会生成少突胶质细胞，而少突胶质细胞又会移动到大脑中需要髓鞘的确切位置。

　　像指引血细胞迁移一样，毛细血管细胞同样也会向行进的少突胶质细胞型干细胞传达移动路线信息。如第 4 章所述，毛细血管细胞会为这些干细胞提供指导，具体来说包括以下三种信号：第一种信号是要行进中的干细胞坚持以一般干细胞的形式存在；第二种信号是引导干细胞前往有新髓鞘需求的确切位置；第三种信号是刺激到达目的地的干细胞转变成为所需的特定亚型的少突胶质细胞。最近，人们经研究鉴定出 6 种区域性少突胶质细胞变体，每种变体的形成都需要不同的信号指引。与神经元和星形胶质细胞一样，可能还有更多少突胶质细胞类型有待发现。

少突胶质细胞与髓鞘信号

　　神经元和少突胶质细胞之间会传递大量不同的信号。一些信号决定了所需髓鞘的包裹层数，一些决定了包裹层的厚度，还有一些决定了包裹层的宽度。除此之外的其他信号与节点的结构相关。根据目前的研究结果，少突胶质细胞不仅会用多种神经递质和生长因子与神经元进行通信，还会以囊泡的形式来收发遗传分子。

　　其中，一些细胞信号会减缓髓鞘的生成速度，而另一些则会刺激更多干细胞的生长。少突胶质细胞能够发送多种生物因子来滋养神经元。通常沿轴突导电的离子通道可用于神经元与少突胶质细胞之间的细胞通信。少突胶质细胞虽不导电，但可通过感知通道活动来了解神经元的电活动。

一般来说，少突胶质细胞与神经元之间就髓鞘生成问题而传递的信号是从轴突上没有髓鞘的位置发出的，比如轴突的节点及其他裸露部分。每一层大脑皮质都存在多条有不寻常无髓鞘间隔构造的伸展性轴突，而与之相关的信号传递也有其独特性。在认知功能处于最高水平的各个皮质区域中，呈点状散布的不规则髓鞘构造的数量最多，这有助于神经元在不利用突触的情况下彼此进行横向通信，从而进一步提升皮质功能。

髓鞘本身也会向神经元发信号，用于确定新生轴突和新生突触的具体位置。近期，研究人员在结构化的突触位置观察到轴突与包裹其外的髓鞘之间存在持续性的对话，其中结构化的突触不仅能够在一段时间内维持功能，还能够在必要时引导髓鞘重塑。这些突触会响应神经元活动，还会因脑部学习活动而发生转变，参与实现神经可塑性。对于上述不常见的突触，其所在位置的髓鞘还能在必要时为神经元提供能量。

在正常情况下，从神经元传递到少突胶质细胞的信号不会通过突触发送，因为突触位置的通信对象是其他神经元和星形胶质细胞。但如果神经元处于低氧、低能量的应激条件下，突触位置释放的神经递质会转而发送给少突胶质细胞。与此同时，神经元发出的其他应激信号也会由星形胶质细胞和血管细胞接收，进而发信号来刺激生成更多髓鞘。

初始节点

轴突从神经元胞体伸出的第一个无髓鞘部分起着主节点的作用，能够调控电信号，使其沿整个轴突上有髓鞘的各个部分迅速地从一个节点跳跃到另一个节点。初始节点的特定结构决定了何种类型的信息会以信号的形式发送给其他节点。不同轴突初始段的大小可以相差 16 倍，而且在多个大脑皮质层中看到的初始段都比较长。此外，初始段也可以改变其自身的大小和位置，从而调控所发送信息的类型。

初始段决定了脉冲信号的强度和频率，也决定了电波的"形状"。波形是个复杂的科学问题。从音乐领域来看，声波决定了我们所听到声音的性质，使钢琴声不同于萨克斯声。虽说我们还不清楚不同形状的轴突波究竟有何含义，但我们确定这些波形与突触位置释放神经递质的数量和类型相关。

初始段不仅决定了待传递电波的类型，还决定了信号传递的方向是向前还是向后。向后传递的信号有助于调整其他神经元的传入信息，在更大程度上决定了何种类型的信号会最终沿轴突发送到神经回路中的下一个神经元。

复杂的髓鞘包裹过程

以初始节点为起点来形成髓鞘是一个精细复杂且包含多个步骤的过程，其中的每个阶段都需要信号来引导。生成髓鞘的遗传网络会按时间顺序触发，从而正确地包裹第一层髓鞘，再依次包裹后续几层髓鞘。在神经元的整个生命周期内，层层包裹髓鞘的过程将持续进行，持续时间可能长达数十年。

新生的少突胶质细胞将接受指引，与特定的神经元接触。具体来说，少突胶质细胞的手状细胞突起会与轴突接触。接着，这些细胞开始利用支架蛋白来构建大型"多厂房加工复合体"。各种受体参与蛋白质折叠过程，以合成多层脂肪性髓鞘。合成髓鞘所需蛋白质和膜的量均由细胞信号来调控。另外，这些信号还决定了蛋白质在膜中所处的位置，以便将各层髓鞘安置到位。在神经元信号的刺激下，一种特定的蛋白质只会参

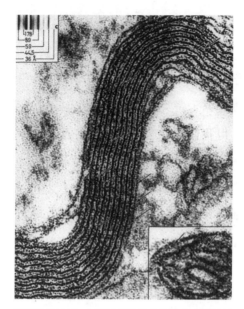

髓鞘段的特写。插图为供比较的线粒体内膜折叠
（电子显微镜照片，欧米克戎 / 科学图片库）

与安置第一层髓鞘。

　　只有当少突胶质细胞在感知弯曲的过程中测出轴突围度之后，用髓鞘包裹轴突的步骤才会开始进行。待安置髓鞘的轴突必须具备一定的尺寸，而且必须先确定这一点，才能开始分层安置髓鞘。在通过信号确定轴突的尺寸之后，便开始生成三维螺旋状髓鞘，而且完成这一步骤所需的材料数量惊人。举例来说，如果我们要包裹长 100 微米且含 10 个螺旋层的髓鞘，可能要用到多达 64 000 平方微米的膜材料。

　　至于具体如何包裹，这一过程还有待研究，其中一些理论也尚存争议。少突胶质细胞的"手"碰到轴突后，这种神经胶质细胞会向前伸出一条"舌头"，一圈一圈地将轴突缠绕包裹起来，这样就形成了第一层髓鞘。接着，其他各层髓鞘也会逐一包裹在第一层之上。随着髓鞘的层层缠绕，另一个过程也同步发生，使现有髓鞘逐渐加长。此时，少突胶质细胞会长出更多突起，在髓鞘的每个分布点上形成更多的髓鞘。

　　每一层髓鞘都会恒久不变地附着在形成节点的固定位置，同时向另一头延伸，直到到达下一个节点位置。在层层髓鞘的附着之下，节点旁边会形成一个电化学特征与众不同的特殊区域。再者，髓鞘的层数和节点的位置也会通过细胞对话来确定。

　　当三层髓鞘缠绕完成，便会开始下一个"压缩"过程。如此一来，所有髓鞘层会挤压在一起，多余用料也会被逐渐剔除，最终形成光滑且紧密贴合的多层膜结构，以确保优良的绝缘性。在压缩过程之前，髓鞘层包含两层脂肪膜及其之间的细胞类物质；压缩完成之后，髓鞘层经挤压产生多层相互贴合的膜结构，层与层之间不再含有细胞类物质。所有髓鞘层的膜都与特殊的蛋白质结合在一起。这些膜像相互嵌合的血管内皮细胞一样与彼此紧密相连，共同构成多层互联互通的脂肪性髓鞘。

　　即便在形成髓鞘的多层次结构时存在压缩过程，各层之间的通信途径仍然保留了下来，能够在必要时重塑和修复髓鞘结构。在某些情况下，各髓鞘层之间的通信会长达数十年之久。髓鞘层的压缩首先从最外层开始，然后逐步形成贯穿各层的通信通道。借助于这些通道，细胞材料能够被输送到髓鞘层压缩区域以及新髓鞘层的生成区域。

　　虽说我们还没有完全弄清楚压缩过程的各个细节，但其中确实涉及静电排斥力等一般用于维持细胞形状的反作用力。髓鞘层受很多受体和信号分子的调控，其中还包括连接各个神经元突触的分子。

髓鞘与学习活动

在从事学习活动时，神经元会同时改变大脑中的多个突触，这便是神经可塑性过程中的主要环节。通过研究少突胶质细胞参与的信号传递，我们还发现这些细胞会产生新的髓鞘构造来协调各种突触变化，从而在学习过程中发挥关键性的作用。

对于运动、学习和认知来说，髓鞘的构造有着至关重要的意义。刚出生时，婴儿大脑中几乎没有髓鞘分布，比如较长的运动神经元上几乎没有髓鞘，而这些神经元会通过脊髓将大脑与全身上下的肌肉联系起来。由于没有髓鞘在细长的神经元轴突与肌肉之间建立连接，婴儿便无法进行肢体活动。但随着髓鞘逐渐沿脊髓神经由上向下生长，婴儿也会慢慢出现一些标志性的成长变化，包括发声、颈部支撑、手臂活动、坐立、站立、行走等。

接着，随着皮质中心的髓鞘日益丰富，大脑的认知能力也会越来越强。大脑额叶生成髓鞘的过程仅见于青年阶段，这与人的心智成熟度、判断力和决策能力相吻合。由于这一时间顺序早已为人所熟知，因而在近来发现婴儿出生时大脑中已有与语言相关的髓鞘区域时，大家都感到极其惊讶。显然，我们在这方面的确还有很多需要探究的问题。

到了成人阶段，大脑的特定部位会继续产生髓鞘，具体取决于与学习相关的脑中枢活动。从事记忆和学习活动需要大脑各个部位精准控制突触产生兴奋的时间。如果一处突触的兴奋延迟，从事学习活动的神经回路便会减弱；如果突触兴奋的时间精准，这些回路便会得到增强。髓鞘能够实现不同程度的快速兴奋传递。不过，髓鞘必须提供神经回路所需的精确传递速度，具体过程很复杂，因为不同的髓鞘结构在传递速度上相差千倍。实际上，神经元能够以 0.08 米／秒或 182.88 米／秒的速度来传递信号。

据悉，髓鞘变化与学习活动量相关。在人们阅读或弹奏乐器时，我们可以观察到髓鞘变化，髓鞘会随着学习技能的提高而增多。如果我们让小鼠处在有更多学习和锻炼机会的环境中，便会发现生成少突胶质细胞的干细胞呈大幅增加趋势。无独有偶，锻炼也会使人大脑皮层中的此类干细胞增加。通过观察人和其他动物发现，其记忆中心的髓鞘均会在开始锻炼和学习后两小时内出现一些细微变化。尽管学习活动主要发生在某些脑区，髓鞘重塑却遍布整个大脑。

髓鞘的破坏

髓鞘受到破坏会导致多发性硬化症（MS）等多种神经系统疾病。从多发性硬化症来看，髓鞘受到破坏的原因是免疫系统发生超敏反应，即可归为自身免疫或过敏反应的一种免疫系统反应过度。

发生免疫超敏反应的基本形式分为四种，其中均存在诸多未知细节。机体环境中的分子会刺激免疫细胞产生一般性抗体反应，进而使特定器官发生破坏性炎症反应。特异性抗体能够附着在某些细胞分子上，引起局部组织损伤。抗体反应会使血管和组织内逐渐堆积一些大分子蛋白复合体。与此同时，T 细胞还会利用多种信号对特定组织发起攻击。

通过研究发现，与髓鞘相关的各种蛋白质是引发诸多髓鞘疾病的靶标，但具体的发病过程仍是未解之谜。就多发性硬化症而言，T 细胞发出的特定信号会触发一些髓鞘节点，而其附近的蛋白质很可能成为靶标。这一过程会破坏髓鞘，使多发性硬化症患者无法运用某些特定的肌肉。

对于重度进行性多发性硬化症，神经元还会因过度炎症反应而受损，具体途径包括过度刺激大脑中的小胶质细胞。在越来越了解少突胶质细胞的细胞对话之后，我们也找到了一些能够使受损髓鞘再生的新的脑病疗法。

此外，还有一些疾病也存在通过超敏反应来破坏髓鞘的表现，其中包括格林－巴利综合征（Guillain-Barré，一种可引起严重麻痹的罕见综合征）以及有不同神经回路受损表现的其他肌肉和感觉疾病。到将来揭示特定蛋白靶标和特定 T 细胞信号之时，我们便可开发出直接对上述疾病和其他类似疾病起效的治疗方法。

第13章

大脑的守卫细胞
GUARDIAN CELLS OF THE BRAIN

　　直到不久前，我们仍认为中枢神经系统享有"免疫特权"，可以不受体内其他免疫系统的影响。但新出现的证据表明，人体内的外周免疫系统可以跨越各种大脑屏障，让免疫细胞和信号分子通过各种方式进出大脑。

　　我们惊奇地发现，正常情况下的脑脊液（CSF）中存在 500 000 个 T 细胞。如第 3 章所述，这些 T 细胞会与脑细胞进行通信。同样，我们刚刚发现脑部也存在淋巴引流，使一些颗粒物质从多个充满液体的腔室（即"脑室"）流向颈部淋巴结，继而由 T 细胞识别其中的异常颗粒并做出反应。

　　但要注意，脑组织的免疫应答不同于机体的所有其他器官，原因在于小胶质细胞（即第 11 章介绍的常驻型脑免疫细胞）仅在大脑和脊髓中存在。小胶质细胞会与脑组织之外的 T 细胞等免疫细胞对话，为大脑指明免疫活动的方向，这一点与 T 细胞的行为类似。

脑室与屏障

　　在大脑的多种膜结构以及形貌特征的影响下，中枢神经系统能够进

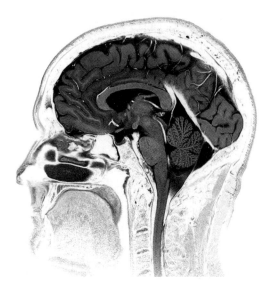

脑部侧视图，图中脑脊液集中在带白色纹路的黑色部分
（电子显微镜照片，生活与艺术公司 / 科学图片库）

行各式各样的免疫活动。大脑由三层膜包裹，即脑膜，其作用是保护脑
内的脆弱组织。脑膜最外层为硬脑膜，是最靠近头骨的脑膜。硬脑膜也
是最厚的一层脑膜，其中含有大量血管。脑膜中间层为蛛网膜，这是一
层薄薄的网状膜，轻盈地覆盖着大脑和脊髓。脑膜最内层为软脑膜，是
一层由扁平细胞构成的薄膜，允许分子和免疫细胞通过。这三层膜共同
构成了一道精巧的屏障，有着变化多样的免疫特性。

　　蛛网膜和软脑膜包围着蛛网膜下腔，其中分布着动脉、静脉和神经，
还充满了脑脊液。由于该下腔与血液之间的关联，为微生物进入其中创
造了条件，发生脑部感染（"脑膜炎"）的可能性也更大。

　　大脑内还有 4 个脑室，或者说是几个相互连接的腔，用于生成和贮
存脑脊液。脑脊液是种透明的液体，在脊髓中央管中也有储备，可以保
护大脑和脊髓免受创伤，同时为其提供营养并清除废物。此外，脑脊液

还能够传递多种细胞通信信号。在多层脑屏障的作用下，只有特定物质、细胞和养分才能进入脑组织，而且所有产生的碎屑残渣也将得以清除。每个脑室的通道内皮细胞必须允许免疫细胞在各腔室之间通行，才能实现信号的交叉传递。

我们一直很困惑，如果没有小胶质细胞，保护性脑室中究竟如何发生免疫活动？如今，答案已经揭晓：脑室能够利用其特有的屏障细胞进行信号传递，从而实现多种免疫应答。每个脑室均可利用各种途径将微生物和废弃物运出大脑，同时让免疫细胞进入大脑。像毛细血管和肠道内皮细胞一样，脑屏障内部的细胞也需要在感染、损伤等紧急情况下，采用经血液传递信号的方式来寻求支援。所有这些活动均以丰富多样的细胞对话为基础。

脑部免疫与废弃物清理

常规免疫活动可在脑脊液中发生，但在星形胶质细胞屏障内的脑组织中几乎见不到。一般来说，只要有小胶质细胞存在的地方，所有常规免疫活动都会停止。与其他器官的情况一样，脑部免疫信号也通过血液传送，能够在发现问题时调用免疫细胞。为了使游走的血细胞能够进入大脑，每个脑室必须进行独特的细胞对话。

免疫细胞进入大脑对抗感染的方式不同于其在血管和脑脊液中的情况。与其他器官相比，大脑的毛细血管内皮细胞允许通过的物质量更少，允许通过的细胞数也更少。此类毛细血管能够利用小囊泡，对某些分子进行主动转运。在没有感染的情况下，T 细胞不会通过毛细血管进入血液，也无法通过星形胶质细胞屏障。不过，T 细胞有时可以通过一些小静脉来穿越屏障。当受激活的 T 细胞要对抗感染时，毛细血管会允许其进入大脑。

最外侧的保护性脑室和脑脊液中均有常规性淋巴引流，在脑组织中却无此发现。不过，近期研究又揭示了一种全新的脑组织内液体通道，该通道最初在保护血管的各层细胞之间形成，起着与淋巴管相似的作用。从该通道来看，脑组织内搏动的动脉中逸出的少量液体是起源，汇聚而成的液体流会在流经神经元和星形胶质细胞时拾取二者之间的残渣碎屑。这种液体流能够在流经小静脉和特殊星形胶质细胞水通道时，将异常分子带出。

研究发现，上述清洁型通道还能够清除错误折叠的蛋白，从而降低此类功能异常蛋白导致阿尔茨海默病等退行性脑病的概率；另一相关发现是，该通道的流量会在睡眠期间随神经元收缩而增加，从而提升清除错误折叠的蛋白的效率。这种现象或可解释阿尔茨海默病与睡眠不足之间的相关性。

小胶质细胞不仅在重组神经细胞连接、抗感染、修复损伤等方面起着重要作用，也是一种主要在我们睡眠期间活跃的细胞。其实，机体的很多活动都在睡眠期间发生，这些活动会影响脑神经回路及其之间产生的碎屑残渣。脑波信号可能会触发细胞外液以多个同步脉冲的形式流入神经元之间的区域，将其中的杂物清理干净。如前所述，神经元收缩会扩大细胞之间的间隙，为完成清洁创造有利条件。而随着夜间神经元活动水平的降低，小胶质细胞便可集中精力修剪不必要的突触并重塑神经回路。

四种守卫细胞如何在脑屏障内发挥作用

人体内共有两大屏障（以及一些衍生屏障），可阻止常规血流物质进入大脑。第一大屏障为血脑屏障，位于血管与脑组织之间。第二大屏障则将血液与脑脊液分隔开。

在这两大保护性屏障内存在四种协同工作的守卫细胞，它们彼此之间时刻保持通信，传递的信号会随着大脑区域和情况的变化而变化。其中三种分别为毛细血管内皮细胞、周细胞（见下文）和星形胶质细胞，星形胶质细胞的末端触手包裹在毛细血管和周细胞周围。这三种细胞会运用多种信号与彼此通信，共同决定是否允许某些细胞和粒子经血液流入脑组织。另一方面，这些细胞也决定着是舒张血管增加流向某神经元区域的血流，还是收缩血管以减少血流。

第四种守卫细胞名为脉络膜内皮细胞，是为脑脊液提供保护屏障必

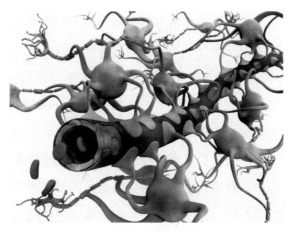

血脑屏障示意图。血管内皮细胞及其周围的星形胶质细胞触手。星形胶质细胞可以利用这些触手来挤压血管，进而控制血流并形成屏障，以防有害化学物质和细菌进入大脑

（古尼拉·埃拉姆／科学图片库）

不可少的一环。这些细胞散布在四个脑室的各个位置。特异化毛细血管附近也有这些细胞，能够辅助毛细血管过滤血液，进而生成脑脊液。脉络膜内皮细胞能够利用各种脑细胞之间的信号，生成所需数量和类型的脑脊液。

周细胞 —— 主导者

在大多数器官中，毛细血管最终决定了哪些物质可经由血液流入组织，但这一过程在大脑中是由周细胞主导的。与第 4 章谈到的毛细血管一样，周细胞也是可以像肌肉一样收缩的血管细胞，它们包裹着毛细血管壁细胞，对于大脑致密的血管屏障来说至关重要。

在所有细胞中，位于毛细血管和星形胶质细胞之间的周细胞在决定穿过血脑屏障的物质方面有最高话语权。周细胞和星形胶质细胞一样长着触手，可以通过触摸附近的细胞来与之进行对话。周细胞能够发送带有分泌分子的信号，以及富含信息的囊泡和电信号。周细胞还能够与毛细血管、星形胶质细胞和神经元一同构成独特的通信单元，从而发挥多种脑功能。周细胞与毛细血管之间相互依存，关系可谓是唇亡齿寒。

周细胞参与的细胞对话能够以多种方式来影响血流。在胎儿体内，周细胞能够使早期脑血管趋于稳定并决定其构建位置。在与星形胶质细胞交流时，周细胞会与之谈论流向神经元的血液，同时通过向肌肉发信号来调节血管张力。神经元会单独向周细胞发送神经递质，进而引起血管的收缩或舒张。

周细胞甚至还可以充当干细胞的角色，转变成血管细胞、结缔组织细胞、支持性脑细胞、肌肉细胞，甚至是其他类型的干细胞。另外，周

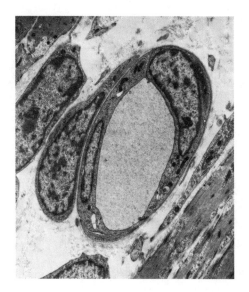

血管周围的一个大核周细胞及其附近的两个毛细血管细胞
（电子显微镜照片，生物摄影协会 / 科学图片库）

细胞还可以转移到其他位置，生成其他类型的细胞，比如在必要时转变成毛细血管内皮细胞。周细胞还可以像免疫细胞一样，吞噬碎屑残渣。毛细血管可以向周细胞发信号，指示它们移动到别处，转变成肌肉细胞和结构细胞。

　　在出现中风等脑损伤的情况下，周细胞信号能够起到稳定血管、促进修复的作用。在移动过程中，周细胞会杀灭受损的毛细血管细胞，通过形成致密的屏障结构来隔离损伤。周细胞能够发信号刺激 ω-3、脂肪酸等重要分子的转运，以便修复损伤。周细胞也能够像毛细血管内皮细胞一样，在必要时利用信号来调集免疫细胞。在癌症生长方面，周细胞也起着一定的作用。异常周细胞信号可导致支持性脑细胞发生癌变，刺激新血管生成的周细胞信号也会促使脑癌生长。再者，癌细胞本身还可以化身为周细胞来构建其专属的新血管。

脉络膜内皮细胞的广泛作用

脉络膜内皮细胞是脉络丛的组成部分，而脉络丛又由毛细血管构成，是四个脑室中一种复杂的网络结构。脉络丛形成血－脑脊液屏障，其中的每一层细胞都对大脑起着决定性作用。这些细胞以各种方式分布在大脑的四个脑室中，彼此紧密结合，致密程度是肠道内皮细胞的 8 倍。脉络膜内皮细胞能够通过过滤血液来生成脑脊液，保护脑室中的脑组织，以及位于腔室之间和沿脊髓分布的细小血管。

脑脊液的生成速度可能会非常快，具体取决于神经元向脉络膜内皮细胞发送的信号。长期以来，我们一直认为脑脊液只起缓冲作用，可防止脑组织受机械力作用而与坚硬的头骨碰撞。但如今发现，脑脊液还是一种高效通信介质，可在整个大脑范围内传递信号。我们也一直认为脑脊液是一种几乎不含其他成分的液体，直到最近才有所改观。脑脊液其实含有蛋白质、脂肪、激素、小分子 RNA、胆固醇等多种不同的代谢物，以及源自各个脑区的信号分子。如第 1 章所述，脑脊液中还含有 T 细胞及其他免疫细胞。

脉络膜内皮细胞的结构反映了其复杂的功能。脉络膜内皮细胞的顶部与脑脊液直接接触，底部则靠近大量毛细血管以及由结缔组织构成的屏障。位于其下方的毛细血管形成了一种由隔膜覆盖的多孔结构，能够在必要时提供生成脑脊液所需的快速水流。

只有某些特定的小分子和蛋白质才能在血液和脑脊液之间来回通行，其中多数通行利用的是存在于脉络膜内皮细胞内部的独特转运机制。脉络

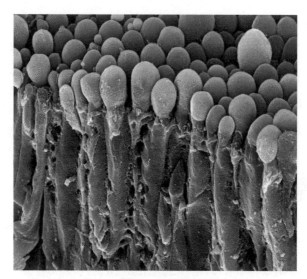

分泌脑脊液的脉络膜内皮细胞突起
（电子显微镜照片，史蒂夫·格斯迈斯内尔 / 科学图片库）

膜内皮细胞顶部和底部的转运蛋白能够主动运送钙、钾、钠和磷酸盐离子进出脑脊液。相比之下，运送蛋白质和其他营养物质的机制则更复杂。

　　像肠道、皮肤内皮细胞一样，脉络膜内皮细胞也会逐渐走向成熟，同时习得各项新技能来履行自己的使命。脑脊液附近的成熟脉络膜内皮细胞顶部会发育形成多个小内陷，为细胞通信提供更大的表面积。此外，细胞核会移向细胞底部，为靠近细胞顶部的精细转运体提供更大的活动空间。成熟脉络膜内皮细胞的顶部遍布可供能的线粒体和蛋白合成中心，而顶部与脑脊液接触的外表面上还长有纤毛。这些毛发状的细胞突起会一同波动，带动脑脊液中的水流，就像肺部黏液随内皮细胞上的纤毛一同协调运动一样。脉络膜内皮细胞纤毛还可以像传感器那样测出脑脊液所含化学物质的浓度。在此类化学信号的刺激下，脉络膜内皮细胞会控制特定分子的进出，以此调节物质浓度。

在胎儿体内，脉络膜内皮细胞会先在一个脑室中形成，再依次出现在其他三个脑室。每个相继出现的脉络膜内皮细胞都有其独特之处，由所在脑室特有的干细胞发育而来。另外，这些干细胞还会在同一区域产生各种不同的神经元，但值得注意的是，每个区域的干细胞所接收的毛细血管信号才是该区域脉络膜内皮细胞及神经元生成量的决定因素。

脉络膜内皮细胞参与重要的大脑功能

脉络膜内皮细胞是大脑、人体器官和免疫细胞之间进行对话的中心。由神经元和免疫细胞发出的信号会先由脉络膜内皮细胞接收，再在整个脑脊液、脑组织和血液范围内进行远距离传递。脉络膜内皮细胞还会产生数百种自身多样化的信号，将其发送给大脑和免疫细胞。这些信号的传递形式可以是分子，也可以是携带受体分子和 RNA 的囊泡。

脉络丛不仅会对微生物和感染有所反应，与之相关的免疫细胞和脑细胞都会对包括抑郁和压力在内的神志和情绪活动有所反应，而由此产生的信号也会穿过脉络丛屏障，引发疼痛、疲惫和食欲不振等反应。脉络膜内皮细胞还会参与其他重要的大脑功能，比如利用信号来调控大脑的免疫监控功能，包括调节 T 细胞和小胶质细胞的活动等。

如前所述，脉络膜内皮细胞参与构成了几个相互关联的系统，发挥着清除脑内碎屑残渣的作用。脉络膜内皮细胞能够利用特殊的转运机制来自行清除碎屑，将分子垃圾从其靠近脑脊液的细胞顶部送往靠近血管的细胞底部。另外，脉络膜内皮细胞还会引导纤毛带动脑脊液沿特定方向循环，以此清除分子垃圾。通过利用各种不同的机制，脉络膜内皮细胞能够清除大脑中半数以上随机产生的功能失调蛋白及其他碎屑。

　　像毛细血管细胞一样，脉络膜内皮细胞也能加入干细胞的行列，一同为记忆中心产生新的神经元。这些特殊的干细胞长着体积较大的附肢，能够伸入脑脊液中，通过收发信号来引导生成新的神经元。新的未成熟神经元生成之后，要靠数千种信号（包括脉络膜内皮细胞发出的信号）才能转移到它们在大脑记忆回路中的新居所。这些信号会指引新细胞来回移动，直至到达目标位置。

　　从某些脑部功能发育来看，脉络膜内皮细胞起着重要作用。这些细胞会将未尽其用的神经元突触当作细胞残骸来清除，以此参与神经可塑性过程。在脉络膜内皮细胞、星形胶质细胞和小胶质细胞之间细胞对话的引导下，不必要的突触便可得以妥善清除。

　　如果某个脑区出现问题，相应的信号分子会经由脑脊液发送，以引起其他细胞的注意。大脑皮层细胞会利用它们一直延伸到脑脊液中的长细胞突起来发送信号，以此与脉络膜内皮细胞进行通信。根据这些循环传递的信号，脉络膜内皮细胞便可确定远处脑区出现问题的确切位置。在此基础上，脉络膜内皮细胞会视情况调用特定的免疫细胞。在免疫细胞赶到之后，脉络膜内皮细胞会引导它们前往有需要的大脑部位。在危急情况下，脉络膜内皮细胞会打开屏障，让多个免疫细胞进入。

　　不过，一旦脉络膜内皮细胞受损，便会导致多种疾病。脉络膜内皮细胞异常会导致脑脊液流动不良，使脑脊液压力增大，进而杀伤邻近脑组织。如果脉络膜内皮细胞受损而未能及时清除脑内碎屑，就会发生退行性脑病。无论是特定脑区的构建、修复，还是抗击感染，都需要各种细胞之间不断进行交流，而脉络膜内皮细胞往往在细胞对话中起着主导性调节作用。

第 14 章

CHAPTER 14

疼痛与炎症

PAIN AND INFLAMMATION

慢性疼痛影响着全球 30% 的人，而且这一比例还在不断上升，其中包括癌症疼痛、神经损伤、炎症、病毒感染、创伤和手术等。起初，疼痛是身体发出的危险警报，而后便会发展成慢性和病理性疼痛。直到最近，我们才发现一些为人所熟知的脑回路竟是疼痛产生的主要源头。慢性综合征方面，一些全新的通路正逐步为研究所揭示，与之相关的神经回路不仅涉及神经元，还包括神经胶质细胞、免疫细胞、皮肤细胞、癌细胞、微生物和干细胞。此外，神经元与其中所有其他细胞之间的对话也对疼痛的增减起着双向作用。

局部疼痛对治愈有益，但其持续时间可能令人难以忍受，短则数天、数周，长则数月、数年。一种广为人知的疼痛机制源于神经元的反复性局部放电。这会导致脊髓出现"负性神经可塑性"，这一过程即"中枢敏化"，而新的持续性疼痛回路也将随之产生。当正常神经回路因持续性疼痛而发生突触转变时，就可能会出现疼痛加剧或特征转变。随着新研究的深入，我们能够更全面地理解多种不同因素对中枢敏化有何影响。

但对于疼痛在分子水平上的关联性以及导致疼痛的直接原因，我们还有很多需要了解——我们还不清楚与各类炎症、损伤所致疼痛相对应的特定神经回路，以及与冷热反应相对应的受体。我们也还不明白为什么疼痛会产生各种感官体验，比如烧灼感、刺痛、绞痛、酸痛等。我们知道有很多不同类型的疼痛，但大部分位于感觉细胞膜上的受体都还没有被确定。不久前，我们才区分清楚脑部哪些神经回路直接关系到身体疼痛、社会性疼痛，以及他人疼痛感知。要找出这些回路很难，因为与之相关的每个高级脑区还具备其他认知和情感功能，身体疼痛不过是诸多感知中的一环。

很多神经递质都参与了与疼痛相关的大脑神经回路，而我们才刚刚发现其中的一部分。举例来说，我们曾以为某种治疗偏头痛的药物是作用于一种大家都特别熟悉的神经递质，而且这种观念持续了很多年。但最近我们发现，另一种神经递质才是药物作用的对象，而并非之前想的那种。这一新信号分子的发现为未来的治疗带来了更多可能。

神经微回路

人的脊柱一般由 33 块椎骨组成，内含脊髓且可对其起保护作用。每块椎骨的间隙内有一对脊神经（共 31 对），分别位于脊柱两侧。这些神经连接着中枢神经系统（包含大脑和脊髓）和周围神经系统（身体的其余部分）。每节脊髓上的脊神经根部都有一个背根神经节（DRG），即一个神经元细胞群，这是进入感觉通路的第一道门。

脊髓疼痛中枢是背根神经节的一部分，也是一种感觉神经元，汇集了皮肤及其他组织器官的所有疼痛神经纤维。局部创伤引起的急性疼痛信号会首先由皮肤等处的疼痛感受器接收，再由特定脊髓节段的背根神

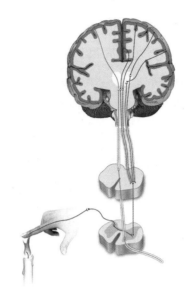

从手指到脊髓背根神经节，再到大脑神经元疼痛回路的示意图。图中还显示了信号由大脑高级中枢返回脊髓的传递过程
（亨宁·达尔霍夫／科学图片库）

经节在其各自区域收集，接着沿脊髓向上传送到大脑皮层的各个区域，继而产生整个疼痛体验。其中就可能涉及社会性和心理性疼痛。与此同时，脑部高级神经中枢也会向下传送信号给脊髓，从而改变背根神经节即将发出的信号。从本质上说，皮层中枢发出的信号能够使疼痛体验增强、减弱或发生其他转变。近期研究发现，向下发送的疼痛调节信号多于向上发送的感觉信号。

此外，在背根神经节中新发现的与多种慢性疼痛相关的微回路功能也备受关注。这些微回路是脊髓区域内各个小神经元群之间的连接结构，通常会处于受抑制的状态，但可以刺激产生不同类型的疼痛。

其中有一种类型的疼痛特别难理解，就是当某个区域变得非常敏感，会引起正常情况下不会出现的疼痛反应，比如在损伤无关区域受到极轻微触碰时出现的反应。究其原因，新的研究认为可能是脊髓疼痛中枢中本该受抑制的微回路突然变得活跃。这种疼痛可能是在一些身体部位新出现的疼痛，与其之前的任何状况无关，而且往往发生在神经损伤之后。

与这种疼痛相关的微回路本就存在于脊髓疼痛中枢内，但这些回路在正常情况下会受信号抑制，因而不会传递疼痛反应。一旦情况发生变化，脊髓疼痛中枢内的信号便不再对微回路进行常规抑制。随着抑制作用的解除，一种新的疼痛体验便开始了。对于与神经元断裂相关的疼痛类型以及各式各样的炎症，我们已经发现了多种独特的微回路。如果能够更深入地了解这些新发现的微回路，我们便可找到合适的新药来恢复对微回路的抑制作用，继而遏制慢性疼痛综合征。

神经炎症

局部炎症是疼痛的主要病因。急性疼痛是炎症的四种典型症状（疼痛、发烧、发红和发热）之一。我们直到最近才发现炎症处的免疫细胞与神经元之间的细胞通信会将局部疼痛转变为慢性疼痛综合征。

研究发现，脑部神经元除了与炎症相关免疫细胞进行局部细胞对话，还可以自主引发所有四种炎症症状。神经元信号不仅会引发疼痛，还会引发发烧、血管渗漏和血流增加等症状，具体表现为发红和发热。我们将这种在神经元活动刺激下产生的神经系统炎症称为神经炎症。神经元信号可以引发微生物感染、毒素分泌、自身免疫反应、创伤和退行性脑病，进而引发炎症。

慢性疼痛与炎症：团结的力量

在大脑出现神经炎症的情况下，小胶质细胞、T 细胞、星形胶质细胞乃至微生物发出的信号会与神经元相互作用，进而引发疼痛。上述这些细胞发出的信号会过度刺激神经元，加剧疼痛等炎症症状。小胶质细胞信号可能会导致不明缘由的疼痛。在炎症的刺激下，星形胶质细胞和 T 细胞会向神经元发出更多信号，进一步加重疼痛。不仅如此，一些微生物还会向神经元分泌免疫细胞因子类的信号分子，引发持续性疼痛。

根据损伤类型的不同，大脑中会形成各种大体积的神经免疫突触，继而导致各种慢性疼痛综合征。这些多细胞突触可能会同时包含所有三种神经胶质细胞、毛细血管细胞、血细胞以及诸多免疫细胞。一个突触中的十个不同细胞也可以同时发送大量信号。所有上述细胞发送的信号均为常见的神经递质，以及各种免疫细胞因子。

举例来说，近期发现的一种与疼痛相关的大突触包含两个神经元、多个 T 细胞、小胶质细胞以及星形胶质细胞。其中，两个神经元、星形胶质细胞分别会运用 11 种、25 种和 13 种不同信号，而 T 细胞和小胶质细胞则会各自运用 9 种不同信号。我们需要更深入地了解这些细胞之间复杂的对话，才能找到治疗疾病的方法。

神经元与星形胶质细胞之间的信号传递可能会导致炎症扩散至其他身体部位，同时改变并加剧在此期间的疼痛反应。正常情况下，星形胶质细胞能延缓神经元大量释放神经递质的过程。但在为了尽快完成延缓使命的情况下，星形胶质细胞会刺激更多脑区出现更广泛的疼痛反应。产生这种现象的原因在于，星形胶质细胞同时与大范围内的数百万个神经元相连，而不仅仅是连接与炎症相关的神经元。在此基础上，星形胶质细胞可以形成多条新的神经回路，重塑感觉皮层的连接，为自发性疼痛、不明原因或来由的疼痛和整体慢性疼痛提供更复杂的疼痛回路。此外，少突胶质细胞还会发出信号，在提高疼痛敏感性的同时加剧慢性疼痛。

关于影响疼痛的各类神经回路，最有趣的大概是这些回路能够通过全身多个部位来与彼此进行交流。通过广泛研究上述新发现的神经回路现象，科学家已经能够确定与特定神经回路触发特定免疫应答相对应的神经免疫反射。另一方面，科学家也已经初步了解了针灸如何能够在远离针灸点的身体部位发挥缓解疼痛和炎症的作用。

深入了解神经免疫疼痛回路的复杂性

新研究揭示了一些其他类型的疼痛回路现象。以神经元受损的情况为例，男性和女性形成的疼痛回路互不相同。就女性而言，T 细胞与神经元一同构成疼痛回路。而对于男性来说，构成疼痛回路的是小胶质细胞，而非 T 细胞。这两种不同的免疫细胞形成了两种不同的信号传递通路，但对男性和女性的作用相同，均会引发一种特定类型的慢性疼痛，即异常性疼痛。这种因刺激产生的疼痛一般不会带来痛觉体验，而是与炎症相关，会导致神经损伤和慢性退行性疾病。

此外，还有一类神经回路中包含免疫清除细胞，这些细胞能够通过向神经元发送细胞因子信号来加剧疼痛。根据疼痛类型的不同，这些清除细胞的行为也会有所差异。相比之下，另一种神经回路包含 T 细胞，它们能够进入脊髓疼痛中枢，通过与神经元对话来加剧疼痛。这些 T 细胞还会刺激产生一种不涉及其他刺激因素的疼痛体验。脊髓中的小胶质细胞也会对神经元损伤做出反应，通过发送信号来改变脊髓神经回路，进而引发慢性疼痛。对于阿片类药物不能缓解反而加剧疼痛的情况，其作用机制也与小胶质细胞相关。

当然，产生疼痛的回路也涉及完全独立于大脑或免疫系统的细胞。皮肤被晒伤时，神经元会先发送信号，让身体舒缓下来，接着才是疼痛反应。一旦出现炎症，皮肤细胞本身就会释放信号分子，继而引起疼痛。骨骼干细胞会发出修复组织损伤的信号，同时发出遏制炎症和减轻疼痛的信号。癌细胞能够发出一些信号来触发各种炎症，同时让与疼痛相关的神经元变得敏感，进而引发疼痛反应。

此外，微生物也可以直接参与疼痛回路的形成。细菌能够引发与免疫细胞无关的疼痛，它们会产生使神经元穿孔的毒素，从而导致疼痛。另外，微生物也能够发出止痛信号，比如像无痛性皮肤溃疡等。病毒感染会刺激疼痛神经元上的受体，继而引发疼痛，比如喉咙痛或带状疱疹等情况。

神经免疫反射与针灸

涉及神经元与免疫细胞之间信号传递的神经回路可产生与免疫应答相对应的神经反射，即神经免疫反射。普通反射的示例会涉及多条神经回路，可刺激产生像退缩、鱼摆尾等快速肌肉反应。根据新研究结果，快速神经免疫反射会产生免疫应答，以对抗与微生物等炎症来源相关的感染。

这种反射类似于"巴甫洛夫的狗"实验中的经典条件反射，神经免疫回路可以通过条件反射来实现"习得性免疫应答"，进而介导血液感染、关节炎和炎性肠病。举例来说，血液毒素往往会损害肾脏，但也会触发向大脑中枢应激区域发送的信号。这些信号会触发类固醇的释放，以对抗炎症。此外，我们还可以通过冥想等方法来调节免疫系统，帮助身体对抗感染。

我们可以通过神经免疫回路的一个特例来了解针灸的起效原理。新研究揭示了另一种由免疫细胞和神经元组成的回路，但二者并非处于邻近位置。对一个不直接靠近血管或神经的 T 细胞给予电刺激，即可改变远处器官的神经疼痛回路。这种刺激会触发一个"穴位"，也就是与神经元距离近到足以通过组织发送分子信号的 T 细胞。由 T 细胞发出的信号会触发近处的神经元与远处的疼痛回路进行通信，继而使之发生改变。

我们再以免疫细胞向神经元发出的信号为例，这会触发脾脏免疫应答，起到预防炎症的作用。整个过程的触发点是由脚部第一和第二跖骨附近的免疫细胞所构成的穴位，但该穴位并非就在神经或血管附近。臀部附近的另一个穴位会触发向一个神经元发送的免疫细胞信号。该神经元向大脑发送的信号会传递另一种信息，以便在遏制炎症的同时预防致命性血液感染。

鉴于对上述通信回路的科研尚处于襁褓阶段，我们还不知道如何对这些回路进行分类。不过，我们知道它们并非常规神经回路。一些回路会同时调用交感神经和副交感神经，由免疫细胞充当中介来传递信息。随着未来研究的深入，如果我们能明确在各类脑细胞和免疫细胞之间进行的复杂通信，便能找到全新的医疗方法来攻克疼痛综合征和炎症。

微生物的通信世界
THE WORLD OF MICROBE COMMUNICATION

第 15 章
CHAPTER 15

微生物的行为与对话
MICROBIAL BEHAVIOR AND CONVERSATIONS

"微生物"通常指细菌、真菌和病毒，这些都是最广为人知的微生物类型。在本书中，我们用"微生物"来概述所有单细胞生物和病毒。

举例来说，我们把一些单细胞生物归为真核生物，即指这些生物的细胞内有细胞核。其中包括原生动物和变形虫，它们同时具有动物（运动）和植物（利用光合作用产生能量）的特征。以往，我们将一些少有人知的"古细菌"也视为细菌，但后来发现古细菌源自另一种谱系的单细胞生物，其遗传物质在一定程度上比细菌更规整。古细菌与人体细胞有一些相似之处，暂且认为它们与人体细胞的远古祖先有关。

不过，我们可能无法精确界定微生物的进化谱系和种属，因为所有细胞之间普遍存在以病毒为载体的遗传信息转移和共享。这种共享 DNA 和 RNA 分子的现象在单细胞生物中尤为常见。

病毒不是细胞，不符合目前针对生物本质及其行为方式的进化模式所给出的术语和观察结果。对于病毒是否真的"有生命"，研究学者们尚未得出定论。不过，病毒也有着生命体一般精巧的生活方式，它们会以特定方式与所有其他细胞相互作用，包括在自发信号的基础上对其他信号做出不同反应。近期研究还发现，病毒与其他微生物一样，也会彼此互发信号来一同做出决策。几种大体积的病毒可能曾是细菌，它们决定放弃自身DNA而依赖其他细胞生存。但大部分病毒可能不是这样，有些病毒就像是"跳跃的基因"，即我们体内在各个DNA区域进出的DNA链。

据估计，人体细胞总数约为10万亿到30万亿，每个细胞的体积为大多数单细胞微生物的1000倍。相比之下，光是肠道就可能有100万亿个细菌，还有1000万亿个病毒。全球微生物数量的估算数据，是数字10后面再跟30个零。虽然人体细胞约有2万个基因，但人肠道内所有细菌的独特基因总和是这一数量的300倍。在这些基因中，很多都能生成影响人体细胞的分子产物，与之相关的探究工作也在不断更新。

微生物会分泌特定的化学物质来与其他细胞进行交流。这些物质可能是用于束缚或杀灭"敌人"的毒素，也可能是信号分子，用于吸引其他微生物加入群体行动。为了尽快传递信号和毒素，细菌会构建一些复杂的分泌装置，看起来和注射器很像。

微生物能够同时对多种因素做出反应，包括温度、化学物质、与其他细胞的接触等。它们会整合由此产生的各种信号，再决定何去何从。它们既能够在觅食或抵御威胁时进行团队协作，又能够在无须响应环境信号时单独行动。它们会响应内部时钟调控，在一天中的不同时间执行特定的行为。即便在没有任何外部环境刺激的情况下，微生物也会进行一些个体活动，比如分头寻找食物。

群体活动

细菌的群体活动方式数不胜数，它们会以团队形式来解决觅食或防

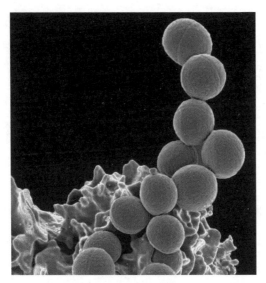

MRSA 细菌（耐甲氧西林金黄色葡萄球菌）的群体行为
（电子显微镜照片，科学图片库）

卫等特定问题。以食物稀缺的情况为例，一些细菌会利用信号将一个大群体的成员分入三个不同的亚群，每个亚群由不同形状的细胞组成，行使与大群体生存相关的不同功能。

　　大群体中一个亚群的细菌会改变形状并进入休眠状态，为前往新的地点觅食做准备。当这些细菌准备冬眠时，整个群体会组合形成一个类似于多细胞生物的结构。这个结构上搭载着多种蛋白质，能够护送群体前往新的落脚点。第二个亚群仍是一个由个体组成的活跃群体，会试图通过吞食第三个亚群而原地存活下来。死去的微生物会由分泌酶分解成食物。目前，我们还不清楚一个微生物大群体如何为各个不同的亚群挑选合适的微生物个体。

　　微生物还有很多其他的群体协作方式。细菌可以相互连接成长链，这些长链带有分枝状细丝和不断增长的尖端。虽说这些细菌细胞连接在一起，但彼此之间仍由细胞壁分隔开来。此外，还有一种菌群会在食物短缺时离开土壤，变成可以在空气中传播的细胞。这些细菌会分泌抗生素，杀灭被它们抛弃在地面上的同伴和一切可能吞食其残余物的微生物。它们从"死者"身上汲取并储存营养，以便前往有更多食物的新地点。一些聚集在一起的细菌长着尾巴（称为鞭毛）。每个细菌个体先长出一条大尾巴，接着它们把彼此的尾巴缠在一起，变成一大簇尾巴。它们会分泌黏稠的物质来滑行，同时摆动大尾巴前往新去处。

菌群能够团结起来，一同解决问题。有些菌群会规划自己特定的进食路线，在效率上与人类工程师设计的路线无异。在一项研究中，实验员在大号琼脂培养皿（铺有琼脂的培养皿；琼脂从红藻中提取，可用作微生物培养材料和食品增稠剂）上绘制了一幅英格兰地图。实验员将为细菌提供的食物放在培养皿上代表英格兰九大城市的位置，再将一个菌群放在代表伦敦的位置上。很快，细菌们就建好了通往其他食物供应点的道路。这些道路几乎和人类在城市之间修建的道路一模一样。在某种情况下，这种微生物路线的效率甚至高于人造路线。根据墨西哥地图和东京地铁系统开展的研究也得出了同样的结果。

在食物稀缺的情况下，独来独往的单细胞变形虫也会团结起来，一同寻找食物。它们成群结队觅食的方式多种多样，比如结合成像鼻涕虫一样的生物。当爬到食物更丰富的地方时，这种鼻涕虫状的生物会表现得好像自己是一种多细胞动物。接着，这个群体中的成员会彼此分开，再次变成一个个独立的细胞。

在研究变形虫的过程中，科学家还观察到了更高级的群体行为。在有直系兄弟姐妹和子女参与的群体活动中，变形虫的群体合作性表现得尤为突出。但当"陌生人"的数量多于亲戚时，变形虫就会变得不那么积极协

作，而是开始利用陌生人的劳动成果。同样，当食物严重短缺时，变形虫
便会表现出原始的利他主义行为。单个变形虫细胞会组合为一个整体结
构，以便带着食物逃到新的落脚点。这个结构分为两个部分：一个留在原
地消亡的杆状体和一个飞往新区域的开花体。如果某个变形虫有亲戚处于
逃亡的开花体中，则其牺牲自己留在杆状体中的可能性更大。

生物膜

通过研究微生物之间的细胞通信，我们观察到微生物会表现出明显的
群体行为。如果微生物建起"生物膜"这种精巧的"城市"结构，再按用
途将其精准分割，它们就能够开展重要的群体活动。生物膜是一种半永久
性生物群落，可在固体、水、人体肠道乃至空气中构建。在生物膜中，细
菌、真菌等微生物会嵌入一种由细胞外成分形成的黏糊糊的基质中。

生物膜堪称微生物通信的杰作。从生物膜的构建、维持、分解等各
个方面来说，各个细胞之间的信号传递都起着至关重要的作用。生物膜
中的细胞可以应对环境胁迫，包括酸、抗生素、捕食者和溶剂等胁迫因
素。生物膜内的细胞通信并非仅限于某种菌群，而是会在多种生物体之
间进行，包括细菌、古细菌、真菌和蠕虫等。微生物既可以栖身于生物
膜内，也可以作为个体生存，具体视情况而定。

在生物膜中，微生物会各司其职，分工完成任务。它们可以建立互
补的代谢机制，让一个细胞提供能量，另一个细胞处理生物膜结构。一
种特殊的细胞会在生物膜内建造水通道，像"血管"那样行使运输食物
和废弃物的功能。一些微生物会合力构建"真菌农场"，为菌群生产食
物。这些微生物同心协力，团队中没有欺骗，也没有利益冲突。它们会

利用各种细胞之间的通道向彼此发信号并提供食物。

各个菌落会在合作构建生物膜时高度关注细节，采用多层调控机制。通过利用生物膜，微生物能够逃脱捕食者的虎口，由此成为更加危险的致病菌。生物膜能够保护菌落免受多方面的侵害，包括抗生素、免疫细胞、病毒以及其他生物体。

生物膜支架

在人体中，生物膜常见于肠道和牙齿，以及皮肤伤口和植入的导管和起搏器。细菌会长出各种类型的附属物，它们携带特定受体，能够选择相应的表面进行初次接触。这些细菌会先在表面上悬停，以盘旋、走之字路线等形形色色的方式移动。对途经的部位进行评估和接触之后，细菌们会分泌黏附分子。这些分子包括 DNA、核苷酸、脂肪、蛋白质和糖类。此后，细菌们会利用大分子糖类物质来构建不同形状的支架结构。它们还会合成一些酶，来完成分子材料的塑形。

除了酶，其他细菌蛋白也有其重要作用。一种蛋白质能将细菌细胞相互连接在一起，其他蛋白质则可将特定细胞与各种结构结合在一起。随着这些结构中的细菌细胞变得越来越多，菌群会以另一种方式沿表面散布。当表面聚集了数百个细胞时，便会形成一个菌群，进而形成菌群集合物。分泌系统（见第 179 页）会将富含营养物质且带标记的囊泡集中发送到远处区域，从而构建更广阔的生物膜结构。

生物膜中的生命体会消耗大量能量，因而必须对其进行调节，以免出现养分供给不足的情况。生物膜功能调控涉及多个细胞之间的信号级联反应和反馈回路。一个区域的细胞可以响应整个生物膜的需求，而另一个区域的细胞可以负责应对特定的局部作业，比如构建运输路线或保护机制。如果可获取的养分量发生变化，工作细胞之间便会发生信号传递和应答。特定糖类的存在会刺激生物膜的生长。盐含量和材料密度会触发信号，从而改变基质类型。

其他调控机制还包括生物膜解体。单个细胞可以随时选择离开生物膜，迁移到其他食物更丰富的区域。在遣散整个菌群的群体信号作用下，生物膜结构会以群体形式开始系统地解体。

引起疾病

生物膜是人体主要致病因之一。这些膜结构是微生物们的避风港，可生成有强大威力的毒素，同时使自身免受捕食者和环境刺激的侵害。生物膜是尤其危险的存在，因为我们很难通过外部力量使之发生改变。在生物膜中，原本有益的微生物可能转变成有潜在危害的微生物。

在多种因素的作用下，特定微生物菌群的存活率会提高，危险系数也随之增加。环境多样性为特定微生物的生存创造了条件，其中就包括那些能够摄取特定养分或抵抗毒素的微生物。生存环境恶化反而有利于强健菌种的生存，比如促使牙齿长出牙菌斑的菌种。

这些菌落会运用多种方法附着在细胞结构表面和非生物表面。不过，每个菌落可能需要特定的黏附分子、信号分子和受体。酸度，比如胃酸浓度，将决定这些菌落能否存活。其他决定因素还包括含氧量，这在不同的小生态位（例如皮肤上）中可能存在很大差异。

尽管多年来我们一直假设一个特定微生物菌落的存在始终是引发感染的唯一原因，但我们现在发现多种微生物种属之间的对话会使菌落变得更强大。这种情况可能见于牙龈疾病，也可能见于多个菌种同时或依次起作用的伤口。种属之间的交流可能是将微生物从有益变为有害的刺激因素。在生物膜的庇护下，每个菌种都能够表现出一些新行为，而这是它们在失去庇护时无法做到的。

从生物膜最初形成开始，各个菌种之间的关系便趋于合作与竞争并存。以伤口为例，生物膜中的两个菌种可以通过各种方式来互帮互助，让彼此都成为更加危险的菌种。其中，一个菌种可以在生物膜外活动，保护在其下方无氧环境中活动的另一个菌种。外界、伤口渗液和皮肤等各个来源的不同菌种本不会与彼此相互作用，却能够在伤口形成的独特环境中一起活动。一个能够抵抗抗生素的菌群可以把另一个菌群隐藏起来，为其提供庇护。

合作与竞争这两种关系都能够增强菌群的毒性。生物膜中的多个菌种会以叉指（像手指相互交叉在一起）结构与彼此分隔开来。在此基础上，菌种之间的细胞对话，包括与彼此分享遗传物质，便决定了它们是否会表现出危害性行为。

以菌种在口腔中的群体合作为例，数个大型菌种群会联合起来形成斑块，其中每个菌种都无法单独在唾液中生存。每两个菌群会相互联结在一起，一同生长。生物膜内的竞争与生物膜外开放环境中的竞争不同，因为生物膜内的竞争可以使生物膜保持稳定，防止菌群生长速度超过养分供应速度。一些菌种会通过在另一个菌种上方生长来竞争氧气，而非保持着叉指结构。

虽说两个菌种之间有时会互相争斗，但仍会共同设法加重机体感染。在正常情况下相互抑制的菌种会促使伤口扩大，因为在近距离接触的情况下，这些菌种会互相残杀。但在伤口密集的情况下，菌种几乎不需要迁移，它们会在各个生态位保持与彼此分离的状态，从而使总体感染加重。

除细菌之外，其他微生物发出的合作信号也可以改变生物膜以及菌群的有害程度。这些信号包括与病毒、细菌、古细菌、真菌和蠕虫进行相互作用的信号。这些微生物好像能读懂彼此的信息，还会表现出"团结一心"的群体行为。通过接收各种微生物发出的信号，某个具备必要受体的菌群将能够提高自己对抗生素的耐受性。在这整个微生物团队中，一些成员会回收利用其他成员的废弃物，另一些则会生成一些分子来保护这两类成员。

微生物的"类脑"特征

很多单细胞微生物会表现出精细复杂的行为，就好像它们拥有大脑这样的指挥官一样。神奇的是，这些微生物能够同时进行多种设计缜密的行为和对话。它们会从环境中获取各种信息并做出适当的反应。通过利用信号，多种个体微生物能够以群体形式进行合作，一同寻找食物并躲避捕食者的追击。就像我们之前说的，微生物会在生物膜环境中进行广泛的合作。

在抗击其他微生物以及体积更大的动植物细胞时，微生物会释放一些特定的毒素。通过建造复杂的机器，微生物能够将信号和毒素发射到其他细胞中。人体细胞不仅比微生物大得多，还比它们复杂，微生物会选择躲避人体细胞使用的"战斗武器"。

很多微生物具备的类脑特征包括细胞膜特化分子构成的基本感觉器官。其中，各种受体会形成蜂窝状的六边形晶格结构；这样的受体分子数以千计，能够对各种信号、化学物质和机械作用力做出反应。多种输入信息会在微生物内部同时进行处理，其中感官信息会触发特定的反应。这就像大脑中的感觉神经元能够刺激动作发生一样。

像体形更大的细胞一样，微生物也可以在细胞内发送电信号。当细菌、变形虫等微生物碰到"墙壁"或其他障碍物时，触碰部分会向细胞的另一部分传递电流，进而改变微生物外部马达（称为"纤毛"或"鞭毛"）的搏动速率。这种电信号传递最终会改变微生物的运动方向，与神经元沿轴突传递信息相似。近期研究发现，基于细菌细胞外钾离子的电流可用于进行长距离的细胞通信。这种通信的渠道是微生物细胞之间微小的纳米管，而且通信延伸范围可达微生物大小的 1000 倍。

最近，我们发现微生物也有一种原始的记忆形式，而且可将这种记忆遗传给它们的"后代"。形成生物膜时，微生物必须在考虑多种可能性的基础上选择不同的受体和信号，从而实现与特定表面的首次接触。近期研究表明，懂得选择正确信号和受体的微生物的后代也对其先辈使用的筛选方法了如指掌。

微生物信号传递

微生物会在其群体内部以及与其他种属群体之间不断地进行交流，还会拦截其他微生物种属和动植物发送的消息。这些细胞对话与多种生命活动相关，而不同的信号也会产生不同的行为。

举例来说，有一种细菌信号会提醒菌群注意食物短缺的情况，引导菌群去别处寻找食物。细菌通常会发出两种相互关联的信号。其一表示每种菌体的存在；其二用于在细菌数量足够多时发起群体活动，比如攻击。此外，细菌还会发信号来警示抗生素带来的迫切威胁。通过分享遗传物质，细菌能够让群体获得对抗生素的抗性。已具备抗药性的细菌会消耗自己的资源来合成抗性分子，再提供给其他细菌。虽说这有益于整个菌群，却会牺牲那些已具备抗药性的细菌。

发射信号分子

　　为了发送信号，微生物会构建一种叫"分泌系统"的复杂机器，看起来很像注射器或宇宙飞船。各种细菌会使用十多种不同类型的分泌系统来发送特定的信号和毒素。这些分泌系统由数百个互锁型大分子蛋白质构成。在与更大、更复杂的细胞战斗时，细菌会利用它们的这种武器将毒素注入其他细胞，即便是相距较远的细胞也不例外。另外，细菌还可以将所需的构建材料注入生物膜中。

　　所有分泌系统都会发射大大小小的分子，包括 DNA、RNA 和蛋白质。分泌系统发出的信号分子包括未折叠的蛋白质和到达目的地后辅助蛋白质折叠的附加分子。这些信号分子可能是酶，作用是吸引金属与之一同在细胞膜上打孔。虽然微生物信号分子可能与参与人体细胞通路的分子相似，但二者之间的差异又足以使细菌通过改变细胞通路来获益。细菌信号分子可以改变 DNA 上的标签并保护 DNA 的蛋白质。这些改变会使人体细胞的防御措施失效，导致允许细菌进入细胞核等后果。随后，信号分子便能够以特定细胞器，比如线粒体为攻击目标。

　　细菌分泌系统中的外排泵会使用高能分子作为燃料来发射一些颗粒物质，使细菌能够在抗生素入侵体内时将其"抓住"并排出体外，这是细菌为维持其抗生素耐受性所采用的重要方法。外排泵需要携带多个附属分子，这些分子依附于发射信号分子的大针头上。所有这些部件均与互锁蛋白相连，包括外排泵、能量源、附属分子和大型注射装置。其中，有一种外排泵具备将分子排出的质子梯度，即细菌和病毒采用的外排泵系统。

　　分泌系统是非常复杂的系统。举例来说，某些细菌（如大肠杆菌）

的分泌系统包含十多个组件。这些组件包括微生物外膜上由多种蛋白质组合而成的复合体、内膜上的蛋白复合体、毛发状结构、连接内外复合体的多种蛋白质、内膜平台，以及与能量相关的酶。每个组件都含有多个互锁蛋白。整个系统会像活塞一样运动，将信号分子往外推。

另一种细菌分泌系统会发送特定的蛋白质，从而改变细胞核、线粒体等细胞器。这种系统由跨细菌内外膜的 25 种相互作用的蛋白质组成，看起来像一个相对巨大的注射器，由环状结构包围且连接着马达和能量源。该系统具备一个收集材料的平台，可在收集到材料后启动，将细长的针插入人体细胞，进而依次释放未折叠的蛋白质以及可折叠这些蛋白质的分子。细针中的特定分子会在人体细胞上打孔，以供物质进入。某些细菌会使用另一种系统来发送 DNA，该系统由数百个分子组成，发给其他同伴的信号包括抗生素耐受性基因。该系统配备一个由 12 个大分子蛋白质构成的支架、一个外排泵，以及从细菌体向外伸出的大针。不仅如此，该系统还与能量分子相关联。

一些抗生素会靶定细菌分泌系统，然后将其摧毁。但是分泌系统的种类实在是太多了，我们很难开发出可将其全部歼灭的药物。多重耐药菌能够同时利用多种不同的分泌系统，而每种药物则需要对抗其中某个特定的系统。一些抗生素药物会攻击喷射系统针管，而另一些则靶定未折叠的蛋白质。

纳米管通信

细菌还可以运用电信号来进行远距离通信。它们会利用以蛋白质为基础的纳米管来实现电信号通信，将电子传给远处的细胞。这些纳米管就像电线一样，跨越的距离是细胞大小的数千倍。最近，研究人员发现沿纳米管分布的特殊蛋白质能够沿着"电线"传输电子，因此微生物可将这些蛋白质用作它们的食物。这些蛋白质有点儿类似于线粒体中的大分子，线粒体会通过转移电子来为人体细胞供能，而纳米管电路则通过传输电子形式的食物来为细菌供能。在所有细胞中，利用食物的过程均为通过交换电子来释放能量。在该过程结束时，氧气会将额外的电子带走并用于其他反应。我们将这种利用氧气的方式称为"呼吸"。在没有氧气的环境中，比如土壤或海洋深处，硫或铁等物质也可以起到替代氧气的作用。在这些环境中，微生物会在呼吸交换过程中将电子释放到岩石和泥土中。

寻找电子、金属载体的细菌会长出细小的毛发状纳米管。细菌之间的这些纳米管会在电子源与其岩石和金属载体之间形成网格结构。在每平方英寸（1 平方英寸约等于 0.0006 平方米）土壤中，纳米管电网可为数十亿个微生物提供电能。其中一些微生物并不利用食物来产生电子，而是仅靠电子流生存。更不寻常的是，多个菌种会共用电路。电路中的一种微生物负责产能，而另一种则负责耗能。细菌和古细菌都要通过这种方式与彼此合作才能生存。

在生物膜中，这些电路还会拉得更长，以便利用氢和钾来实现各种类型的电子通信。其中，部分电路还会利用传输分子来传输电子。在生物膜中，钾离子信号可以吸引新细菌进入生物膜，包括不同种属的细菌。信号也可以在两个菌群之间传递，让它们轮流进食。

一种细长的真菌会利用并行通信机制（详见第 20 章）而非纳米管，成为连通森林树木的通信电路。近期研究发现，这些真菌"电路"（菌丝）不仅能为所有树木提供养分和结构原料，还能传递与防御相关的信号。

微生物如何制定决策?

直到最近,我们才找到合理的机制来解释微生物这种小细胞所具备的决策能力。与 T 细胞和癌细胞一样,细菌、古细菌等微生物可以利用自身代谢循环中的分子作为内部信号。这些信号会触发特定基因产生新的蛋白质。借助于此种信号传递,T 细胞能够快速打造一支战斗细胞大军;癌细胞会借此快速繁殖,组建自己的犯罪集团;而微生物则会利用这样的机制来进行普通决策。

研究发现,微生物在摄取食物时采用的分子通路是具有双重激活机制的内部信号通路。这些通路可由环境触发,告知微生物要前往别处寻找更好的食物来源;再者,细胞内通路还可由针对食物颗粒的膜受体触发。含碳物等微生物喜欢的食物会触发多条通路,从而将碳带入细胞,并生成更多的酶来摄取更多碳。

细菌还具有其他 30 种重要物质的受体,包括氮、葡萄糖胺、糖和磷酸盐。面对同时起作用的多个通路触发因素,微生物必须确定优先响应次序。它们会优先摄取首选食物分子来源,使相应的代谢循环增强。完成这一个代谢循环之后,下一个循环会随即加速进行。微生物能够追踪各项优先代谢循环,并抑制其他与之竞争的代谢循环。

在细菌的数百个代谢循环中,研究人员发现了一些决策相关的信息传递示例。一个主循环会构建新分子并分解其他分子。丙酮酸是糖酵解的产物,也是上述能量循环中的重要分子,其发挥的作用却与其他分子截然不同。丙酮酸会改变酶的形状,在决定细胞是否应该繁殖时起辅助作用。另一个示例是利用氧气完成的循环,通常能够为细胞提供大部分的能量分子。在食物短缺导致的逆境下,能量分子将成为一种信号,告知微生物换用其他不需要氧气的代谢方法。

另一个具有双重激活机制的循环与氨基酸相关。在微生物的 20 种基本氨基酸中，每一种都有其特定的信号，微生物可根据这些信号来衡量每种氨基酸的浓度，再决定是加快还是放缓遗传合成。不过，有一种特定的氨基酸会起主要调控作用，其代谢循环会刺激数百个其他的基因网络，为发挥各项细胞功能提供相应的信号，包括关于生长、细胞分裂、饥饿和前往别处寻找食物的决策。

对于复杂的决策，用代谢循环中的分子来改变基因往往比较缓慢。相比之下，另一个系统会更快，那就是标记分子。给蛋白质加上标记会改变它们的形状和特性。这种改变只需数秒即可完成，而触发遗传通路则要花好几分钟，这从微生物的生命周期来看是很长的一段时间。加标记可以迅速产生更多能量分子。加标记的蛋白质可以阻断葡萄糖的生成，同时抑制现有糖类物质的分解，使微生物准备好在环境中寻找新的糖分。

事实上，微生物会结合运用遗传通路和加标蛋白这两种类型的信号。一组信号用于调控微生物增加蛋白质合成量的时机。在确定可从诸多来源获取的原料量后，微生物会利用各种信号来触发蛋白质合成，其中既有缓慢的遗传信号，也有快速的标记信号。细菌还会运用多种不同的信号来调控氧、碳和氮的利用情况。这些信号能够检测环境中碳、氮、氧分子的不同来源，提醒细菌优先考虑这些来源。无论速度快慢，信号传递都会使相应的转运分子数量增加。

第 16 章
CHAPTER 16

微生物与人体细胞的战斗
BATTLES BETWEEN MICROBES AND HUMAN CELLS

人体细胞和入侵微生物会使用信号作为武器向彼此宣战。虽说免疫细胞才是专攻微生物的细胞，但实际上每个器官中的普通非免疫细胞也已经针对各种微生物建立了自己独特的内部防御机制。在与微生物的战争中，人体细胞会依靠多种战术发力。

首先，细胞会产生受体来获取微生物的分子模式，以此作为识别入侵者的一种方式。一旦细胞确定了入侵者的身份，便会开始制造攻击分子，通常是蛋白质和 RNA。免疫信号在引发炎症方面也起着重要作用，而炎症又会促使各种免疫细胞追捕微生物。免疫细胞还会为微生物贴上特殊标签，以便将其识别后杀灭。不仅如此，免疫细胞还会用标签来对抗微生物分子。一旦将微生物贴上标签，免疫细胞就会放出囊泡去吞噬微生物，将其摧毁。当然，微生物也会从各个层面进行回击。

抗击微生物的关键在于，要先利用具备特殊模式识别能力的受体来识别微生物的分子模式。这些受体对于免疫细胞和组织细胞来说非常重要，能够帮助它们识别攻击对象，有针对性地生成攻击分子。当特定菌种触发免疫细胞中相应的模式受体时，强大的细胞因子信号会刺激产生各种不同

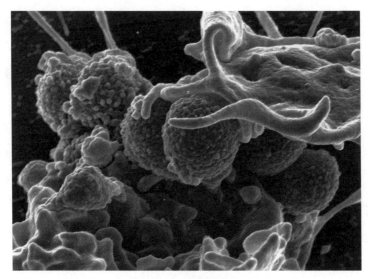

细菌与人体细胞的战斗
（电子显微镜照片，科学图片库）

类型的炎症。这些炎症反应会促使不同类型细胞有针对性地追逐入侵者，继而将其杀灭。如果识别受体在单个普通细胞（例如，组织细胞、血细胞）内触发，它们会调动各种攻击分子与入侵者进行内部战斗。

面对不断演变的微生物种属，人体细胞要将可有效识别这些种属的受体维持在一定的水平，因而需要通过大量调控来确保及时提供合适的受体。随着微生物的不断演变，新合成的受体也必须时时改头换面。因此，免疫细胞最终会同时调用多个受体，然后优先考虑最有效的受体。

其中，有一种调控方式是清除不必要的受体，另一种则是将受体转移到细胞区室中储存起来，以备后用。此外，免疫细胞还要通过信号调控来增减相应受体的合成量，从而在免疫应答强弱之间取得平衡，以免伤害正常人体细胞。

一旦识别出微生物，免疫应答便会在多个层面发生。一开始，人体细胞会利用免疫信号发起针对所有入侵者的一般攻击。接着，这些攻击的针对性会越来越强，杀伤性 T 细胞和 B 淋巴细胞分泌的抗体会以特定微生物种属为目标进行攻击。微生物进入每个器官的细胞之后会与细胞内的细胞器进行战斗，细胞器会针对特定入侵者发起各式各样的免疫应答。

当人体细胞释放攻击分子时，细菌和其他微生物会通过生成各自的信号来躲避攻击。微生物能够对抗人体细胞发出的攻击分子，这些分子比微生物大数千倍，而且复杂得多。随着战斗的不断升级，微生物与人体细胞会针锋相对地产生新分子。

相比之下，体形小得多的病毒更是有着令人瞠目结舌的表现，它们会用自己本身的分子来回击人体细胞的攻击分子。一种人体细胞攻击蛋白能够抑制病毒繁殖，但病毒能够对抗这种蛋白质。另一种人体细胞分子能够阻止人类免疫缺陷病毒 (HIV) 进入细胞核，但 HIV 能够用自己的信号予以回击，从而成功进入细胞核并插入其 DNA 中。有关病毒行为的更多信息，请参阅第 19 章。

标签系统

标签系统在与微生物作战过程中起关键作用。标签是锁定在特定位点分子上的信号。特殊酶类会通过需要高能粒子的化学反应来放置标签。在微生物上贴标签的目的是识别它们，将其作为以各种方式追逐和摧毁的目标。

微生物会利用标签来改变分子通路，以此获得优势。标签也可以作为"邮票"使用，为将材料运输到确切的目的地指明方向。多个标签分子可以连接在一起形成长链和分支结构。这些大的分支型分子能够产生各种不同类型的标签，数量上可以说是无穷无尽。它们的用途是识别在整个人体细胞中通行的数量庞大的各种微生物和运输物质。本章介绍了在微生物和人体细胞的战争中使用的标签，第 26 章将描述在沿神经元轴突分拣和运输货物时使用的标签。

微生物与人体细胞"礼尚往来"，双方都会利用各种各样的标签来进行攻击。具体来说，双方都会合成更多分支分子来放置、移除和改变标签。从标签战的一例来看，人体细胞放置在微生物上的标签会促使人体细胞内的囊泡追逐并捕获那些贴上标签的微生物。另一方面，微生物会用自己的标签进行对抗，避开囊泡的追击。

即使是最小的微生物——病毒，也能够以特定方式改变人体细胞贴在自己身上的标签，使标签无法发挥作用。病毒要完成一项艰巨的任务，那就是进入细胞、逃避免疫应答攻击、找机会潜入戒备森严的细胞核，进而操控极其复杂的 DNA 和 RNA 运转机构。人体细胞与病毒之间的斗争无处不在，但在细胞核的亚区最为激烈。双方都会使用自己的标签进行战斗，同时更改对方的标签。

病毒会利用少数自身蛋白质来入侵人体细胞。一旦人体细胞在胞内发现病毒蛋白，它们便会试着在其中大多数蛋白质上放置标签。接着，病毒用自己的标签来对抗，让蛋白质重获自由。此外，病毒还会触发自己的标签来对抗人体细胞分子。举例来说，疱疹病毒会标记一种重要的免疫因子，从而抑制本来会攻击它的免疫信号。

人体细胞内外部均可识别细菌上的标签。免疫清除细胞会追捕还没进入细胞的标记微生物，然后将其吞噬。人体细胞还会利用免疫细胞因子信号来增加炎症类型，从而生成更多细胞来杀死标记微生物。一旦进入细胞，带标签的细菌就会受到内部残骸清理机制的攻击。与植物细胞相似（详见第 20 章），人体细胞有时也会通过控制细胞核来诱导细胞自杀。之所以会出现这种情况，是因为受感染的细胞内部存在大量带标记的微生物，而细胞对此已无计可施。

人体细胞内的多种战斗策略

微生物会以多种方式进入人体细胞。正如我们在第 15 章提到的分泌系统，这些精心设计的机器可以将细菌蛋白注入人体细胞，导致细胞支架结构重排，使微生物得以进入细胞并操纵细胞内部。此外，微生物信号可以改变人体细胞膜，妨碍细胞合成本来可以阻止微生物入侵的受体和信号分子。

一旦进入人体细胞，细菌就会使用多种信号发起攻击，还会运用其他各种各样的攻击技术。举例来说，细菌会长出一条灵活机动的尾巴，在细胞内快速移动，让细胞遭受重创。人体细胞会识别这种尾巴，然后发动攻击。不过，细菌会通过分泌系统发出信号，让人体细胞的攻击失效，导致其无法识别细菌尾巴。多种细菌具备这两类信号机制，即构建尾巴和逃避识别。

微生物会采用各种复杂的方法来压制宿主细胞的攻击。一旦发现微生物，人体细胞因子信号就会触发强烈的免疫应答。微生物会以两种方式回击，一种是阻断触发细胞因子基因的信号通路，另一种是改变基因本身。细菌的另一种信号分子可以改变同样的通路，但结果是产生对抗宿主细胞的毒素。各种细胞区室也会运用独特的策略来杀死微生物，但微生物能够抵抗人体细胞的每次攻击。第 23 章我们将介绍以线粒体、细胞核等人体细胞内特定区室为目标的微生物。

囊泡的作用

囊泡由人体细胞释放，是攻击细胞内带标记微生物的一种重要途径。一旦将微生物吞入腹中，囊泡就会与更大的破坏性囊泡（即溶酶体）合为一体，进而将微生物分解并回收其分子物质。有关溶酶体的介绍，详见第四部分。对于这种情况，多种类型的细菌都懂得运用不同的方法来控制局面。

细菌对抗囊泡攻击的方法包括躲避吞噬、阻碍囊泡与溶酶体合并，以及破坏合成囊泡的整个过程。首先，微生物能够通过信号分子来掩盖贴在它们身上的标签，阻碍人体细胞的诱捕，让囊泡找不到它们。如果已经被困在囊泡中，微生物会使用信号分子打开囊泡。在某些情况下，即使两个囊泡合并形成一个大囊泡，细菌也能够将其破开。同样的信号分子还能够阻止细胞重新组装囊泡。如果细菌用从另一个细胞区室偷来的膜建立了藏身之所，它们就能运用更复杂的技巧来躲避攻击。躲在这样的庇护所（即生态位）中，细菌便可免于被追捕。

包括沙门氏菌、衣原体、结核分枝杆菌（引起结核病的细菌）在内的很多细菌都懂得如何控制来追捕、杀害它们的囊泡。这些微生物会将囊泡变成它们在人体细胞内的家。细菌会从囊泡内部向外分泌信号分子，吸引其他必要的物质材料进入囊泡内部，再用这些材料建起防御堡垒。此外，细菌还会发信号来诱使宿主细胞产生特殊的蛋白质，让囊泡内的微生物能够存活下来。

细菌会利用获得的材料在人体细胞内繁殖，并通过操纵免疫系统让自己获益。不仅如此，就连病毒也能够将囊泡膜变成它们的繁殖工厂。病毒会将它们的酶放入囊泡的双层膜中，构建一个特殊的复制小区室。

在囊泡中寄居时，微生物信号分子会采取"以其人之道还治其人之身"的方式来进一步躲避攻击：它们运用溶酶体中的破坏性酶攻击人体细胞，而溶酶体正是一种用于分解微生物的膜结合细胞器。其他信号分子会攻击其他囊泡的基本合成环节，以防有新囊泡来与微生物寄居的囊泡融合。其中，一种信号分子负责干扰小囊泡与溶酶体破坏工厂融合的方式，一种负责攻击囊泡的合成场所，另一种则负责破坏使新生囊泡变得稳定的分子。

有关囊泡和病毒的更多信息，请分别参阅第 26 章和第 19 章。第 23 章介绍了微生物如何建造和保卫它们的囊泡家园。

宿主细胞内的微生物活动

有一种细菌会通过完全改变人体细胞来对其实施控制，而非征用细胞内的囊泡。生活在人体细胞内的麻风分枝杆菌 (M. Leprae) 是麻风病的病原菌，能够改变将普通细胞变成干细胞的基因。尽管对麻风病的记载可追溯到圣经时代，但我们至今对这种疾病仍知之甚少。我们无法在实验室培养病原菌，也就无法提供针对该疾病的检测方法。麻风分枝杆菌的生长非常缓慢，潜伏期通常在三至五年不等，部分原因在于这些细菌的细胞壁很厚而且结构复杂。在细胞壁蜡质层的保护下，麻风病及其同胞肺结核的病原菌均难以被杀死。

麻风病是一种感染性疾病，首先侵害的是免疫清除细胞，进而损害皮肤、神经和眼睛。麻风分枝杆菌会躲在免疫清除细胞（正是要杀死麻风分枝杆菌的细胞）内，而这又会刺激一大群想要吞噬受感染细胞的白细胞。麻风分枝杆菌会控制它的宿主清除细胞，将其作为交通工具，就像开汽车一样在体内游走。目前，我们还不清楚这种细菌究竟如何进入其附近的施万细胞，即为大脑和脊髓外部神经合成髓鞘的神经胶质细胞。

新研究揭示了麻风病在神经胶质细胞中的活动情况，结果令人震惊。尽管麻风分枝杆菌只有少量 DNA，却能够在宿主细胞内发信号，将其变回干细胞。这些干细胞会在麻风分枝杆菌其他信号的引导下产生新的细胞类型，比如骨骼细胞、肌肉细胞、结缔组织细胞、神经元等。化身为干细胞后，麻风分枝杆菌又可以继续转变为肌肉细胞，潜入肌肉组织中。另外，这种细菌还会运用同样的技巧来浸润神经组织。

在发现这种机制之前，我们根本不知道麻风病为什么会损伤神经元。但现在我们了解到，麻风病信号分子能够以多种方式改变宿主施万细胞的基因组。这些信号分子能够减弱细胞维持正常特性的遗传活性，同时增强与细胞转变成新干细胞相关的遗传活性。经彻底"改造"的施万细胞将不再合成髓鞘，最终导致麻风病患者出现神经损伤。不过，这个过程仍是一个研究难题，我们还要更深入地了解其中的细节。

将普通人体细胞变成干细胞，这堪称现代干细胞研究领域的圣杯。而细菌居然可以做到，着实令人惊讶。科学家都非常想了解其中的奥秘。麻风分枝杆菌的信号不会促使普通细胞转变为最强大、最原始的干细胞，即胎儿时期所有细胞的鼻祖。患麻风病期间产生的干细胞能够生出的是一种特殊的细胞系，即结缔组织变体。诚然如此，了解麻风分枝杆菌使用的信号或可有助于推进干细胞疗法。

第 17 章
CHAPTER 17

肠道微生物的权术
MICROBE POLITICS IN THE GUT

肠道中有 100 万亿个微生物，另有 1000 万亿个病毒悬停在其上方，我们将肠道微生物总和看作是另一个人体器官。对于面对所有这些微生物的单层肠道内皮细胞来说，生存风险无疑处于高位。这些细胞必须结交对自己最有益的微生物种属，并通过多种方式与之合作。

肠道微生物（主要是细菌）共有 300 万个基因，而人体细胞的基因总数仅为 2.4 万。通过利用这些基因，微生物能够生成不同的分子和信号，其中很多是人类生存所必需的。一些微生物的产物还会成为人体正常代谢的一部分。从很多方面来看，人类都离不开肠道益生菌的作用。由肠道微生物 DNA 合成的分子能够影响人体的消化、血管、体重、压力、免疫功能和骨骼健康。

最近，科学家发现了 300 种被释放到人体血液中的新肠道微生物产物。虽然我们还不清楚所有这些分子的作用，但已知有些分子能够在人体细胞中发挥重要功能。在益生菌合成的信号分子中，广为人知的一种是对脑细胞有刺激作用的神经递质。还有几种肠道微生物产物会影响人体最初的免疫系统发育，继而帮助人体维持正常的免疫功能。微生物信号能够影响肠道绒毛和隐窝的形成，可指示干细胞生态位所在地和肠道组织的血管密度。近期研究表明，摄取植物纤维会吸引特定的微生物，而这些微生物的产物又能起到预防糖尿病的作用。另有研究表明，肠道菌群丰富的人罹患动脉粥样硬化的可能性相对较低。

不过，微生物产物也可能会引发一些疾病，比如心脏病、肥胖症和糖尿病。新研究发现，一些肠道微生物会对饮食中盐分的增加做出反应，导致流向大脑的血流量发生变化，而这一过程与盐分对血压的常规影响无关。肠道微生物信号产生的影响包括改变大脑血管和降低认知能力。在下一章中，我们会详细介绍微生物对大脑的影响。

对于人体来说，管理所有这些不同种属的微生物及其产物是一项艰巨的任务。各项决策均基于肠道内皮细胞、微生物和免疫细胞在整个漫长的胃肠道之旅中与彼此进行的各种对话。

吸引微生物

肠道的各个区域存在着数百种不同的环境，能够吸引各式各样的微生物。就每个区域而言，内皮细胞必须确定哪些是最优质的且对人体有益的稳定菌群。在变化多样的区域性肠道环境中，局部免疫细胞与微生物之间需要建立不同类型的关系。

微生物在胃、小肠、阑尾和大肠的分布情况各不相同。微生物斑块和体积庞大的微生物群落会集中分布在肠道内腔。各种菌落的生存环境包括肠道内腔中央的粪便流和与之相间隔的黏液层、黏液层与内皮细胞之间的空间，以及绒毛之间的深层隐窝。这些环境属于受保护的区域，往往存在着更多永久性微生物菌落。

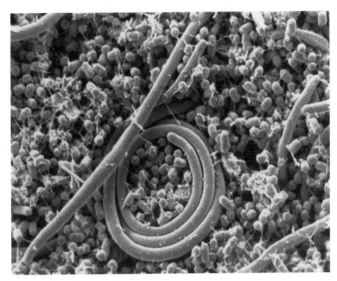

肠道中的沙门氏菌
（电子显微镜照片，美国农业部 / 琼·格尔德 - 皮特 / 科学图片库）

在小肠中，胆汁的流入会形成一种酸性环境。该环境中的多个微生物群落会竞相争夺糖分，但其生存会受制于环境酸度，能够存活下来的微生物会迅速生长。嗜酸微生物有自己独特的基因，能够通过代谢人体内的食物来产生多种分子产物，其中一些可能对肥胖症、哮喘以及癌症进展起到利弊兼备的影响。

研究发现，小肠第一段的肠道内皮细胞生成抗生素类分子的量最大。这些抗生素在整个小肠中呈梯度分布。肠道末端的攻击分子越少，存活的微生物种类就越多，菌落密度也越会趋于饱和。在此基础上，大量微生物会继续向大肠迈进。

与小肠相比，大肠是一个黏液多、粪便流少、存在多处弯曲褶皱的场所，但同样也具备多种环境。大肠中独特微生物菌落的数量最多，但大肠肠道内皮细胞为杀灭这些微生物而产生抗生素分子的量最少。有观点认为，大肠是地球上所有栖息地中细菌密度最高的场所。大肠中的微生物会将植物纤维分解成一系列产物，这些产物在预防包括糖尿病在内的多种疾病方面发挥着重要作用。

从肠道各个区域来看，微生物群落的稳定性由多个因素决定。微生物存活的基础在于对酸碱环境、饮食、药物、免疫应答的适应，还有最重要的就是与主肠道内皮细胞的交流。免疫细胞分泌的分子只会为某些菌群提供帮助，而不会理睬其他菌群。通过在所有肠道细胞之间进行信号传递，各种微生物群落之间能够达到一种微妙的平衡状态。如果两个微生物群落之间的合作过于频繁，它们就会因菌落体积过大而无法继续保持互惠互利的关系。要想长期稳定地生存，相互靠近的菌群必须在合作与适度竞争之间取得平衡。

应对食物刺激

面对不同食物的刺激，特定种类的微生物和区域性肠道内皮细胞会使用不同的信号和方法来做出反应。食物碎片会使特定的微生物菌落聚集在一起。在有很多食物的情况下，微生物会迅速生长并形成大面积的生物膜。生物膜中的这些菌群会在肠道内皮附近表现得更活跃一些，但随之带来的威胁也更大。食物越少，微生物的菌群规模就越小，带来的威胁也越小。

当人体摄入新的食物种类时，肠道微生物的种类会迅速发生变化。不仅如此，饮食变化趋势还会影响长期隐匿在黏液和隐窝中的菌落。肉类和植物性食物会吸引不同的微生物。举例来说，红肉之所以会引发心血管疾病，部分原因在于红肉进入消化道后会吸引某些喜食肉类的微生物。

这些特殊的微生物会从肉中摄取肉碱分子，将其转化为代谢产物，然后经肠道释放到血液中。肉碱是在产能过程中发挥重要作用的一类化合物。从肉中摄取肉碱的微生物会将其代谢产物送入血液，使其随血液进入肝脏。到达肝脏后，肝细胞会将这些产物转变成第二种产物分子，而且同样将其释放到血液中。正是这第二种产物分子导致血管中形成斑块，进而引发心脏病。这种对心脏病的影响与肉类本身无关，而是由特定嗜肉细菌的行为产生的结果。

我们再以婴儿为例，他们体内的特定微生物偏爱某些糖、奶类物质。开始摄入固体食物之后，他们体内的其他微生物会形成数千个永久群落。优势种属会先在小肠起始段生长，然后逐渐向下移动。最终，成人体内会留下大约 50 种可稳定存活数年的优势微生物。接受抗生素治疗之后，这些稳定的菌群会先躲在它们的生态位庇护所，待危险过去之后再现身。

微生物与免疫细胞之间的对话

肠道内的免疫细胞会与肠道内皮细胞、毛细血管内皮细胞、神经元和有益微生物进行广泛对话，以此积累有关微生物的知识。通过与各种微生物互动，人体细胞能够从中学习如何构建独特的受体和信号，从而分别与微生物敌军和友军进行相应的对话。在消化细节和肠道内皮保护方面，有益微生物会与免疫细胞和内皮细胞进行协作。

微生物信号可以刺激免疫信号，使内皮细胞之间紧密的连接结构变得稀松一些，以便允许物质进入其下方的组织。此外，免疫蛋白可以在内皮细胞表面形成屏障，将其与微生物膜表面的糖分子隔开，因为微生物通常会利用这些糖分子附着在内皮上。不过一种微生物会用人类抗体分子覆盖自己的表面，再通过这些分子来附着在内皮上。

免疫细胞与微生物之间的对话丰富多样。举例来说，T 细胞信号会保护特定的微生物菌群，微生物会通过向免疫细胞发信号来保护自己，从而降低炎症反应的发生频率。在阑尾环境中，淋巴细胞会接受特殊的微生物知识培训，学会通过调节自身的反应来保护有益菌。在此基础上，阑尾便成了最有益微生物种属的持久储存库，用于在必要时为肠道提供微生物补给。

免疫信号能够调控微生物菌群对话，包括改变微生物群落之间的竞争关系。如果各微生物种属之间的合作过于频繁，则会导致永久性正反馈，进而摧毁维持菌群稳定所需的重要竞争性微生物菌落。通过运用各种信号，免疫细胞能够切断多余的反馈回路，让相互合作的菌种与彼此分开。

多种疾病与特定的微生物和免疫细胞有着密切的关联。一个例子是炎症性肠病，表现为微生物种类减少；另一例是肝脏受损，其中微生物产生的毒素会导致精神错乱；还有一例是特定微生物通过改变胆汁酸来遏制威胁性感染。

为了防止发生感染，微生物之间可能会进行非常复杂的对话。对此，我们才刚刚有所认识。一项研究结果显示，6 种不同的细菌必须同时参与细胞通信，才能同时以各种方式来抑制其他危险的细菌。

另一个以医院为背景的示例显示，由肠道细胞选定的既存有益菌能够使部分人群幸免于危险感染的侵害。相比之下，其他体内有同种微生物的人群就不那么走运了，他们可能因医院获得性感染而丧命。至于为什么会存在这样的差异，我们还没有了解透彻。

微生物在黏液和生物膜中的生活

在征得肠道内皮细胞允许的情况下，特定的细菌和病毒便可在内皮细胞附近的黏液层内部和周边蓬勃生长。有益菌发出的信号能够刺激产生更多保护黏液。而在黏液生态位中，病毒还会与人体细胞并肩作战，一同击退入侵者。由病毒或细菌分泌系统分享的新基因会产生特别适应独特环境的亚种，对黏液生态位的调节起辅助作用。

黏液含有各种保护内皮细胞的特殊物质，这对于有益微生物来说也是一大幸事。黏液中的酶会杀死带有敌对性和竞争性的微生物种属。黏液中的特殊养分、免疫因子、盐、金属等物质均可帮助有益微生物迅速生长。正常黏液的产生离不开微生物、内皮细胞和免疫细胞之间你来我往的细胞通信。

微生物会运用各种方法来处理黏液。有些微生物能够分解黏液，有些能够在黏液凝胶中游走通行，并能够边游动边摄取自己所需的分子。不过，直接将黏液吞入体内会起到适得其反的效果，因为这会刺激产生大量黏液素蛋白，使有益菌受到伤害。微生物群落可以一路游过黏液，然后附着在受保护的隐窝深处形成肠道内皮组织的生物膜。为此，微生物会需要强有力的鞭毛来提供动力。肠道内皮细胞会一直与黏液中的微生物保持交流，而且一些微生物还能够利用内皮细胞提供的氧气。根据内皮细胞和微生物发出的信号，免疫细胞会选择保护或忽略附近的菌落。

保护性生物膜是一种与黏液有异曲同工之妙的结构。生物膜比黏液层大得多也厚得多，而且具有多种形式。在生物膜中，多个菌种之间的细胞通信是了解感染是否会发生的关键。生物膜的作用是支持菌落之间的互动，在第 15 章有详细的介绍。

　　共享生物膜的多个菌种可以提高彼此的攻击力。菌种在生物膜中的竞争不同于它们在其他环境中的竞争。对于自由漂浮的菌落来说，过于频繁的合作对合作双方都是不利的。但在肠道生物膜中，危险菌种多集中分布在特定位置，因而可以在不互相伤害的情况下进行合作。

　　合作型和竞争型的生物膜均可通过多种方式来引发感染。有些菌种需要利用其他菌落才能优先生长，而后者会逐渐转变为危险菌种，将前者杀灭。在另一种情况下，微生物信号会操纵免疫系统来改变支撑生物膜的基质结构，从而使两个群落与彼此分离而非形成叉指结构。举例来说，当一个菌落在另一个菌落上方活动以获得更多氧气时，就会发生这种情况。一些菌落产生的废弃物会使其附近的菌落丧命，有些菌种却偏爱彼此的废弃物，而且双方均会在这种刺激下生长，继而引发感染。其中部分菌种还会产生一些分子，保护双方的菌落。

　　在生物膜中，菌群还可以通过其他方式进行合作。一个菌群为了免受抗生素的影响，会围绕另一个菌群生长，这是因为其中一个菌群可能已具备抗药性而另一个还不具备。以脓肿为例，上下两层分布的菌群都会长得更大，但一层会与另一层保持距离，以避开另一层菌群以废弃物形式产生的有害过氧化物。此外，脓肿中的一个菌落可以产生起保护作用的酶，而另一个菌落则可以通过维持其层级结构来抑制这种酶。随着对上述信号的深入研究，我们将能够进一步提升益生菌治疗方法的准确性。

与病毒的合作

　　对于肠道环境来说，病毒的重要性着实令人吃惊。一些病毒会与在内皮细胞周边黏液中生存的有益菌建立密切的关系。这些病毒不仅会保护有益菌，还会保护内皮细胞，使之免受敌对细菌的攻击。

要到达肠道内皮的人体细胞，病毒必须历经强酸、危险的酶、浓稠的黏液和敌对细菌的重重考验。在病毒通过食物和水进入肠道后，复杂的肠道环境会对其发起轮番攻击，包括酸碱腐蚀、酶消化、来自微生物杀伤性分子以及数不胜数的细菌群落的攻击。如果能够顺利穿透黏液，病毒通常会在细菌的帮助下到达肠道内皮细胞并侵入组织。即便只有少数病毒到达人体细胞，也能引发感染。

此外，病毒还可能帮助细菌转变为对人体更危险的种属。我们以往认为，有益菌会在人体免疫力低下时引发危害人体健康的感染。但现在我们发现，导致细菌病理性转变的原因往往在于人体细胞、细菌、真菌、病毒乃至寄生虫之间的对话。其中，病毒发出的一种信号会将抗生素抗性分子转移给微生物菌落，使其具备更强的传染性。

另一方面，细菌也会对病毒的存活起到至关重要的作用。多种病毒都需要细菌的帮助才能传播给人体细胞。如果研究人员将这些病毒直接注射到肠道中，它们将无法存活。病毒必须穿过口腔和肠道中的细菌群落才能提高自己的实力。为此，病毒用的一种方法是附着在细菌表面的糖类上，好让自己能够更轻松地跳到人体细胞上。举例来说，脊髓灰质炎病毒和诺如病毒（引起呕吐和腹泻）都会附着在细菌表面的糖类上，好让自己在酸性高温的环境中存活下来。

接着，病毒会悄悄地溜进免疫细胞，免疫细胞对话能够帮助肠道病毒决定是发起攻击还是保护肠道内皮细胞。病毒可以利用那些负责收集传染性微生物分子样本的免疫细胞进入人体组织。免疫信息会提示 T 细胞不要攻击病毒，比如疱疹病毒。接着，病毒就可以顺利繁殖。此外，病毒还可以刺激免疫信号传递，加快修复破裂的肠道内皮，让肠道内皮细胞受益。

一些病毒会刺激免疫细胞应答，支持细胞对抗危险的细菌。

　　直到最近我们才发现，在病毒、细菌、内皮细胞和免疫细胞之间，围绕感染引发的问题进行着广泛互动。举例来说，一种感染的引发需要病毒突变，同时还需要肠道内皮细胞的改变；另一种感染则需要病毒和突变的免疫细胞因子信号才会有致病性；而这两种感染都需要特定细菌的参与。再以大肠感染为例，这种病症需要病毒改变特定的细菌，还需要其他几种细菌与病毒进行相互作用。

　　随着逐渐破解更多肠道细胞、免疫细胞与微生物之间的复杂信号，我们将能够开发出针对全身性疾病的新疗法。

第18章

CHAPTER 18

微生物对大脑的影响
MICROBE INFLUENCES ON THE BRAIN

微生物可以通过直接进入大脑或借助于远处（以肠道居多）传来的信号来影响大脑。通常，来自细菌和病毒的信号可以触发肠道神经系统的神经元，将信息发送至大脑神经回路。除此之外，微生物信号还可以经血液直接传到大脑。肠道微生物既可以随血液流动，穿过多个屏障到达大脑，也可以沿着外周神经元内的轴突前往大脑。

肠道内的各个信号源（包括微生物、免疫细胞、内皮细胞和食物颗粒）可以改变内皮细胞，使微生物进入血液，从而更迅速地进入脑组织。虽然我们还不清楚其中的细节，但研究表明，肠道微生物信号可能与诸多大脑问题存在潜在的联系，包括压力、抑郁、自闭症、精神分裂症和退行性脑疾病。正如我们之前提过的示例，盐分增加会吸引一些微生物，而这些微生物又发出改变人脑认知能力的信号。人脑认知能力受血流变化和血管渗漏程度的影响，但与大家熟知的盐对血压的影响无关。

神经递质等肠道微生物产物对胎儿的影响尤为突出。这些物质会影响胎儿的大脑发育，以及他们日后的心智发育。肠道微生物群分泌的神经递质不一定会进入大脑，但由微生物产生的这些神经递质的前体的确会进入大脑，进而影响与情绪相关的神经回路。如果没有肠道微生物分泌的这些前体，主要大脑神经递质的浓度水平就会低得多。

此外，肠道微生物群的产物还可以通过其他方式来影响大脑。这些产物分子可以改变体内激素，进而影响人的行为。对于影响人行为的特定免疫中心，微生物信号可能会在决定其发育上起重要作用。此外，微生物还可以增强免疫功能，减少压力对人体产生的影响。以益生菌为例，它们在改善人体健康和整体状态上的表现已获得越来越多的认可。

最近，大量新型肠道微生物产品经研究证明可影响多种脑部化合物，包括肽、短链脂肪酸和糖脂类化合物。对于由脂肪和糖组成的这类分子（糖脂类化合物），它们的组合排列和存在形式可以说是无穷无尽。细菌可以通过对胆汁或食物所含氨基酸进行分子修饰，来生成新的糖脂化合物。各种微生物生成的一些新产物虽有相似性但也有细节差异，因此摄取同样的食物也可能产生因人而异的结果。

微生物对行为和大脑发育的影响

我们会在实验室和野外环境中研究微生物对动物大脑的影响。尽管野外观察的难度比实验室研究大，但其结果表明，特定微生物种属会让动物表现出各种行为变化。实验室研究主要以小鼠为研究对象，其结果显示了微生物产物对小鼠行为的影响。

很多微生物都能改变宿主动物的行为，以便从中获益。举例来说，狂犬病病毒会使动物表现出攻击性行为，当受感染的动物攻击另一只动物时，便可向其传播狂犬病病毒。小鼠体内的单细胞寄生虫可以刺激老鼠向猫示好，而在猫把老鼠吃掉的同时，它们也感染上了寄生虫。通过对同种慢性寄生虫感染（由弓形虫引起的感染）进行人体研究，我们发现这种感染可能与精神疾病相关，比如自杀倾向、妄想等。

在野外观察中，我们还发现了微生物对大脑产生的各种其他影响。有一种真菌在感染昆虫的大脑之后会使其爬到植物顶部，供捕食者猎食，从而导致疾病传播。另一种真菌会引导蚱蜢前往有水的区域，好让寄生虫能够更轻松地产卵。还有一些感染会使刺鱼游向低温水域，从而提高感染率并传播疾病。另外，病毒会刺激受感染的蟋蟀交配，以此感染其他蟋蟀。

由于微生物进入了动物的特定大脑区域，因而能够使动物表现出上述行为变化。入侵动物体内后，微生物会导致动物出现攻击性行为、认知障碍、疼痛、抑郁和自杀等一系列症状。其中，一类微生物会导致动物瘫痪、癫痫发作，另一类会使动物失眠。根据在小鼠中进行的实验室研究，我们还不能确定究竟是哪些信号导致了上述大脑效应，但有关微生物影响大脑的证据正逐渐浮出水面。

在没有肠道微生物的情况下饲养小鼠时，它们的行为会以多种方式发生变化。在没有特定微生物的情况下，小鼠体内的应激激素水平会显著升高，而此时再引入微生物处理小鼠，它们就会变得正常。如果在没有微生物的环境下饲养小鼠，小鼠会表现得比较焦虑，不善交际，还会有回避行为。如果在小鼠的成年阶段将其放入有微生物的环境中，它们不会记得自己童年时期的伙伴，而是会更多地结交新朋友。但对于那些在微生物环境下饲养的正常老鼠，它们就能够记得自己童年时期的伙伴。

不同的细菌菌种会让小鼠产生不同程度的焦虑。而研究又发现，特定益生菌能够降低焦虑水平，减少带抑郁症特点的行为以及重复行为。这些微生物菌落的存在有助于提升实验动物的社交、记忆和认知能力。对这些影响起决定作用的是迷走神经，即最长的脑神经，它们从大脑一直延伸到肠道，可能是让大脑发生上述变化的渠道。

另外，微生物产物还会使大脑的解剖学结构发生变化。在无微生物（主要是细菌）条件下饲养的小鼠，会在整个生命历程中出现更多血脑屏障漏洞。即使是到了生命后期才补充特定细菌，小鼠的血脑屏障功能也能恢复正常。向脉络丛内皮细胞发出的微生物信号会使血脑屏障收紧，限制随机颗粒进入大脑。如第 11 章所述，这些脉络膜内皮细胞排列在各个脑室中，若是没有微生物产物的作用，血脑屏障的开放度会更大。换言之，微生物持续发送的信号维系着脑部正常运转时的血脑屏障。

不仅如此，研究发现，无任何微生物群的绝育小鼠会表现出神经元功能变化。如果没有这些微生物的参与，神经递质的水平就会降低，某些神经递质甚至会完全消失。添加特定菌群之后，神经递质便会趋于正常化。如果没有微生物的存在，流向神经元的血流也会改变。长期用抗生素处理小鼠会减少其记忆中心的神经元，但在补充益生菌并配合运动的情况下，神经元又会增加。另外，在过度使用抗生素的情况下，一些大脑区域的髓鞘还会减少。

有证据表明，细菌信号是大脑发育所必需的，此外，还需要宿主动物细胞和特定食物颗粒的信号。膳食中脂肪含量过高会导致不接触社会的儿童出现重复行为，但研究表明，益生菌可以改善儿童的行为。微生物，尤其是细菌，会在大脑发育的不同阶段产生不同的影响。胎儿神经元在接受修剪之前处于早期过度生长阶段，此时就需要细菌信号的调控。微生物信号还有助于在胎儿发育后期实现对神经元的大规模修剪，这些信号能够辅助指导神经元迁移和髓鞘生成。如果没有微生物辅助，大脑特定区域的神经元数量就会出现异常，要么过多要么过少。

此外，微生物信号还会影响支持性脑细胞。这些信号能够在自主神经系统的某些区域调控新神经胶质细胞的关键迁移，而自主神经系统又能够调控胃肠道的功能。在没有微生物信号的情况下，小胶质细胞会出现发育异常。

进入大脑的策略

很多微生物，包括细菌、病毒、原生动物和绦虫，都能够以顽强的抗争精神穿越多道屏障进入神经系统。面对这段危机四伏的旅途，每种微生物都需要具备数十种不同的技巧。一些微生物会攻击神经元，而另一些则会攻击神经胶质细胞，比如生成髓鞘的少突胶质细胞。如第 16 章所述，引发麻风病的细菌会攻击外周神经胶质细胞。

很多微生物会选择从肠道经血液进入大脑。有些微生物会混入免疫细胞中，与其一同进入大脑。其他微生物则寄生于神经元内部，从外围沿着轴突向上移动到大脑中。在血液中游走时，微生物必须先穿过毛细血管，进入连续排列的周细胞层，再进入星形胶质细胞层，才能穿过血脑屏障。只有少数细菌和病毒可以突破如此之多的阻碍。

微生物懂得运用多种策略进入大脑，还懂得利用脉络膜内皮细胞、毛细血管细胞、周细胞和星形胶质细胞的信号来达成目标。细菌附属物能穿过围绕特定细菌外保护囊中的孔，让细菌牢固地附着在血管上。这些附属物会同时在多个位置抓住人体细胞上的受体，确保细菌抵抗住快速流动的血液带来的冲击力。有些细菌携带着十几种不同的附着分子，懂得利用信号来改变人体细胞的支架分子，从而进一步增强附着效果。在这些信号的刺激下，脉络膜内皮细胞会改变血 – 脑脊液屏障紧密连接处的分子，使屏障入口扩大，以便细胞穿过屏障。

再者，一些信号还能够诱使脉络膜内皮细胞主动将携带细菌的囊泡运送到脑液中。一些 T 细胞、免疫清除细胞和小胶质细胞的信号会误导脉络膜内皮细胞，促使它们接纳内含微生物的囊泡，就好像接纳一般信息一样。免疫信号还会分解有炎症的脉络丛内皮细胞，使得细菌能够更轻松地穿过屏障。一些细菌会留在脉络膜内皮细胞内，而且能够通过这些细胞来影响大脑，同时将炎症信号分子发送到脊髓液中。

一些微生物无须直接进入大脑，便可完成破坏大脑的任务。举例来说，引起蚊媒疟疾的寄生虫并不会进入大脑，而是待在红细胞里面。这些寄生虫会从红细胞内部发出信号，促使其宿主红细胞黏附在大脑附近的毛细血管上。接着，寄生虫会刺激宿主红细胞发信号，这些信号再结合其他细胞提供的信息就可能会导致大脑炎症。

要想最终进入大脑，微生物必须能够在这整个过程中躲开免疫细胞的攻击。它们必须要备足粮草，尤其是血液中的铁。在脊髓液或脑组织内，微生物会受到更多攻击。为了在脊髓液中保护好自己，细菌会合成一些蛋白质来应对多次免疫抗击战。另外，细菌还会采用特殊的抗性胶囊和系统性的方法，从脑脊液而非血液中收集铁。

病毒跨越大脑屏障

很多病毒会攻击大脑，包括狂犬病病毒、麻疹病毒、脊髓灰质炎病毒、疱疹病毒、艾滋病病毒等。值得注意的是，病毒只需要少数几个基因就可以操纵保护大脑的多重屏障。

一些只有 7 个基因和 10 个蛋白质的病毒能够打败比它们复杂得多的人类细胞，继而侵入大脑。尽管我们直到最近才确定病毒群落采用的首发信号，但病毒会采用复杂的闪避式方法来应对人体细胞的攻击信号，我们可以推测出其中存在着缜密精巧的细胞通信。

此外，我们知道人体细胞会利用病毒将自己的信号传递给同伴，病毒也可以附着在内皮细胞上并将其部分遗传物质注入细胞。艾滋病病毒和麻疹病毒等其他病毒会在 T 细胞内传播，而这些细胞恰恰肩负着杀灭病毒的使命。这些受感染的 T 细胞会发送信号分子，使毛细血管细胞开放与彼此的"接口"，从而让病毒进入大脑。

艾滋病病毒等病毒以及麻疹病毒都能够刺激星形胶质细胞生成更多细胞因子，将各种免疫细胞和病毒带入大脑。其中一些病毒会感染脑细胞，比如小胶质细胞和神经元。西尼罗河病毒会刺激免疫细胞阻拦血细胞进入大脑。但在此期间，一些微生物可乘机进入大脑，引发大脑感染。

一些病毒会寄生在神经元和其他脑细胞内。其中，一种病毒会滞留在周围神经中，无法到达大脑区域；另一种会通过轴突进入大脑，而后在大脑中休眠多年。一些病毒会经由神经元囊泡泌出，接着被小胶质细胞吞噬。这些病毒会被分解成碎片呈递给 T 细胞，而不会再继续繁殖。

另一方面，这种免疫过程会受到狂犬病病毒信号的抑制，使得一些病毒进入肌肉附近未受保护的神经元中。狂犬病病毒先寄居在肌肉中，再入侵神经肌肉接头处的轴突。接着，这些病毒会依托于囊泡从轴突尖端向上移动，直至进入脑部神经元的细胞核。狂犬病病毒和疱疹病毒会用自己的膜结构包裹住全身，这种膜结构能够骗过神经元，让神经元将病毒当作正常的运输囊泡吸入体内。此外，没有包膜的病毒也懂得如何欺骗神经元，它们的办法是劫持神经元自身的运输囊泡。这些囊泡可以沿轴突从周围神经系统一直运送到大脑。

不仅如此，病毒还会通过其他方法来征用神经元，帮助它们传播疾

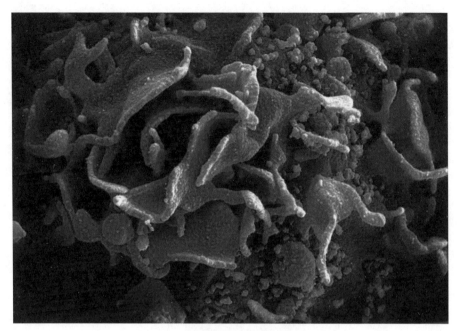

T 淋巴细胞上的人体免疫缺陷病毒
（电子显微镜照片，科学图片库）

病。脊髓灰质炎病毒会利用神经元内特定的动力装置，让神经元带它们前行。疱疹病毒会运用一种最独特的神经元征用技巧，它们会让动力装置沿着细长轴突的微管高速通道来运送物资。疱疹病毒会调整这些动力装置利用能量的方式，从而加快运输速度。在此基础上，疱疹病毒可以从皮肤附近的神经迅速转移到神经元细胞核。这些病毒在细胞核中寄居多年之后，会在受到激活的情况下以同样的方式沿轴突返回皮肤区域。更令人惊讶的是，疱疹既可以作为一个完整的病毒传播，又可以将自身分解成多个部分进行转运，然后在到达目的地后重新组装在一起。

　　除了上述方法，病毒还有其他途径进入大脑。有些病毒会与鼻腔附近的神经元接触，再沿轴突前往大脑，进而影响多条其他神经回路。病毒可以从感觉神经入手，也可以在唾液中生存，进而实现人际传播。病毒会先侵入唾液腺的神经元细胞，再进一步前往大脑。我们将在下一章继续介绍病毒，重点阐述它们那些令人瞠目结舌的逃逸手段。

第 19 章

病毒的复杂世界
THE COMPLEX WORLD OF VIRUSES

病毒比细菌小得多，直到最近我们才有幸观察到它们的复杂行为。几十年前，我们发现了第一个参与群体决策的细菌信号分子。而直到 2017 年，我们才发现第一个病毒群落信号分子。

该信号分子是在一种吞噬细菌的生物中发现的，我们将其简称为"噬菌体"。这是一种病毒，可以感染细菌和古细菌，继而在其体内复制或随之一同活动得以传播。噬菌体是地球上最大的一类病毒。在噬菌体中发现的信号分子是一种肽类衍生物，称为"仲裁肽"（arbitrium），拉丁语意为"仲裁"。之所以如此命名，是因为噬菌体会决定是杀死宿主细菌，还是留下活口来满足自己的需求。

在发现这种信号分子之后数年，各种各样的病毒信号分子不断进入我们的视线，而社会病毒学这一新兴领域也应运而生。研究发现，肝炎、脊髓灰质炎、麻疹和流感的致病病毒中存在信号传递现象，而且多种病毒可以互相理解彼此传递的信号，就像不同种类的细菌能够在肠道或生物膜中相互交流一样。此外，病毒有时会选择团队合作，有时又会单独行动。

研究人员发现，病毒通信的基础是利用信号分子来触发信息接收病毒

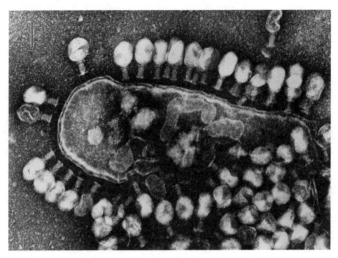

在群落内部传递了不再需要宿主细菌的信号之后，噬菌体病毒便会摧毁宿主细菌
（电子显微镜照片，李·D. 西蒙 / 科学图片库）

上的受体。以噬菌体的信号分子为例，这种由 6 个氨基酸组成的分子会在噬菌体第一次进入细菌时表达。随着入侵病毒的增加，这种信号分子的表达量也会越来越大。获得大量病毒信号分子之后，病毒群落就会警惕起来，放慢合成速度，以免将提供繁殖温床的宿主细菌杀死。

从目前来看，一些研究人员认为某些病毒信号可以改变细菌的 DNA，进而改变细菌的功能。最新研究发现，有 15 种噬菌体会合成某些只在它们自己的群落中使用的信号分子，以此来改变细菌的行为。

这些病毒会解读附近细菌群落的信号，从而确定何时攻击细菌和何时自我繁殖。另外，这些信号还可能影响细菌处于休眠或活跃状态的时间。通过潜心研究如何通过调整这些信号来对抗感染，科学家现在已经能够设计出合适的噬菌体来攻击特定的细菌。

另外，我们知道细菌也会利用病毒来传递信号，又或是将病毒作为信号的提供者，只是在大多数情况下，细菌很难准确定位病毒信号。病毒可以在细菌之间传递信号，比如使细菌获得抗生素耐药性的遗传物质。细菌也可以合成属于自己的病毒，让它们带着信息经分泌系统传播。细菌之间传递遗传物质的现象非常普遍，我们很难在界定种属和追踪进化路线方面做到完美无缺。

躲避 CRISPR 系统

在研究细菌如何抵御病毒时，我们发现每种细菌都进化出了精细的"免疫"系统来识别和消灭病毒。其中一个系统最初在细菌中发现，而后经改造成为一种重要的研究工具，即 CRISPR-Cas9。科学家可以利用这种工具来准确地切割、编辑和插入细胞 DNA 链。"CRISPR"表示 DNA 编码中"规律成簇的间隔短回文重复序列"，是本就存在于细菌中的一种系统，能够帮助细菌根据基因来识别病毒并发起攻击。科学家现已将 CRISPR-Cas9 视为一种准确的基因编辑工具，运用于抗癌和其他疾病的治疗研究中。

目前，我们已在细菌中发现了 30 多种不同的 CRISPR-Cas 类系统，而这些系统也在工作机制上有所差异。有些系统会从具有 DNA 的病毒中切割出 DNA，有些会先运用逆转录机制将病毒 RNA 转化为 DNA，从而对 RNA 病毒实施攻击。进行这一步反应的酶与 CRISPR-Cas 系统的信息一同存储于细菌基因中。

CRISPR-Cas9 的工作机制大体如下：细菌 DNA 含有很多简短、重复的编码段，这些编码段遵循回文结构，即来回读取一段编码会得到相同的结果。细菌会将这些重复结构用作"占位符"，再像在文件柜中插放文件一样，将病毒遗传物质片段存放在这些重复结构之间，以便日后按需索取。这些存放起来的切割片段要么源自病毒 DNA，要么源自转录为 DNA的病毒 RNA。细菌的这种特殊技巧之所以有效，是因为其中的蛋白质(Cas9) 能够利用这种系统来帮助细菌识别病毒基因中的特定位点，并进行准确的切割，使病毒失效。

当病毒进入细菌时，细菌会切割一段病毒 DNA（或从病毒 RNA 逆转录而来的 DNA）并将其置于重复序列中。这使细菌能够记住病毒，以便日后识别。如果病毒再次入侵，细菌会切割和存储入侵病毒的遗传物质片段，再利用这些存储下来的切割片段识别新的入侵者。在此基础上，细菌会使用酶在入侵病毒上找到相同的遗传物质位点并将其切割，病毒便失效了。

根据现在发现的各种不同的天然细菌系统，科学家已着手开发其他编辑工具。所有这些工具都会通过相应的途径来识别以重复模式放置的DNA 片段。另外，这些工具还会根据已嵌入重复结构中的 DNA，利用酶来实现 DNA 的准确切割。

在对病毒信号追踪的最新研究中发现，病毒已经找到了对抗细菌CRISPR 防御系统的方法。目前，研究人员正努力破解一个复杂的通信系统，病毒会利用该系统来联手对抗细菌核心 CRISPR 防御系统。

据观察，在与 CRISPR 相关的病毒群落中似乎存在一种利他主义。几种病毒必须率先攻击细菌的 CRISPR 防御系统，在此过程中，它们会牺牲自己，但结果会产生一种分子。接着，病毒群落的其他成员会利用这些分子来对抗细菌 CRISPR 系统。由此可见，一群病毒会依靠另一群病毒用生命换来的成果来确保整个群体的存活。

除此之外，病毒还有其他合作方式。从脊髓灰质炎的致病病毒来看，病毒成员会与彼此粘连在一起并交换分子，合力增强对人体细胞的攻击。这样，病毒就能更有效、更迅速地对抗宿主细胞。再看由病毒引发的小鼠感染，病毒成员会在躲避免疫细胞的同时发送囊泡，与彼此分享其中包裹的分子。通过利用囊泡，病毒能够更有效地引发感染。事实上，很多不同种类的病毒会利用囊泡来发送信号并在人体内传播。这些病毒包括塞卡病毒、肝炎病毒、诺如病毒和水痘 – 带状疱疹病毒（引发水痘的病毒）。

随着科学家对这些病毒信号的了解越来越透彻，我们有望开发出各种治疗方案，进而以不同的方式利用病毒杀死传染性细菌。对此，我们采用的策略可能包括利用多种协作病毒来保护人体细胞和有益细菌，同时消灭有害细菌乃至根除癌症。找到休眠起止信号将帮助我们治疗很多疾病。

耐人寻味的生命体

病毒究竟是如何融入进化生命树的？没人知道答案。病毒并非细胞，因此一些科学家认为它们不是"活物"，但这个概念很难明确。无论如何，病毒是个耐人寻味的生命体。近几年来，我们发现了体积更接近小细菌的大病毒，这进一步增加了病毒研究的复杂性。

就在最近，我们还发现了体积超过小细菌的更大的病毒。这些病毒的 DNA 足以合成 1400 种蛋白质。这些发现与一种理论相吻合，即某些病毒曾经是细菌，但它们后来舍弃一些基因，选择了现在这种依赖于其他细胞的生活方式。一些大病毒身边也围绕着同种病毒群，就像细菌拥有一些以它们为中心的特定病毒种类一样。

病毒由 DNA 或 RNA 链、蛋白质和保护性外壳组成。虽然某些病毒只有 7 个基因和少数蛋白质，它们完成生命活动的能力却令人刮目相看。即使是分子数量很少的病毒也能够进入细胞，劫持其遗传机制实现自身复制，同时避开免疫系统的多次攻击。举例来说，有 9 个基因的艾滋病病毒和只有 7 个基因的埃博拉病毒都能像细菌那样巧妙地抵御人类细胞的攻击。

相比之下，疱疹病毒要大得多，而且携带有 70 多个基因。通过利用更多基因，疱疹病毒能够入侵并操纵人体皮肤细胞和神经元。这些病毒会征用轴突运输系统上的动力装置，沿着轴突上移至大脑或下移返回皮肤。疱疹病毒懂得如何欺骗戒备森严的神经元细胞核。到达神经元细胞核后，病毒会改变自己的行为，开始长达数年的休眠。一旦重新活化，病毒便会沿着轴突迅速回到皮肤表面，伺机通过皮肤之间的接触来感染他人。

病毒能够避开负责探测和剿灭它们的大批人体细胞机器。多种人体细胞受体均可从细胞核内外的病毒上拾取分子，进而触发强有力的免疫攻击。不过，病毒可以锁定这些受体并对其进行修改。此外，病毒还可以干扰人体细胞合成携带病毒标签受体的过程。病毒能够准确地找到负责摧毁它们的通路，然后改变这些通路。一旦进入细胞核，病毒就能对该细胞的其余部分发号施令。

此外，病毒还会运用其他技巧来对抗受体，让自己能够隐藏在宿主细胞中。病毒会通过添加磷酸盐分子标签来掩盖自己的 DNA 和 RNA；还会捕获受体分子，将其转移到无法发挥作用的细胞区室；还能够触发细胞内长出独特的新细胞区室，这些区室有膜包被，可用于隐藏受体。这在某种程度上与细菌的行为相似，即接管它们寄居的细胞区室。与此同时，病毒还会将受体转移到其他更大的细胞器，比如线粒体和蛋白质加工厂。在对付受体方面，病毒的另一种战术是用酶改变受体的形状或直接将其破坏。

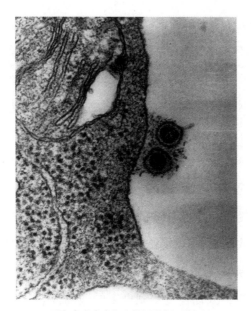

两个疱疹病毒与人体细胞相互作用
（电子显微镜照片，美国能源部 / 维基共享）

亦敌亦友的"两面派"

　　病毒与细菌和人体细胞之间既可和平共处，又可拔刀相向。像细菌一样，病毒会视情况来调整自己与外界的关系。当细菌前往新去处时，作为同伴的病毒会与细菌一起上路，并在途中击退其他敌对细菌和病毒。为了帮助细菌同伴成功退敌，病毒会友好地为它们提供毒素来用作武器。

　　但在食物稀缺等应激条件下，原本友好的病毒就可能会攻击自己的细菌同伴。有些病毒只会攻击不影响其自产渠道的细菌个体。如果身边没有竞争对手，病毒可能会选择让一个细胞慢性死亡，以便充分利用该细胞生成更多新病毒；但如果身边有竞争对手，病毒会以更快的速度杀死该细胞，让其他病毒无法加以利用。

当细菌受到抗生素的攻击时，病毒会为其提供从其他微生物中获取的基因，帮助细菌产生耐药性。令人惊讶的是，病毒不仅会转移微生物的抗生素耐药性基因，还会窃取其他可抵御抗生素但在接触抗生素时并未启用的基因，以备不时之需。病毒的这种战术会产生多重耐药细菌，进而对人体造成很大威胁。

另一方面，研究发现某些病毒会催生对肠道有益的细菌。根据观察结果，研究人员发现细菌周围的病毒会保护那些被人类肠道内皮细胞视为朋友的微生物。当侵害性细菌靠近时，有益病毒会攻击这些入侵者并将其杀灭，使入侵者的数量锐减至原来的万分之一。此外，根据完全清除肠道局部细菌的研究结果，恢复细菌群落后，病毒保留了对特定敌对菌群的记忆；在黏液层附近，人们还观察到全新的病毒行为，但对此尚未了解透彻。我们一度认为，停靠在细菌上的病毒不会直接与人体细胞相互作用，而且这类病毒在地球上种类最为丰富。但现在我们观察到，数十亿种病毒会被运送到黏液层下方的肠道内皮细胞中，而且还都会从肠腔向肠道组织的方向移动。目前，我们还不清楚这是否会使病毒对人体产生另一种积极影响。

重要的病毒基因

从多个方面来看，病毒基因都对人类有着至关重要的作用。在所有的人类 DNA 中，有 8% 源自将 DNA 插入人类基因组的病毒。数百万年来，人类祖先都携带这类 DNA 并将其传承下去。这类 DNA 多半是片段，而非完整的病毒基因。不过，其中一些 DNA 会积极地生成供人体细胞使用的 RNA 和蛋白质。

　　与这些病毒基因相关的产物会更多地分布在胚胎干细胞中，而非其他类型的人体细胞内；这些产物在干细胞生成的所有 RNA 中占 2%。在这些病毒 RNA 产物中，有一种 RNA 对干细胞功能至关重要，甚至关系到干细胞转变成多种细胞的能力。

　　人类 DNA 中还有一种源于病毒的重要基因，能够提供仅由与子宫相连的胎盘细胞生成的蛋白质。这种单层细胞能够让胎儿通过胎盘从其母体获得营养物质。如果没有这种病毒蛋白，胎儿就会死亡。

　　最初，这种蛋白质会让病毒与人体细胞膜融合，从而进入其中。这种蛋白质的融合功能在病毒基因首次出现在灵长类动物的祖先中时就开始转变，逐渐进化为与胎盘膜建立连接。至今，我们已在诸多动物物种中发现了不同病毒产生的多种融合蛋白质，其形成至少涉及 6 个不同的进化时期。举例来说，猪和马没有与人体相同类型的病毒 DNA，因此就没有相同类型的胎盘。

携带 9 个基因的艾滋病病毒（人体免疫缺陷病毒）

　　艾滋病病毒只用 9 个基因和 19 个蛋白质便能侵入人体辅助性 T 细胞并使之失效，而恰好也是这类免疫细胞要负责激活一支由其他免疫细胞组成的战队来杀灭艾滋病病毒这一外来入侵者。在自身蛋白质的帮助下，艾滋病病毒能够躲开多个免疫细胞的攻击，毫发无损地进入辅助性 T 细胞。

　　这些蛋白质还懂得掩饰病毒 RNA 的活性，躲过人体细胞核附近感应元件的侦查，让病毒 RNA 能够悄然进发。接着，病毒会利用其蛋白质并根据 RNA 上的"代码"来合成双链 DNA，这与人体细胞基于 DNA 合成 RNA 的方式恰恰相反。之后，病毒需要将其合成的新 DNA 送入人体细胞

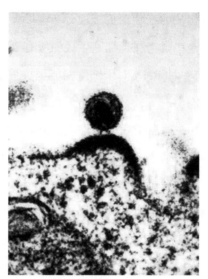

淋巴细胞上萌发的艾滋病病毒
（电子显微镜照片，美国国家过敏和传染病研究所 / 科学图片库）

核并插入人类基因中。

艾滋病病毒 DNA 植入人类基因后会带来各种结果。这些 DNA 可能会"隐姓埋名"很长时间，再伺机在人体细胞中发展艾滋病病毒的新生力军。在此基础上，更多病毒得以合成并从细胞中释放出去。这些病毒可以通过纳米管或细胞通信囊泡转移到附近的细胞。另一方面，艾滋病病毒也可以杀死其宿主细胞，甚至是宿主细胞附近的细胞，而无须进入其中。为了杀死附近的细胞，艾滋病病毒会先刺激其宿主细胞与附近的一个细胞融合在一起，接着借由宿主 T 细胞发出的信号来触发与之相连的另一个细胞启动其内部自杀程序。通过这两个细胞之间的这种直接接触，艾滋病病毒还可以在不杀死宿主细胞周边细胞的情况下进入其中。

入侵与繁殖

艾滋病病毒从来就不会贸然行事。为了进入人体细胞，艾滋病病毒表面的特殊蛋白质会与免疫细胞上的受体相互作用。这些病毒蛋白会两次改变自身的形状，然后对折，形成缠绕在一起的线圈结构，以便将病毒与人体细胞膜连接在一起。病毒表面有一些披着糖衣的蛋白质，即糖蛋白，它们会与人体细胞膜融合，然后将这层病毒蛋白包衣释放到内含病毒的细胞中。之后，病毒可以利用同样的机制离开细胞，前往别处。在病毒将其内容物注入细胞时，也会一同注入四种酶。接着，病毒会利用细胞内的微管运输通道前往细胞核。

为了在宿主细胞中繁殖，艾滋病病毒会利用其植入人类基因中的DNA 链来合成自己的信使 RNA。正常情况下，人体细胞会先将多个剪切好的 RNA 片段拼接成信使 RNA，再合成各种蛋白质。艾滋病病毒会利用它们自己的蛋白质来阻断人类信使 RNA 的剪接过程，最终让整个艾滋病病毒 RNA 基因组形成一条连续的信使 RNA 链。这种完整的 RNA 复制品可用于在细胞膜中组装新病毒。

同样，新病毒的组装和释放也很复杂。艾滋病病毒蛋白质会前往辅助性 T 细胞中的一些能够合成蛋白质的细胞器，利用宿主细胞酶将由艾滋病病毒 DNA 合成的蛋白质一分为二，进而合成构成病毒外壳的两种糖蛋白。接着，这两种蛋白质会被送到组装艾滋病病毒的膜位点。为了从宿主细胞中破壳而出，艾滋病病毒还会利用另外两种病毒蛋白。

艾滋病病毒会先合成一种可分解蛋白质和肽的"蛋白酶"，再将其投放到组装病毒的膜位点，以将其他艾滋病病毒蛋白质切成片段。这些片段会形成一个阵列，将病毒外壳固定到位（采用药物来抑制此类特定蛋白酶是治疗艾滋病的主要方法之一）。接着，艾滋病病毒会刺激细胞膜产生一个从细胞体向外凸出的囊，在艾滋病病毒离开细胞时充当其外衣。

伪装技巧

艾滋病病毒最大的特色恐怕就是"骗术"高超。艾滋病病毒之所以能够频频得手，是因为它们懂得避开 T 细胞感应元件的侦查。正常情况下，细胞会发现任何不该在某些位置出现的 DNA 或 RNA。当艾滋病病毒 RNA 首次在细胞核外生成 DNA 时，细胞感应元件会收到警报信号，提醒它们注意细胞中存在位置异常的 DNA。相应地，艾滋病病毒会利用多种分子来掩盖自己的操作，将伪装好的 DNA 秘密送入细胞核中。

这背后存在一种多步骤机制，能够分阶段去除艾滋病病毒的外壳，同时让新合成的病毒 DNA 躲开感应元件的探测。一种原本会切割艾滋病病毒 DNA 的人细胞酶在受到病毒操控后，会转而帮助病毒躲避人体感应元件。另有一些分子会与人体细胞核通信，将艾滋病病毒 DNA 藏在一个隐秘的"庇护所"，再由此安全位置送入细胞核中。由于 DNA 本就该存在于细胞核中，因而已经插入细胞核的病毒 DNA 便不再触发细胞感应元件。

此外，艾滋病病毒还懂得运用其他伪装技巧，其中需要使用辅助性 T 细胞提供的两种辅助因子。一旦艾滋病病毒外壳进入辅助性 T 细胞，这些辅助因子便会闻风而来。第一种辅助因子是一种酶，可以改变病毒外壳的组分；第二种是人体核蛋白，能够控制细胞动力机构改变其正常运输物资的方向，转而帮助艾滋病病毒进入细胞核。

另外，第二种辅助因子还会扫除守卫细胞核入口的分子，使核孔扩大，帮助艾滋病病毒更轻松地进入细胞核。令人惊讶的是，这两种辅助因子还能够联手与艾滋病病毒合作，阻断以艾滋病病毒为目标的免疫信号。在此期间，宿主细胞会发起另一种攻击，即降低核酸产量，让艾滋病病毒无法利用这些核酸合成更多 DNA。对此，艾滋病病毒的反击方法是对自身的酶进行改造，让它们能够有效利用少量的 DNA 原料。

艾滋病病毒还会变着花样来利用标记分子，让免疫细胞无的放矢。具体来说，艾滋病病毒可以改变自身的标记分子来避开免疫信号。阻断病毒 DNA 合成的人细胞酶会被做上标记，进而受到抑制。另一方面，宿主细胞会标记其细胞膜分子，提醒其他细胞注意自己已受到艾滋病病毒感染。这种分子按理来说会抓捕艾滋病病毒，让它们无法通过细胞膜向外逃逸。不过，艾滋病病毒也自有办法解决；它们会利用自己的标记分子来标记宿主细胞膜分子，让这些分子失效。

只有 7 个基因的埃博拉病毒

致命的埃博拉 (Ebola) 病毒与艾滋病病毒一样聪明狡猾，而且还只有 7 个基因。这种病毒由一层附着在 RNA 上的蛋白质和一层保护性基质构成，会从受感染的细胞窃取细胞膜并用其包裹住自己。埃博拉病毒还会利用细胞膜表面的糖蛋白从膜结构向外伸出，进而附着到多种人体细胞的外部分子上。

埃博拉病毒还能根据自己有机会进入的每种人体细胞，来运用不同的辅助因子完成入侵。细胞膜中的一种辅助因子能够去除病毒用来保护其糖蛋白的冠状结构，这会使这些糖蛋白发生转变，增强它们对细胞的附着力。另一种辅助因子分子能够帮助携带病毒的囊泡进入细胞。这些辅助因子还能够改变包裹着特殊膜结构的细胞区室中的 pH 值，以便病毒进入其中。在此基础上，宿主细胞会更加配合病毒的侵入，帮助埃博拉病毒的糖蛋白形成带有发夹状弯钩的环结构，从而牢固地附着在细胞上。

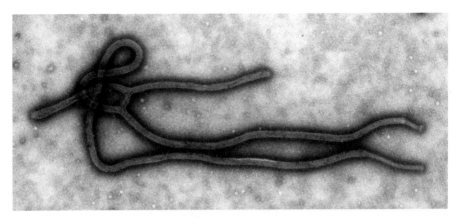

埃博拉病毒
（电子显微镜照片，美国疾病控制与预防中心 / 科学图片库）

就像艾滋病病毒一样，埃博拉病毒也会利用各种手段来躲避宿主细胞的侦查。举例来说，它们会设计一种诱饵来蒙骗免疫系统。埃博拉病毒会合成两种不同的糖蛋白，一种用于包裹病毒，另一种则充当吸引免疫系统攻击火力的诱饵。埃博拉病毒还会利用一种特殊的机制，那就是在酶的作用下以来回摆动的方式合成蛋白质，先合成一种糖蛋白，再合成另一种蛋白质。在这些合成的蛋白质中，大部分蛋白质属于诱饵，用于保护病毒在躲避细胞侦查时真正需要的蛋白质。

为了繁衍生息，埃博拉病毒构建了一种独特的可漂浮在宿主细胞膜上的筏形元件。进入宿主体内后，埃博拉病毒会先攻击免疫清除细胞和向 T 细胞呈递物质的细胞。这两种细胞通常都会拾取微生物或其产物，从而触发人体防御机制。不过，埃博拉病毒能够在这个过程的初期阶段就对这些免疫细胞实施迫害。随着这些细胞走向死亡，释放的免疫信号会进一步削弱所有其他免疫细胞以及各种组织中的细胞。接着，埃博拉病毒会变着花样来攻击各个器官。埃博拉病毒不像艾滋病病毒那样只入侵辅助性 T 细胞，它们还会入侵除淋巴细胞之外的大部分人体细胞。不仅如此，埃博拉病毒还懂得针对每种人体细胞来调动不同的辅助因子，展现它们的多种攻击技巧。

与敌对细胞合作

进入人体细胞时，埃博拉病毒会经历一个独特的过程来与人体细胞膜融合。埃博拉病毒体形庞大，宿主细胞无法像平常一样将其收入"囊"中。为了收纳埃博拉病毒，细胞会利用外细胞膜制成一个不同寻常的大囊泡，从而一次性将整个病毒吞入。

正常情况下，这种大囊泡只会由细胞自杀相关的通路触发，埃博拉病毒却触发了另一种有异曲同工之妙的细胞途径，使宿主细胞能够在合成大囊泡的同时保持活力。之后，这些大囊泡会带着埃博拉病毒一同前往溶酶体，即常用于杀死病毒并回收其分子的细胞器。在埃博拉病毒的作用下，溶酶体内的 pH 值下降，不仅不会伤害病毒，反倒还会帮助病毒去除外壳。另外，溶酶体还会破开囊泡，使埃博拉病毒释放到细胞中。

埃博拉病毒并不会进入细胞核，而是自行复制 RNA，再通过劫持核糖体（宿主细胞合成蛋白质的细胞器）来合成病毒蛋白。然后，埃博拉病毒会从自己合成的蛋白质中选三种蛋白质，以复杂的方式来编排这些蛋白质合成原始病毒 RNA 分子的副本，继而启动新生成的埃博拉病毒的传播旅程。

埃博拉病毒 RNA 会利用人体细胞的遗传复制体系来合成 8 种独特的病毒蛋白。这些埃博拉蛋白中的每一种都能够发挥多种功能，不仅会保护好新复制的 RNA，还会在细胞膜中构建一个繁殖复合体，通过利用新生成的保护性基质来组装新病毒。

在构建新病毒的过程中，人体细胞会以多种方式与埃博拉病毒蛋白协作。为了合成新病毒的最后一层外壳，人细胞酶会将埃博拉病毒蛋白切成两个部分，让它们在宿主细胞外膜上自行组装成一种结构。在自身蛋白质的作用下，埃博拉病毒能够构建出一些特殊的脂质筏形元件，从而漂浮在宿主细胞膜上。当病毒要离开宿主细胞时，这些筏形元件还能够起到重建病毒的作用。埃博拉蛋白会在筏形元件附近组装，再利用人体细胞蛋白质连接到病毒基质层上。接着，整个蛋白质加基质的结构会附着在细胞膜中的筏形元件上。当埃博拉病毒逃离宿主细胞时，筏形元件会合成包裹埃博拉病毒所需的大块膜外壳。接着，整个病毒及其膜外壳便会一同踏上新的征程。

东躲西藏

在宿主细胞内，埃博拉病毒会运用各种技巧来逃避攻击。一种包裹埃博拉病毒 RNA 的蛋白质懂得利用多种途径来帮助埃博拉病毒逃窜。另一方面，宿主细胞的感应元件会识别病毒 RNA，然后发起攻击。针对这一点，有一种埃博拉病毒蛋白会放置磷酸盐标签来扭转宿主细胞合成攻击分子的过程，而且还会妨碍宿主细胞给埃博拉病毒贴标签。与此同时，这种蛋白质也会防止埃博拉病毒 RNA 附着在宿主细胞的识别受体上。仅凭一种蛋白质是如何能够完成所有这一切操作的？实在是匪夷所思。

另一种埃博拉病毒蛋白能够对抗免疫信号，阻拦向细胞核发送的信息，以免激活产生免疫信号的基因。此外，这种蛋白质还会遏制免疫信号触发的细胞反应。通过结合并改变特定运输复合体，这种蛋白质能够在不损害其他细胞运输的情况下转移免疫信号。进一步来说，仅这一种埃博拉病毒蛋白就能够运用三种技巧来阻断与同种人体免疫信号相关的三种不同免疫过程。

　　发现埃博拉病毒 RNA 时，细胞会停止合成自身的所有蛋白质，试图阻止病毒繁殖。不过，埃博拉病毒蛋白会切断这条细胞通路，还会反其道而行之，让细胞合成出更多蛋白质来帮助病毒繁殖。一般来说，宿主细胞会合成一些小 RNA 来干扰外源 RNA。这种细胞防御措施会将埃博拉病毒 RNA 切成一个个小片段，再利用特定的分子模式来杀死病毒。不过，这一整套运作体系还会受到另一种埃博拉病毒蛋白的干扰。

第 20 章
CHAPTER 20

微生物与植物的相互作用
MICROBE- PLANT INTERACTIONS

至此，我们已经探讨了微生物的一些神奇行为和沟通策略，以及它们如何以友好或是敌对的方式来影响人体细胞。在本章中，我们会简要分析微生物对植物的影响，探索专属于植物王国的内部奥秘。

尽管研究表明微生物会以多种方式让人类既受益又受害，但对于人体细胞之间来回进行的复杂通信，科学家才初见端倪。他们发现很难破解那些在复杂的人体组织和大血管中传递的小信号。相比之下，植物细胞不仅结构更简单，而且与微生物的交流方式也更明显，对其开展的研究让科研人员成功揭示了一些令人震惊的细胞对话，其中涉及数百个来回传递的信号。

植物细胞与微生物之间的这些相互作用是连续进行的，目的是让微生物和植物完成某些"大工程"，比如动员整个微生物群落一同建造工厂，来生产植物生存所不可或缺的氮肥。此外，植物与微生物的另一种相互作用结果会带来多方面的效益，能够增加它们彼此在全面抗击战中的攻击力。

植物与周围环境的相互作用之广泛是我们很多人都始料未及的。植物会通过土壤和空气来收集信息，懂得利用空气中的化学物质和真菌菌丝向其他植物传递信号。植物会通过触碰、光、气味等途径来感知信号，有时还可能感知到经声音和磁力传递的信号。从内部来看，植物细胞会利用水压、化学信号和电信号来与彼此交流。

植物与彼此进行广泛的交流，以便适时触发群体防御行为。一些植物会向其他植物发出有关捕食者的信号。面对危险，植物可能会分泌毒素来抗击虫卵，或是产生会吸引产卵昆虫的天敌前来的化学物质，还可以长出肿瘤以物理方式把叶子上的虫卵推开。此外，植物还会把控合成毒素的时间，以便在一天中确切的时间点送达毒素，比如在晨露时分生成对抗霉菌的毒素。

固氮作用

植物与外界最复杂的交流可能就是召集微生物来建造固氮工厂了。植物需要氮，但无法从大气中吸收。对于氨基酸、蛋白质以及 DNA 和RNA 中的核苷酸来说，氮都是不可或缺的成分。对于植物来说，想利用氮就必须先将其转化为可利用的形式，我们将这一过程称为"固氮"，即将空气中的氮转化为土壤中相应的含氮化合物。

在雷电、火山活动等的作用下，固氮作用也可以自然发生。此外，人类还可以提供氮含量丰富的肥料。在此基础上，植物就可以发动能够固氮的微生物来为自己建造固氮工厂。

建造固氮工厂需要执行多个步骤，完成这些步骤离不开细菌、真菌与植物根部之间来回进行的复杂信号传递。首先，植物必须通过发送信号和观察反应来确定哪些微生物会是它们的帮手。确定合适的微生物之

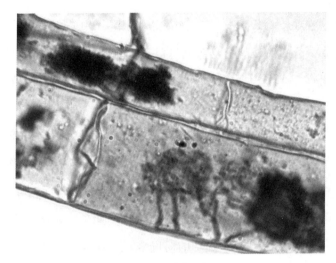

玉米细胞内的真菌固氮工厂
（电子显微镜照片，美国农业部／科学图片库）

后，植物会邀请它们进入群落内部来建造固氮工厂。如果发现有害微生物，植物便会转而发送带有攻击性的分子。

为了固氮，很多植物会与微生物建立终生相伴的关系。在这些植物中，名气最大的当属豆类植物，比如花生、豌豆、大豆、三叶草和苜蓿。在植物信号的帮助下，细菌会在植物内部形成一个肉眼可见的精细结构"根瘤"，真菌则会在单个植物细胞内形成小规模的固氮工厂。为了建造这些工厂，菌群会在紧贴植物根部的一小块土壤内与植物细胞通信，从而与植物细胞建立"商务合作"关系。进一步来说，微生物会从植物中获取碳营养素，而植物则从根部获取其生存所需的氮。

细菌工厂

首先，植物从根部或种子发出信号，细菌则会识别这些信号。细菌中的基因由植物信号触发，然后开始合成蛋白质、肽和氨基酸。植物细胞受体会通过"根毛"这种细管状突起来吸收这些营养物质，即便在量很小的情况下也不例外。在这两种信号相互识别的过程中，根毛会卷成口袋状，让细菌通过一条特殊通道进入植物内部。这些根毛会一同反复传递信号，为微生物开辟进入根毛的道路，进而使之深入植物内部。

接着，植物会触发新细胞在内部划定一个区域，以便将其打造成固氮工厂。细菌会在这个植物细胞建起的空间中繁殖，然后由植物建造一层膜来包裹住植物细胞与微生物所在的整个区域。靠近这层膜边缘的植物细胞会收获细菌产生的氮，再将其传递给其他细胞。作为回报，植物细胞会向微生物提供大量的碳，让它们长成大菌群并共同生活多年。

这整个过程会涉及多种不同的信号和"握手"通信，但我们只会在这里简单介绍几个示例。其实在这整个过程中，植物可以在数百个不同的节点中断操作。与细菌合作期间，植物会利用钙分子产生振荡，向细菌发出信号，提示细菌进入植物内部的时间点，接着再提示细菌在进入后该前往何处。

那些指示方向的植物细胞会将钙泵入植物外细胞膜与细胞核之间的通道，再使钙沿该通道返回外细胞膜，以此实现对钙浓度水平的上调和下调。这些振荡会开辟一条"黄砖路"（小说《绿野仙踪》的元素，是指引桃乐丝从小人国到翡翠城去找大魔术师奥兹帮忙的路），指引微生物找到通往固氮工厂的路。随着微生物向工厂前进，邻近细胞会沿途发起钙振荡，让微生物从根毛一路抵达为固氮工厂构建新细胞的位置，而在这一整条路线上也都伴随着信号传递。

真菌信号

同样，很多植物与真菌之间也存在着共生关系。真菌可分为单细胞微生物（例如酵母）和多细胞微生物。在进化过程中，早已在土壤中打好基础的真菌会进一步帮助植物从水生环境过渡到陆地。这些真菌能够通过多种途径来帮助植物，原因是它们细长的菌丝能够在大部分植物之间"连线成网"，建起输送养分和信号的通道。

真菌为植物建造固氮工厂的流程与细菌稍有差异，但总体框架一样。除了固氮，真菌工厂还可以为植物供应磷和其他养分。就所有植物而言，真菌可在 80% 的植物中建厂，包括谷物、水果、蔬菜等作为我们主要食物来源的植物。

此外，邀请细菌合作的植物也会以类似的信号传递机制邀请真菌进入其内部。接着，真菌会形成根瘤，充当为单个根细胞固氮的工厂。这些工厂的规模可能很小，不像细菌建起的肉眼可见的大根瘤。经过来回传递信号，细长的真菌丝（即"菌丝"）会先触及植物根部，再从顶层细胞深入内部。之后，真菌会生出更多菌丝，用作开始制造养分的小工厂。就像迎接细菌一样，植物细胞也会为真菌的到来大举改建一番，为真菌工厂打造一个家。之后，植物和真菌便开始不断与彼此传递信号和营养物质。

真菌菌丝还会逐渐交织形成精细的网络。这些菌丝会绵延数公里，有时还能跨过森林连通素无往来的植物们。菌丝与植物之间的这些信号传递通道能够让它们与彼此分享养分，提醒彼此注意有危险的情况。在沿真菌菌丝传递信号方面，植物占据着主动权，它们有时会抛开真菌独自行动，有时又会靠着真菌来获取养分。不同种类的真菌多半会在植物体内和平共处，有研究发现，一棵参天古木上就生活着 2500 种不同的真菌，而每个根系都可能有 100 多种不同的固氮真菌。真菌会在与之共生的植物死亡后，将其分解消化，然后利用获得的丰富营养来帮助新一代植物生长。

植物与微生物之间的战争

植物与微生物可以相亲相爱，也可以反目成仇。

与大部分微生物相比，植物细胞都更大、更复杂，但微生物能够自由活动，轻而易举地召集众多同伴向其宿主发起有力进攻。不过，细菌和植物双方都能够精准地合成一系列新的蛋白质来攻击对方的特定细胞过程。

就像我们介绍 B 淋巴细胞时说过，它们会在对抗微生物入侵者时编辑自己的 DNA 来合成抗体，植物也会采用类似的自我编辑方法来合成蛋白质，从而杀死特定的微生物。在与微生物的战斗中，这些蛋白质将会是抗击细菌、病毒、真菌等敌对方的利器。

另外，植物还会变着花样来利用小 RNA 分子打击敌人。植物 RNA 可以使微生物的某些基因沉默。这些基因通常会由微生物用来合成攻击植物的蛋白质。具体来说，植物 RNA 分子既可以通过改变微生物的信使 RNA 来中断攻击蛋白的合成，也可以直接干扰生产蛋白质的核糖体。植物会利用 RNA 来寻找微生物中特异性极强的遗传物质片段，而微生物则会通过抑制植物 RNA 来进行反击。在战斗中，植物和微生物都会利用这类有沉默功能的小 RNA 来打击对方，遇到敌对病毒时也不例外。

不仅如此，植物还有一些受体能够在对抗微生物时，识别它们"伪装"成的特定形状。这些识别形状的受体会触发特定的蛋白质来对抗微生物。与此同时，细菌和病毒也都会利用各自的分子来阻拦植物蛋白的进攻。植物当然也不甘示弱，它们会动用更有针对性的手段来合成像抗体一样的分子，专门攻击特定种类的微生物。

随着微生物的不断进化，植物也必须抵御数千种不同的微生物，甚至是它们前所未见的新种属。为了保护自身免受局部微生物的侵害，植物还可以沿着其共生真菌的菌丝网进行远程通信。在微生物采用以退为进的策略时，植物会乘胜追击，采用更强硬的攻击手段。

举例来说，植物会利用细菌和病毒的遗传物质片段来锁定目标，精准绞杀特定种类的微生物。植物攻击分子会携带这些片段来寻找攻击目标，看哪些微生物具备与之相匹配的分子结构。一旦植物攻击分子在微生物上找到精准匹配的分子，就会将其切割，让微生物一命呜呼。这有点儿类似于人体细胞的做法，即将一小块微生物片段呈递给 T 细胞，让 T 细胞能够精确追踪微生物并将其杀灭。

尽管追杀机制如此精妙，但战斗并不一定会就此画上句号。以病毒为例，当那些像切割机一样的植物攻击分子追杀病毒时，病毒可以隐藏在植物细胞外膜的"小口袋"中。接着，植物会建造像手臂一样的特殊机械来反击，带着切割装置伸入口袋来杀灭病毒。而到了破釜沉舟的时刻，植物还会使出自己的保留手段，那就是杀死自身败下阵来的细胞，从而将其内部的微生物一举歼灭。

第 21 章

微生物与癌症的爱恨纠缠
MICROBES' LOVE-HATE RELATIONSHIP WITH CANCER

　　采用新药治疗转移性皮肤癌的临床结果说明了微生物对话的重要性。研究发现，肠道细菌改变了不同类型的癌症对某种药物的反应，而该药物又能够激活受抑制的免疫细胞。在该药物的作用下，免疫细胞内信号通路的"检查点"会发生改变。正常情况下，检查点会抑制杀伤性 T 细胞的活性，防止它们在消除微生物感染后继续实施不必要的破坏性活动。研究采用的抗癌药物会阻断检查点，让杀伤性 T 细胞挣脱束缚，从而加大对癌症的攻击。

　　但临床结果显示，这种药物治疗只对四分之一的患者有效——只有肠道内存在某种特定微生物种属的患者活了下来，而其他人则没有。存在这些特定微生物时，研究药物能够激活更多杀伤性 T 细胞，从而驱除癌症。可以说，在这些特定微生物的帮助下，整个免疫系统才能更好地发挥作用。如果没有这些微生物，T 细胞就不会攻击癌细胞，因为取而代之的会是更多调节性 T 细胞而非杀伤性 T 细胞。根据这些结果和对其他药物的研究，我们预计未来会在抗癌治疗中同时采用药物治疗和含有特定微生物种属的益生菌制剂。

本书第一部分第 8 章讲述了导致癌症进展的环境因素，其作用机制一般是对 DNA 造成损伤。微生物会以各种方式促成这些环境的形成。受损的 DNA 越多，癌细胞存活的概率就越大。为了损伤 DNA，微生物会发信号来改变 DNA 修复和细胞繁殖的细胞通路。同时，微生物还会激发炎症，使体内环境变得更紊乱，进而导致更多的突变。再者，微生物对话还有助于癌细胞破坏邻近细胞，为癌症扩散扫除障碍。

致癌微生物

致癌微生物虽说可以在人体内存活多年，但只有一部分人会因此而患上癌症，因为这一过程需要多个因素同时起作用。感染的持续时间越

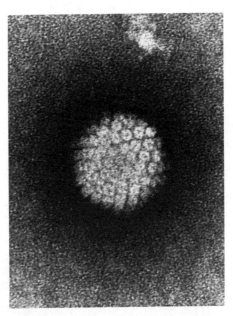

乳头状瘤病毒会激发宫颈癌以及诸多其他类型的癌症
（电子显微镜照片，肿瘤病毒生物学实验室 / 维基共享）

长，未知因素与微生物信号协同催生癌细胞的可能性就更大。这种进展性致癌趋势还会受两个因素影响：一是微生物、毛细血管细胞、结缔组织细胞、内皮细胞和免疫细胞之间不断变化的细胞对话；二是癌细胞群体内各个同盟组织之间的信号传递。

在各类癌症中，有 20% 会受微生物影响，而在已知的数万亿种微生物中，有 10 种已确知会导致癌症。不过，我们目前仅研究清楚了三种病毒和一种细菌的致癌机制。在其他类型的癌症中，10% 由遗传因素导致，余下 90% 则由应答环境信号（包括某些食物类型）引起，这些信号会和微生物一起造成 DNA 损伤，还会在复制和修复 DNA 的通路中制造错误。

近期研究发现，几种微生物的协作行为潜藏着结肠癌的病因。结肠癌是美国第三大常见癌症。新研究表明，激发结肠癌生长的前提是要有两种不同类型的肠道细菌通过合作来影响免疫应答，仅凭其中任何一种细菌的作用都不足以诱发癌症。不过，这种现象背后的确切机制是什么还有待进一步研究。

生活在肿瘤内部或附近的微生物既可以为癌细胞提供帮助，又可以对它们造成伤害。一些微生物会紧靠肿瘤居住并帮助它们扩大地盘，而另一些微生物则会干扰肿瘤的生长。近期的一项临床观察结果显示，微生物会嵌入前往转移部位的癌细胞群中，帮助癌细胞构建一个舒适的新环境，从而实现进一步入侵。

炎症、微生物信号与癌症

炎症可能会导致癌症，尤其是在炎症持续很长时间的情况下。慢性炎症是癌症的温床，因为伴随微生物信号增加，慢性炎症会导致 DNA 更频繁地断裂，同时修复机制也会减弱。不仅如此，微生物和炎症还都会刺激异常细胞繁殖。炎症期间，微生物信号会改变免疫细胞活性，还会将食物转化为可能导致癌症的产物。再者，一个区域出现炎症也可能会导致另一个区域癌变，比如肠道炎症会导致肝癌和前列腺癌。

在环境变化的影响下，有益菌可能转变为引发炎症的有害菌，进而影响癌细胞生长。在一项小鼠实验中，研究人员引入了两种毒素，一种会导致 DNA 损伤，另一种会破坏肠道内皮细胞屏障。结果发现，经处理的小鼠相继出现炎症和癌症。这些毒素导致局部微生物行为改变，产生各种新的废弃物，使体内环境发生改变并增加炎症。接着，一些有益菌会一反常态，它们不仅会附着在破损的表面，还会产生新的信号并侵入组织，为癌细胞生长创造条件。

但奇怪的是，炎症的减少同样会催生癌症。一般来说，微生物会抑制免疫细胞活性，以利于自身的生存。这是艾滋病病毒的强项，能够激发各种类型的癌症。此外，细菌还能够靶定 T 细胞上的受体来抑制它们对癌症实施免疫攻击。目前，多种新治疗方案都是想要解除微生物的这种抑制作用，同时重新激活免疫细胞的抗癌活性。

微生物在分解食物方面的转变与炎症和微生物对癌症的影响密切相关。微生物的几种代谢产物可以相互作用，起到增减炎症的效果。通常，微生物会在肠道中分解纤维并生成一种分子，作为减轻炎症的免疫信号。如前所述，这些由纤维生成的微生物分子也有助于预防糖尿病。随着邻近细胞突变，相似产物会起相反的作用，以至于加剧炎症并刺激产生新的癌细胞。在癌症存在其他突变的情况下，癌细胞群附近的微生物会改变其自身的代谢模式来生成同样的分子，其作用却是杀死癌细胞。

改变促进癌细胞生长的细胞通路

　　微生物信号会影响癌细胞的内部代谢通路，从而促进癌细胞生长。借助这些信号，癌细胞无须依靠氧气也可在新环境中生长。微生物信号会改变与细胞分裂相关的癌症通路，让异常细胞的繁殖不受抑制。具体来说，微生物信号会改变 DNA 修复通路，使导致胃癌和直肠癌的突变增加；微生物信号还会改变一种循环机制，即阻碍细胞衰老而让其获得永生，这便是癌细胞失控繁殖的关键所在。

　　各种微生物信号会放大彼此的致癌作用。一个微生物信号破坏检测和修复 DNA 断裂的大型多蛋白装置，同时另一个微生物蛋白直接靶定 DNA，同时破坏 DNA 的两条链，使得突变量增加；另有其他信号来增加这些异常细胞的繁殖率。此外，微生物信号还会影响邻近细胞，让它们

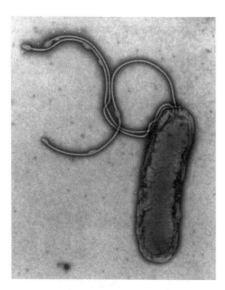

幽门螺杆菌是胃癌的"帮手"
（电子显微镜照片，A. 多赛特，英国公共卫生局 / 科学图片库）

发送有助于癌细胞生长的信号。所有这些多重并发机制成为癌症发展的强大动力。

一种特定的细菌毒素会起到三种不同的作用，其中每种作用都会放大其他作用的影响，协同促进癌细胞生长。第一种作用是触发人体细胞吸收微生物；第二种是将其转移到细胞内制造蛋白质的区室，然后将细菌改造并送入细胞核；第三种则负责损伤 DNA，再修改高度表达遗传活性的检查点。除此之外的其他并发免疫信号起着增加炎症的作用。在所有这些信号的作用下，异常癌细胞便可迅速繁殖。

总体而言，一个细菌菌种可以通过协作来引发胃癌，方法是同时影响多种细胞通路，为细胞迁移和快速繁殖提供便利。一种靶向通路决定了干细胞何时会分化出异常细胞，进而导致胃癌。与此同时，细菌表面的某种分子则会激发免疫信号，使炎症加剧。

微生物与食物的相互作用

微生物与食物的各种相互作用会增加患癌症的风险。如果携带突变的微生物改变了消化通路，则可能会影响癌细胞的生长。特定微生物会对特定饮食以及肥胖等代谢紊乱的情况做出反应，从而影响患癌症的风险。在各种饮食中，高饱和脂肪摄入在增加癌症风险方面的表现尤为突出，这与微生物和炎症的相互作用有关。胆汁酸及其产物也脱不开干系，它们会导致不同程度的炎症。

微生物影响癌症的途径可以是摄取和代谢食物颗粒，比如植源性纤维、饱和脂肪、乙醇和雌激素等。微生物代谢产物可以突破肠道内皮细胞屏障，使炎症和癌症加剧。这些产物的分子会影响肠道内皮细胞繁殖，甚至促使内皮细胞自杀。微生物代谢纤维得到的产物会转化为脂肪酸，用作信号分子，而其中一些还会传递到大脑。研究发现，这些脂肪酸信号分子中有三种会引发炎症。不仅如此，这三种分子还会加快肠道内皮细胞繁殖，进而演变为癌症。不过，这三种分子有时也会改弦易辙，比如减少白血病中癌变的血细胞。

　　肥胖症的本质是代谢状态改变后的炎症增加，其中涉及有微生物参与的复杂相互作用。一般来说，致癌"良方"是微生物加炎症，再加上肥胖症。但即使在没有肥胖症的情况下，不当的高脂饮食连同特定微生物和炎症的作用也会激发癌症。十二指肠癌就属于这种情况，而其中也存在肠道内皮细胞的同时突变。高脂饮食会改变微生物，导致它们传递信号来刺激癌细胞生长。

微生物与癌症治疗

　　微生物与癌症治疗之间存在着多种相互作用，它们可以提高药物浓度水平，导致出现毒性反应或药效增强的结果。举例来说，细菌会消耗注入胰腺癌患者体内的药物，让治疗效果大打折扣。大部分抗癌药物的药效与风险相近，恰好处于能杀死癌细胞但不会杀死其他人体细胞的边缘。各种微生物会产生改变这些风险水平的酶。对此，研究人员开展了新的研究，试图在开始抗癌治疗之前估量微生物对治疗的影响。

　　药物的起效过程伴随着微生物与免疫细胞的相互作用。目前，抗癌治疗包括免疫信号、抗体和疫苗治疗。这些治疗均以触发抗癌免疫应答的各个通路为目标，而各种微生物会通过改变局部环境来影响治疗。一些抗生素会弱化抗癌治疗的效果，因为它们会改变在治疗中起关键作用的微生物。如果环境中存在大量不同种类的微生物，预测治疗效果就尤其困难。

微生物本身也可以用作药物。尽管多年来我们一直在利用少数微生物进行抗癌治疗，但结果可能会因为最近发现的多种影响因素而有所差异。近来，研究人员改造了脊髓灰质炎病毒，用以对抗一种致命的脑癌。这种治疗方法的原理利用了病毒与生俱来的细胞入侵能力。病毒基因在实验室里得到改造，变得只攻击癌细胞，而非它们以往作为目标的其他人体细胞，比如神经元。

现有治疗方案旨在结合免疫细胞和微生物两方面的优势来摧毁癌细胞。的确，免疫细胞和微生物可以联手对抗癌细胞，但它们同样也能够帮助癌细胞生长。举例来说，白细胞的移植会与微生物发生多方面的相互作用。这些相互作用取决于炎症环境、特定药物和辐射影响。在内皮细胞屏障遭到破坏的情况下，一切希望都会化为泡影，因为微生物会改变其行为，而这种改变往往是不可预测的。

另外，采用各种抗生素也可能彻底扭转局面，但其中夹杂着太多我们还不清楚的因素。癌细胞和微生物的多变性和活跃水平都远远超出了我们以往的认识。考虑到生存问题，它们会在群体中进行非常活跃的对话。未来，在深入了解癌细胞与免疫细胞、组织细胞和微生物之间沟通细节的基础上，我们可以针对每种癌症亚型和病况开发出新的治疗方法。

第 22 章

微生物与细胞器的对话
MICROBIAL CONVERSATIONS WITH ORGANELLES

生物体具有器官，它们是在体内行使特定功能的结构。同样，细胞也有细胞器，包括线粒体、细胞核、蛋白质工厂、膜工厂以及功能丰富多样的大囊泡。

当微生物侵入细胞，细胞试图将其杀死时，微生物会因为细胞理化屏障的作用而伴随着细胞器生存。不过，微生物能够利用自己的信号来操纵这些细胞器。有几种细菌和原生动物能够在某些细胞器中度过一生。这些细胞器属于大型囊泡，用途是圈养微生物并将其消灭。其他微生物能够在这些囊泡内短暂通行，然后以各种方式攻击细胞。

微生物会对特定细胞器发起各种各样的攻击，比如通过分泌系统将"分子导弹"从细胞内外投放到细胞核或线粒体。微生物还可以操控一些通常由人体细胞放置的标签，从而将物质运送到特定细胞器。微生物会改动这些标签，以便运送微生物毒素。

微生物能够改变细胞核中的基因，实现细胞器靶定。这些 DNA 改变会干扰细胞器的代谢通路。靶定基因通常是指在人类 DNA 或其周围的保护性蛋白质上放置或去除标签。标签的作用要么是刺激有利于微生物的基因表达，要么是防止不利于微生物的基因表达。微生物可以通过改变酶处理标签来实现这些目标。从遗传角度来看，靶定细胞器的另一种手段是在合成蛋白质时改变信使 RNA 的编辑过程。如此一来，"新编"信使 RNA 便会为特定细胞器合成异常蛋白质。

操控细胞囊泡

我们在第 16 章提到了微生物如何在大囊泡乃至含杀菌酶类的大囊泡中建造自己的居所。这些大囊泡是整个细胞系统的一部分，发挥着多种重要功能，比如储存水和脂肪、清除错误折叠的蛋白质等。囊泡还可以作为细胞的销毁处理厂，将各种分子分解并回收利用。

微生物可以利用信号来操控囊泡，但这也无意中向宿主细胞暴露了自己的藏身之处。结核病致病菌是一种躲在大囊泡中的细菌，哪怕它们不小心漏出一点点 DNA，也会刺激细胞发出免疫信号。为了进一步判别微生物，细胞攻击分子会在囊泡上制造孔洞，使囊泡内颗粒物质向外释放，进而触发更有针对性的细胞攻击。被攻击的微生物会齐发防御信号作为反击，有时还会劫持囊泡的先天分泌系统来发信号。

微生物会利用信号来加强防御工事，让它们在囊泡中的居所抵挡住攻击。信号会触发囊泡周围架起保护性支架，还会通过改变膜的通透性来吸引养分，让小分子进入囊泡中。微生物能够在膜内合成通道蛋白，用以接收更大的分子。从本质上看，微生物信号控制着宿主细胞的基本供应链。微生物会在携带食物的小囊泡上贴标签，然后将其引入自己的囊泡居所；还会利用信号来改变其囊泡居所的外膜，好躲过宿主细胞感应元件的侦察。再者，微生物还会改变囊泡膜结构，使其无法与破坏性囊泡融合。

引起疟疾和弓形虫等疾病的原生动物寄生虫尤其擅长在囊泡中建造永久性居所，它们会控制囊泡附近的 pH 值，以免遭受宿主细胞的酸性攻击。这些微生物甚至还会在入住宿主细胞时抓取带有特殊附属物的细胞膜，用来建造自己的囊泡居所。寄生虫会激活自己获得的新材料来构建一个独特形状的家，还会占用宿主细胞的支架，在囊泡周围构建双层膜，以便更好地保护自己。

为了抑制免疫活性，原生动物用自己的蛋白质对囊泡进行外部装饰，同时向细胞核发信号来改变遗传网络，让受体无法找到它们的囊泡居所。面对多种人体细胞攻击，原生动物会采取各个击破的策略，好让自己能够在囊泡中安居乐业。

靶定细胞核

细胞核搭载着行使细胞遗传功能的装置，设有多重屏障来对抗微生物及其信号。细胞核外膜上戒备森严的核孔，只允许特定分子进出。只有关系到细胞命运的分子才能通过核孔，比如等着进入细胞核的信号分子，以及要离开细胞核前往核孔附近蛋白工厂的信使 RNA。

微生物会在 DNA 和保护 DNA 的蛋白质上贴标签，为的是牢牢控制住细胞核。标签会影响细胞核选择表达哪些基因，继而影响要合成的蛋白质。到目前为止，已知有 50 多种不同的标签可以左右某段 DNA 是投入表达还是加以抑制。此外，每个标签均可被置于多个不同位点，从而发挥更多作用。从某种程度上看，微生物信号操控着作用于标签的酶，能够在特定位置拆放标签。微生物专长于劫持细胞的标签系统，从而影响细胞合成检测微生物的感应元件。在没有感应元件提供信息的情况下，宿主细胞就无法感知微生物的存在。

为了改变细胞核正常的加标签流程，细菌采用的一种方法是合成两种相互竞争的酶处理标签。这种做法会削弱细胞重要防御基因的运作。举例来说，微生物会通过分泌系统发信号来改变放置酶的标签，进而导致严重腹泻。分泌系统发送的另一种信号又能抑制炎症相关的免疫信号。

还有丰富多样的其他微生物信号会在细胞核中产生各种结果。如果一种信号撬开了紧闭的核孔，其他分子便可鱼贯而入。微生物信号可以影响大 DNA 分子的三维形状。通过改变为 DNA 链定型的支架，微生物信号会让基因以新的方式相互作用。细菌信号还可以改变保护 DNA 的蛋白质，将它们替换为微生物自己的蛋白质。另有一种微生物信号会改变蛋白质合成机制，从而加快微生物的繁殖速度。

合成蛋白质和膜的细胞器工厂

微生物能够影响两个重要的细胞区室（细胞器），其一用于合成蛋白质，其二用于膜组装。这两个细胞器的英文名称比较难记，合成蛋白质的叫 "Endoplasmic Reticulum"(ER)，即内质网；组装膜的叫 "Golgi Apparatus"（高尔基体）。这两个区室之间的运输系统还会将物质运输到所有其他细胞器，我们称之为"分泌通路"。

作为蛋白工厂的内质网是一个像迷宫一样的膜结构，而且这些膜与细胞核外部相连通。内质网位于核孔附近，可接收细胞核通过核孔释放的信使 RNA 来合成蛋白质。内质网另一侧对细胞核之外的细胞其余部分开放，总体排列成有层次的海绵状膜，以便细胞核与细胞其余部分之间

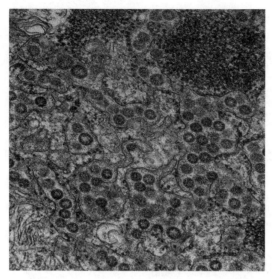

中东呼吸综合征（MERS）病毒利用内质网合成病毒蛋白
（电子显微镜照片，美国国家过敏和传染病研究所 / 维基共享）

进行物质和信号交换。另外，这种结构也让内质网具备过滤功能，过滤要进入细胞核的物质。

内质网这种蛋白工厂会不断拆建不同形状的膜，在其中嵌入特定的分子序列。这些膜会形成子区室，用作加工特定分子的独立工厂。嵌入膜中的大分子包括用于合成蛋白质的核糖体、修饰蛋白质的酶，以及折叠蛋白的伴侣分子。合成好的蛋白质会被送至内质网外侧，穿上糖和脂质"外衣"，使之改变分子特性。微生物会通过多种方式来影响内质网，让内质网合成微生物自己的分子。

另一个与微生物密切相关的细胞器是高尔基体，它同样有着迷宫一般的膜结构，能够编排和运输脂质以供整个细胞使用。细胞各个部分的膜均由高尔基体合成和运输，比如线粒体、内质网、囊泡的膜和外细胞膜。高尔基体会将脂质分子放入小囊泡中，标上确切的目的地，然后沿着运输路线发送。在需要脂质和膜时，微生物便会把目标锁定在高尔基体上。

入侵蛋白工厂

对于入侵细胞的病毒来说，要繁殖后代自然会选择细胞蛋白工厂作为落脚点。进入细胞后，病毒会前往内质网，而后长期驻留下来。由多层膜覆盖的内质网密布众多通道，不失为躲避侦察的避风港。病毒初次到达内质网时，人细胞酶会将其分解。接着，细胞会将分解的病毒连同病毒蛋白一起放置在内质网的特定膜结构上。

病毒能够利用嵌入内质网膜中的关键病毒蛋白来构建自己专属的内质网子区室，以便繁殖后代。为此，一些病毒会改变细胞支架分子来刺激内质网形成独特的膜形状。在这些子区室中，病毒会同时利用人蛋白和病毒蛋白。举例来说，病毒会用人蛋白将微生物蛋白切成多个片段，再让这些片段发挥不同的作用。

病毒可以合成一种大分子蛋白质，再利用人细胞酶将其分解成多达10种相对较小的功能性蛋白。此外，特定微生物蛋白可以将脂质分子从高尔基体引入病毒区室，从而构建形状与病毒完美契合的膜结构。另一方面，微生物还可以帮助病毒构建从其表面伸出的糖衣蛋白。再者，病毒蛋白的形状具有可变性，有利于病毒在潜入细胞核时伪装自己。

运输囊泡会穿梭于细胞内质网和高尔基体这两个工厂与所有其他成分之间的分泌通路，而微生物能够对这些囊泡造成影响，防止它们的囊泡居所与细胞的破坏工厂融合。多种微生物信号都能够改变分泌通路的道岔，从而改变物质的运输路线。另外，病毒也可以利用分泌通路在整个细胞中传播。细菌会向高尔基体发信号来刺激脂质分子的释放，再使其经由分泌通路直接送入自己的囊泡居所。这条通路中的另一个囊泡会将特定蛋白质从内质网送到细菌囊泡居所，以便细菌进行繁殖。

操控线粒体

线粒体曾经是独立存在的微生物，大概在 10 亿年前，它们才开始在有细胞核的大细胞中安身落户。为了在大细胞内安稳地生存下去，线粒体与细胞之间达成了一项协议，就是线粒体为细胞提供能量，而细胞则为线粒体提供庇护。线粒体会在整个细胞中穿梭游走，满足细胞各个位置的能量需求，同时与内质网进行频繁的通信。二者之间的对话决定了在细胞的确切位置供能，以满足这些位置特定的能量需求。此外，线粒体和内质网还可以调节其他细胞功能，比如程序性细胞死亡。本书第 24 章将介绍线粒体和内质网与其他细胞器之间的信号传递。

对于细菌和病毒来说，操控线粒体是它们生命周期中不可或缺的部分，而且其中还涉及蛋白折叠。细菌可以将自己未折叠的蛋白质发送给线粒体，让线粒体接纳这些蛋白质并用线粒体酶完成折叠。接着，折叠好的微生物蛋白会改变线粒体的功能。其他线粒体酶会随即将新折叠的蛋白质分子切割成片段，再将每个片段发送到迷宫式线粒体膜的各个子区域。这些蛋白质片段会进入线粒体中特定的子区室工厂，再让细胞功能向着有益于微生物的方向转变。

微生物信号可以改变线粒体产生能量和行使其他重要细胞功能的能力。细菌和病毒信号可以在线粒体膜上制造切口，而后杀死线粒体。其他细菌信号会从改变钙代谢下手，削弱宿主细胞对病毒的反应。作用于线粒体的微生物信号可以触发宿主细胞的程序性死亡通路。细胞启动这种自杀性通路的情况通常是得不到足够的能量来维持生存，或是受到微生物的严重感染。但即便是在能量充足的情况下，微生物毒素也可以促使细胞自杀。不过，微生物也可以阻止细胞自杀，前提是它们需要受感染宿主细胞存活下去，以便尽量延长利用细胞机器的时间。

携带信息分子的囊泡

携带信息分子的囊泡是组织细胞、毛细血管细胞和癌细胞向其他细胞发送信号的主要工具。除此之外，细胞器也会产生各种囊泡来携带信号，并利用能量粒子来实施调控。这些囊泡可以在细胞内部形成，也可以从细胞外膜取材合成。细胞器产生的囊泡大小不一，负责携带各种各样的分子。

在微生物将携带信息的囊泡用作信号方面，我们发现了越来越多的示例，比如一种致命性真菌菌株之所以能够攻击普通健康人群，是因为它们会利用自己携带信息的囊泡进行通信。在此类真菌中，常见菌株只会感染免疫力低下的人群，其新菌株却能够感染健康人群，因为它们能够利用携带信息的囊泡来传递信号，从而更好地协调人体各个部位的真菌活动。

从某些方面来看，携带特定分子的囊泡与披着膜外衣的病毒很像，二者的形成遵循同样的细胞机制，只是关系到细胞中不同的膜合成过程。因此，病毒可以利用囊泡合成通路穿梭于细胞内外。病毒不仅能够以囊泡的形式从宿主细胞中逃脱出来，还可以改变以囊泡形式发送的信息，甚至用囊泡来发送自己的信息。携带蛋白质、RNA 乃至整个病毒的囊泡将入侵邻近细胞并改变这些细胞的行为，包括改变其免疫应答。引发长期感染的病毒能够改变囊泡的内容物，从而促进感染。

囊泡能够携带病毒信息或病毒本身，无论是在感染活跃期，还是在病毒静静地待在细胞内的情况下。囊泡会使细胞一个接一个地受到感染，而且无须通过细胞与细胞进行直接接触或动用它们之间的纳米管。带着病毒在血液和淋巴液中传播的囊泡，主要由远处区域和器官的内皮细胞接收。这些囊泡对于病毒的作用类似于癌症转移时利用的外泌体小囊，二者都会通过改变远处区域来为传播感染做好准备。囊泡携带的信息会提示目标新区域的免疫系统做好接收病毒的准备，同时促使这些区域的内皮细胞和特定基质增加渗透性。

靶定支架蛋白分子

一个正常的细胞会不断执行生产和编排任务，改变着像乐高一样的支架分子体系。通过利用调控网络，支架分子能够拆建由能量粒子驱动的所有细胞结构。本书第 26 章介绍了三种基本类型的支架分子及其调控机制。其中最大的支架分子，即"微管"，是贯穿整个细胞的运输干线。我们之前谈过微生物如何操控宿主细胞的运输流程，比如疱疹病毒会操控动力装置来实现沿轴突进入大脑的快速转运。此外，用途最广泛的最小支架分子是一种叫"肌动蛋白"的蛋白质，通常受到微生物（尤其是病毒）的信号操控。

肌动蛋白能够辅助发挥多种细胞功能，包括肌肉收缩、囊泡和细胞器移动，以及细胞信号传递。此外，肌动蛋白支架不仅塑造了所有细胞区室的形状，还赋予了细胞器内部构造，比如 DNA 在细胞核中的位置。

通过利用附属能量粒子，肌动蛋白能够与蛋白质动力装置一起让肌肉动起来。肌动蛋白能够在细胞外膜下方拉起一张防御网，以便在接纳特定分子的同时拦阻其他分子。此外，肌动蛋白的作用还包括将细胞外膜表面的受体分子连入细胞内的信号传递通路，以及让参与细胞运动的特殊附属物出现多种形状变化。细胞吞噬细菌及其残骸的能力也取决于不断变化的肌动蛋白结构。

病毒会操控肌动蛋白来传播感染。新发现的胞间纳米管由膜包裹的平行肌动蛋白丝构成。病毒在这些长达 10 个细胞直径的纳米管中穿行，将感染传播给其他细胞。在需要运输大分子的情况下，还可利用肌动蛋白搭配微管在细胞之间构建口径更大的管路。

病毒会刺激肌动蛋白的多种行为；为了改变细胞结构，微生物会在合成细胞支架的酶上放置磷酸盐等标签。举例来说，病毒会刺激肌动蛋白来改变细胞形状，使病毒能够进入细胞内部。在肌动蛋白的影响下，细胞会变圆，或在表面生出更多的内陷、突起或尖刺。与肌动蛋白协作的马达蛋白会在其他病毒标签的作用下受到抑制。肌动蛋白受艾滋病病毒刺激而发生的转变，会使细胞分裂和细胞运动频率增加。举例来说，病毒信号可以改变细胞膜下方的防护网，使其刚性增加，或变得更容易接触其他细胞，而这些改变都可能会导致癌症。此外，即便还没有进入细胞，病毒也能够利用自己的蛋白质来操控细胞内的肌动蛋白。

细胞外的病毒糖衣蛋白会穿过细胞膜，然后附着在膜下方的支架上。这会刺激膜下的蛋白质重塑肌动蛋白基质，从而让病毒能够进入其中。在此基础上，细胞的马达蛋白会沿着肌动蛋白丝将病毒拉入细胞。在膜下肌动蛋白网改变的情况下，拉住病毒的肌动蛋白丝还可以将病毒拉到膜的外侧面，以便找到更合适的细胞入口。

　　进入细胞后，肌动蛋白丝和马达蛋白会以多种方式为病毒提供帮助。首先，它们会帮病毒前往内质网，接着肌动蛋白会帮几种病毒从核孔进入细胞核。要离开细胞时，病毒会在用膜包裹住自己的同时操控肌动蛋白作为支柱，以便在不扰动细胞外膜的情况下穿出细胞。病毒与肌动蛋白之间还存在另一种相互作用，那就是病毒会刺激肌动蛋白转变，让内含病毒的囊泡能够与细胞膜融合。在此期间，细胞蛋白质会引导病毒前往细胞膜上一般处于隐秘状态的位置，让囊泡能够更轻松地与膜融合。

　　本书接下来的部分将继续讨论细胞器，介绍这些重要的细胞区室如何像细胞一样与彼此进行信号传递。

第 四 部 分
SECTION 4

细胞内的对话
CONVERSATIONS INSIDE CELLS

第 23 章
CHAPTER 23

细胞器之间的交流沟通
COMMUNICATION AMONG ORGANELLES

　　根据一些最新研究结果，每个细胞中至少有 30 种不同的细胞器，而且每种细胞都有相同但又存在个体化差异的细胞器。不仅如此，每个细胞还会容纳大量特定的细胞器，比如神经元内就有数千个线粒体。这些细胞区室中有很多区室比较小，我们很难观察它们之间传递的信号。随着实验室技术的不断发展，我们也逐渐发现了更多新的细胞器。

　　本章将简要概述现阶段如何看待细胞器之间进行的"全细胞信号传递"。本部分的其余章节将深入探讨我们现在对特定细胞器之间进行的信号传递有哪些了解。

　　关于细胞器之间的对话，研究最多的是线粒体和内质网。从目前来看，研究内容还包括观察线粒体、内质网蛋白工厂、细胞核、溶酶体（负责清理废弃物的细胞器）和高尔基体膜工厂之间的相互作用。此外，科学家还发现多个具有不同功能的大囊泡也会与彼此交流沟通。

　　从某种程度来说，整个细胞会协调所有细胞器，但指挥中心落在何处还不清楚。细胞的运作方式在某些方面与大脑相似，其中包含短程局部信号、远程信号、对环境的常规反应、相互作用环路以及细胞器之间

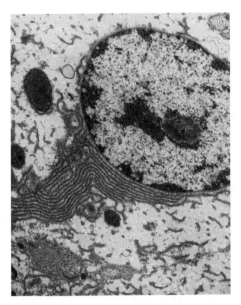

大细胞核、邻近内质网、线粒体和高尔基体之间的通信
（电子显微镜照片，小约瑟夫·F. 热纳罗 / 科学图片库）

的产能分配。此外，细胞还会根据既往经验来应对当前的情况。目前，
我们还不清楚细胞的通信系统是否存在不明类型的"布线"，而代谢信号
又是否会改变这种布线。

蛋白质质量控制

　　蛋白质是人体必不可少的物质，在细胞结构、功能和调控方面起着
重要作用。多种细胞器都会通过相互作用来调节蛋白质合成，同时确保
蛋白产物的质量。

　　举例来说，线粒体或内质网会提供伴侣分子，帮助所有其他细胞器来
折叠新合成的蛋白质。除线粒体和内质网之外，第三种细胞器（高尔基

体）会利用内质网传来的信号对蛋白质做标记，确保其运输准确性。另一种细胞器叫"溶酶体"，装载着一台复杂的机器，能够在回收蛋白质（和其他大分子）时将其分解。接着，溶酶体会将分解得到的氨基酸提供给内质网，用来构建新的蛋白质。随后，这一回收利用过程还要由另一种很像细胞器的分子复合体来调控，我们称之为"mTOR"（详见第 29 章）。

近来，在探索多个细胞器之间同时进行的全细胞对话方面，对蛋白质质量控制相关对话的研究已占据先驱地位。每个细胞器都有一套与蛋白质功能相关的常规信号，但在受到胁迫的情况下，细胞会发出新的信号来统筹编排所有细胞器之间的工作。在这些信号的调控下，如果一个细胞器透支，另一个细胞器便可接替后续工作。

应对异常蛋白

数百个或数千个氨基酸会连成一排，进而形成复杂的蛋白质。鉴于分子连接的数量如此庞大，出现一些影响蛋白质形状乃至功能的小错误是很正常的现象。即便是只有一个氨基酸发生变化，也可能对整个蛋白质分子的最终折叠方式产生巨大影响，继而改变蛋白质行使其功能所需的精确形状。

面对折叠异常或错误的蛋白质，各种细胞器中的多条通路会做出反应。对于这些潜在的毒性分子，每个细胞器在正常情况下都有一套自己的质量控制程序。但这还是可能出现很多问题，比如异常分子改变囊泡的运输以及与膜的融合。每个细胞器都会向其他细胞器发信号，告知与其异常蛋白相关的质量控制手段。如果没有各个细胞器的团结协作，异常蛋白会形成大团块，让整个细胞陷入危机，进而引发多种疾病，比如退行性脑病。

通常，内质网与线粒体之间的对话是发现错误折叠的蛋白质的第一环，这会促使细胞对异常蛋白进行隔离，以免受到损伤。细胞会构建新型膜结合结构来容纳异常蛋白团块，继而将其放置在线粒体、大囊泡或其他专为各种错误折叠的蛋白质而形成的细胞器中。这些隔离错误折叠的蛋白质的小区室可以与彼此融为一体，形成靠近细胞核或处于细胞核内部的大细胞器。容纳团块的各种囊泡可以聚集在一个位置，也可以经由另一套程序从细胞中释放出去，即细胞应对异常蛋白的另一种方法。这些复杂的程序需要多个细胞器信号的参与。

处理功能失调的蛋白质

要将错误折叠的蛋白质运输到特殊的蛋白团块储存室和清除室，细胞需要利用参与各种通路的蛋白质、辅因子（酶行使功能所必需的非蛋白化合物）和信号。对此，溶酶体是占据重要地位的细胞器。分泌运输通路（详见第 26 章）首先在内质网和高尔基体之间运输膜、脂肪和蛋白质，然后再将这些物质送到细胞的所有其他位置。细胞会利用此类通路将蛋白团块运输到隔离异常蛋白的细胞区室，同时为这些区室搭建用于隐藏异常蛋白的膜结构。

接着，多种其他蛋白调控通路会相互配合来处理蛋白团块。其中的一条通路负责回收利用异常蛋白分子，方法是将这些分子分解成小片段，然后用一系列大囊泡打包。该通路与内质网和线粒体紧密协作，为建造细胞结构提供新材料。另一条通路支持囊泡与外细胞膜融合，进而将异常蛋白分子运出细胞。此过程需要多种因子和信号的参与，比如使囊泡在不破坏膜的情况下与之融合的信号，以及从膜中去除会干扰该过程的特定蛋白质的脂质类信号。

在需要综合运用如此之多的活动元件时，可能会出现各种各样的问题。功能正常的信号可以指示出蛋白团块是妥善包裹在囊泡内部，还是仍然会毒害细胞。对此，"朊病毒"这种有毒蛋白质引发了很严重的问题。朊病毒是错误折叠的蛋白质，但它在与其他蛋白质相互作用方面还具备一项技能，那就是让其他蛋白质也发生错误折叠。经过多年来多次缓慢的相互作用，朊病毒会产生大量有毒蛋白，逐渐摧毁细胞，进而破坏大脑。

朊病毒可能一不小心就会通过分泌通路运往别处或在细胞之间传递，造成疾病在整个大脑中传播的严重后果，比如牛海绵状脑病。我们有理由相信，这种通过大脑回路运输有毒团块的过程，在一定程度上解释了为什么阿尔茨海默病和帕金森病患者都会在脑部出现广泛的、有规律的神经元受损。

活动协调

为了协调多个细胞器之间的活动，细胞传递信号的方式可以是让邻近细胞器之间进行直接接触，或是使用分泌信号分子并使之扩散到所有细胞区室。对于以直接接触方式进行的细胞器通信，信号传递平台通常设在接触点附近的膜中。根据信号传递时所用信号分子类型的不同（脂肪、离子、蛋白质、肽和其他分子），构建接触通信点的方式也多种多样。

科学家才刚刚发现细胞器之间的这种通信方式，其中特定接触点在特定细胞器发挥特定功能方面起着至关重要的作用，但这些接触点也可以参与在所有细胞器中进行的集体活动。一些接触点对各种免疫功能起着决定性作用，而另一些接触点则负责调控程序性细胞死亡。第 24 章介绍了一种接触点平台，其中涉及线粒体与内质网之间的对话。二者的接触能够调节整个细胞各位置的能量供应。

除此之外，内质网与囊泡之间也存在接触平台。这些平台在为处理蛋白团块而开展的细胞器对话中起着重要作用。最近研究发现，细胞器通信接触点会将溶酶体和线粒体连接起来，同时溶酶体与内质网和细胞核之间也会有所连接。这些细胞器之间对话的细节还有待进一步研究。

细胞器之间进行对话的场所并不仅限于接触点，而即便是在无接触的情况下，细胞分泌的信号分子也会在细胞器之间传递。举例来说，离子分泌可能会在局部影响特定细胞器，也可能会影响多个细胞器而导致总体变化。分泌出来的离子会改变细胞器附近的 pH 值环境，而这种 pH 值变化对负责回收细胞材料的大囊泡的影响尤为显著，因为这些囊泡回收材料的过程离不开酸性物质，例如分解大分子的酶。另外，蛋白质的合成及其活性也会因 pH 值环境不同而发生变化，比如特定细胞器会出现错误折叠的蛋白质增加的情况。进一步来说，pH 值变化还会改变涉及所有细胞器的整个蛋白质质量控制机制。

细胞器协作与细胞繁殖

细胞繁殖期间，细胞器的协作和通信同样发挥着重要作用。尽管研究人员已经确定，所有细胞器都会在有丝分裂期间与彼此协作，但协作过程极其复杂，很多细节还有待探索。该过程的一个环节是转移所有细胞器，将其放入分裂产生的新细胞中。

细胞器的大规模转移伴随着肌动蛋白和微管支架的变化，而对此进行的研究也还处于起步阶段（有关肌动蛋白和微管支架的内容，详见第26 章）。目前我们还不清楚大规模转移细胞器需要哪些引导和信号传递。

有丝分裂期间，染色体将由与运输支架协同运作的马达蛋白推动；受损的线粒体也必须一起迁移；途中提供电能的"电缆系统"铺设了轨道，可将细胞器从母细胞运输到子细胞。

其间，母细胞会以某种方式让线粒体中的佼佼者以更快的速度移动，最终使子细胞获得更优质的线粒体。沿轨道排列的马达蛋白必须将所有重要细胞器带入子细胞，比如细胞核和囊泡。每种细胞器都需要借助独特的因子、信号和接头分子才能完成运输。

第 24 章
CHAPTER 24

线粒体参与的对话
MITOCHONDRIAL CONVERSATIONS

　　产生能量的线粒体曾经是一种细菌，后来学会了在具有细胞核的大细胞内生活。这种进化最终推动了人类细胞的发展。一种与线粒体相似的产能微生物在进化上的动作甚至更快，一早就加入了植物细胞的阵营，学会了通过光合作用来收集光能。随着时间的推移，这两位昔日的寄居者变得越来越依赖于宿主细胞，最终舍弃了自己的大部分 DNA。而另一方面，它们也保留了为宿主细胞产生能量的能力。

　　线粒体有自己的 DNA，但数量会因细胞类型的不同而有所差异（例如，神经元内可能有数千个线粒体，因为神经元有很长的轴突和活跃的突触，对能量的需求极高）。线粒体会利用四种大分子蛋白来产生能量，这些蛋白质由线粒体 DNA 和细胞 DNA 合成的蛋白亚基组合而成，进而嵌入迷宫般的线粒体基质中，利用质子梯度将电子转移给氧分子。最终，线粒体产生的高能粒子将满足细胞的所有能量需求。

　　线粒体 DNA 呈环状，会在线粒体不复制的情况下进行自我复制，这与人体细胞的线性 DNA 不同，后者会在细胞分裂期间进行复制。线粒体 DNA 可合成 13 种蛋白质，这些蛋白质连同细胞的蛋白质一起在代谢能量循环中起到至关重要的作用。线粒体会使用细胞蛋白进行自主繁殖，同时在与内质网和细胞核对话期间通过激活蛋白质来实现整体细胞功能。

线粒体的融合和裂变

线粒体和微生物很像，它们在人体细胞内的生活方式精细且独立，懂得如何决策，还能够四处游走。线粒体的大部分活动着眼于根据不同的供能要求而改变形状，以及前往需要能量的地点。线粒体会像细菌一样采用"一分为二"的繁殖方式，我们称之为"裂变"。但与细菌不同的是，线粒体也可以通过融合而成为更大的线粒体。线粒体融合是为了满足特殊的能量需求。正常线粒体可以通过与异常线粒体融合，让彼此都能够正常行使功能。

在融合与裂变模式的切换中，线粒体会呈现出各种不同的形状，同时参与关乎特定局部能量需求的对话。伸长状态的线粒体倾向于裂变；小体积的活动线粒体则倾向于融合。裂变会生成小线粒体，它们会散布在特定位置供能。不过，体形很小的线粒体携带的 DNA 可能不足以满足需求，进而会逐渐退化。在某些情况下，线粒体不会裂变，而是会形成大型分支网络，目的是与关系到细胞总体能量需求的内质网进行更频繁的沟通。

在信号的刺激下，马达蛋白会重塑线粒体膜，从而产生不同形状的线粒体。一种由内质网信号引导的马达蛋白会形成一个螺旋环，包裹在分裂位置的线粒体周围，然后夹住线粒体并将其分成两半。在融合过程中，马达蛋白会将两个线粒体的膜连接在一起。

神经元极高的能量需求

虽然所有细胞的线粒体行为基本相同，但由于神经元有很长的轴突和活跃的突触，因而对能量的需求极高。一个神经元内可能有数千个线粒体。因此，大部分关于线粒体的研究均以神经元为研究对象。线粒体会先在神经元细胞附近产生，再在整个神经元中穿行，为有需要的地方提供能量。在此过程中，线粒体甚至可以沿轴突"长途跋涉"，从脊髓出发前往一米开外的足部。大部分能量需求集中在突触附近，因为神经元会通过突触与彼此传递神经递质信号。人脑利用人体总能量的 20%，而突触则消耗大脑总能量的 80%。

在内质网信号的指导下，线粒体会在有能量需求的位置恰到好处地提供能量。为此，线粒体总是在巨大的神经元内部活动，以便前往现有突触和新生轴突或树突处供能。马达蛋白会带着线粒体沿微管干线来回移动，走走停停，时而加速，时而减速。

无论何时，轴突上都有三分之一左右的线粒体在移动，另外三分之二留在原地，为微管轨道外的特定位置提供能量。一些马达蛋白会将线粒体运送至神经元细胞体，而另一些则沿着轴突将线粒体运出细胞体。另外，这些马达蛋白还需要信号和各种接头分子协助处理大大小小的运输物资（详见第 26 章）。

线粒体必须满足不断变化的神经元能量需求。整个轴突都需要能量才能让钠、钾离子进出膜通道，从而产生神经元电信号。我们对这个过程知之甚少，但可以确定的是，它需要巨大的能量供给，而且携带神经递质的囊泡会在突触膜处释放并被回收利用，同时不会使膜上出现孔隙。在细胞支架因学习引发的神经可塑性而有所变化时，比如在轴突和树突生长的情况下，能量需求也会发生变化。细胞形状的快速变化会消耗大量能量，比如在神经元像变形虫一样迁移时。

内质网和细胞核参与的关键通信

线粒体要靠内质网来完成脂质和蛋白质的生物合成，从而产生能量。因此，大部分线粒体通信发生在内质网蛋白工厂附近，靠近细胞中心处核孔的位置。这也是线粒体通过直接接触内质网和细胞核来与之进行深入交流的位置。由于这一区域分布着内质网、线粒体，以及通过核孔进入细胞核的路线，使得这三个重要的细胞器之间可以轻松、直接地进行交流。对于产生细胞能量来说，有关线粒体大分子蛋白复合物的通信占据着至关重要的地位，因为这些复合物由细胞核和线粒体共同合成的蛋白亚基构成。不过，对此进行的研究还处于襁褓阶段。

线粒体和细胞核之间有着诸多复杂的相互作用，包括最近才发现的特殊接触平台。这些平台对于免疫功能和癌症来说尤其重要。在免疫细胞中，线粒体外膜上有一个特殊平台，能够产生向细胞核发送的免疫信号，进而确定将合成哪些亚型的免疫细胞，比如 T 细胞、免疫清除细胞，或向 T 细胞呈递物质的细胞。根据线粒体信号，特定亚型的免疫细胞会对炎症产生抑制或刺激作用。

向细胞核发送的线粒体代谢信号会触发合成多种亚型的 T 细胞，包括杀伤性、调节性、辅助性和记忆性 T 细胞。与此相同的代谢信号会触发合成两种亚型的清除细胞。其中，一种清除细胞会分泌大量免疫信号来加剧炎症并杀死微生物；另一种则发送信号来减弱炎症并辅助清理残骸。

对此，研究得最透彻的是内质网和线粒体之间的通信。以神经元为

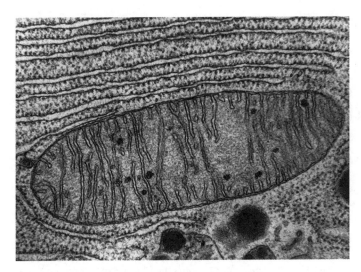

大型线粒体在对接点与内质网对话
（电子显微镜照片，基思·R.波特/科学图片库）

对象的新研究发现，内质网膜会从细胞核出发沿轴突向远处延伸。这些延伸的膜上还会分布对接点，以便与沿轴突移动的线粒体进行通信。此外，线粒体和内质网都能够利用远处分泌的信号分子进行对话。

关于线粒体状况的对话

要对线粒体遍历整个细胞进行质量控制，与内质网进行对话是优先事项之一。这些对话会涉及线粒体的状况并以质量控制程序作为依据，结果是每月更新一半数量的线粒体。在线粒体出现能量耗尽等异常情况时，由此产生的信号会触发多项举措。第一种做法是利用酶来降解线粒体中受损的蛋白质；第二种做法是利用正常线粒体与异常线粒体融合，以便二者均可正常行使功能；第三种做法是分解线粒体的受损部分；此外，还有一种更极端的做法，那就是合成活性氧分子来回收利用线粒体的各个组分，进而触发线粒体死亡。

　　在线粒体的质量控制方面，沿微管轨道将线粒体精准运输到目的地是必不可少的一环。有关微管轨道的更多信息，请参阅第 26 章。至于线粒体分裂和融合的时间以及线粒体要前往的目的地，这些也同样由信号决定。即便是在搭载马达蛋白沿轨道运输的情况下，线粒体也可以通过分裂来繁殖。与内质网进行信号传递是引导特定接头分子所必需的，这样才能使马达蛋白成功转移不同形状的线粒体。为了将能量集中在特定区域，细胞会激发一个分子来限制马达蛋白移动，从而将线粒体固定到位。该分子还会辅助构建一个临时使用的局部支架，以供与线粒体结合。一切完成之后，整个系统会重新排列，线粒体也会继续前进。

　　对于上述质量控制对话，内质网和线粒体都具备相应的大分子蛋白质平台（见上文），能够使这两种细胞器进行直接接触。线粒体与内质网对接点的信号控制着新线粒体的产生、线粒体的形状变化，以及这两种细胞器之间的分子流动。近期研究发现，沿轴突向远处延伸的内质网膜上存在对接点，为直接信号传递提供了更多场所。此外，细胞还会分泌远程信号，决定线粒体的行进目的地及其在远距离行进期间进行融合和分裂的时机。

线粒体 DNA 的放置

　　为了满足各种各样的能量需求，必须使线粒体 DNA 处在线粒体内的特定位置。对此，内质网起着不可或缺的作用。线粒体内的 DNA 紧凑地插在一个个小包中，而且这些小包在每个动物物种中以独特的方式排列。在人体细胞中，线粒体 DNA 包一般是独立存在的。在人类繁殖过程中，来自男性的线粒体 DNA 包会逐渐消亡，只有来自女性的线粒体 DNA 包会传给新一代线粒体。有时，多个线粒体会融合成一个大细胞器，其中散布着数千个 DNA 包。

内质网信号在线粒体分裂中起着至关重要的作用，可引导线粒体 DNA 包落在线粒体内的特定位置。在内质网信号的引导下，线粒体 DNA 包会插入到线粒体对半开的两个部分中，而这两个部分会与彼此分开形成两个子代线粒体。在没有内质网信号的情况下，线粒体 DNA 会聚集成簇，最终形成无效的小线粒体。另外，内质网还会合成包裹线粒体的分子管，以此来标志线粒体随后分裂的位置。复杂的肌动蛋白支架需要挤压这些盘绕的分子管，才能将线粒体分成两个部分。

应激信号

无论是线粒体还是内质网，在应激状态下均会显著影响另一方的活动。应激通路会与线粒体融合和裂变的触发过程产生相互作用。线粒体和内质网均会响应细胞对能量和构建材料的需求，而且这两个细胞器还会共享有关程序性细胞死亡的决策。内质网和线粒体之间的信号传递通路会评估不同程度的应激反应水平。

一种线粒体应激信号会识别未折叠的蛋白质，这些蛋白质必须要在内质网发送的伴侣分子的协助下才能完成折叠。当某些线粒体的能量不足以维持电梯度时，信号会触发两个线粒体融合成更强大的线粒体，从而肩负起供能重任。应激期间电位降低会产生没有能量的小体积碎片线粒体，它们一般以死亡告终，而且内质网信号也可以刺激分解这些有缺陷的线粒体。

在极端危机条件下，线粒体会呈现出大面积、高度组织化的分支网络状态。这些超大分支状线粒体能够缓和应激状态，让细胞即使在受饥饿胁迫和紫外线损伤时也能存活。线粒体之所以会出现这种不稳定的状态，原因在于电子转移机器的某些部分已停止工作。在此情况下，内质网信号还会改变代谢通路，从而保留呼吸能量。一旦问题得到解决，触发裂变的信号就会恢复产生正常大小的线粒体。

线粒体疾病

线粒体功能异常与多种临床综合征和疾病相关，其中一些病症的病因在于线粒体 DNA 突变。不过，这一领域的大部分研究尚未得出定论。与线粒体相关的问题可能对糖尿病以及肌肉和神经系统疾病有重要意义。

帕金森病与线粒体异常之间有着诸多关联，其中一种异常是线粒体酶出现罕见突变。这种突变会使一种特定分子消失，导致线粒体趋于裂变和碎片化。另有两例是杀虫剂导致的线粒体异常，结果可能促进线粒体分裂并加重帕金森病。

精神疾病与线粒体异常之间也可能存在相关性。几种精神科药物可能会改变线粒体的运动：情绪稳定剂类药物可能会使突触中的线粒体数量增多；抗精神病类药物可能会使突触附近出现较大的线粒体。促成这些结果的是哪些因素还有待进一步研究。

鉴于线粒体信号对于健康和疾病的重要作用，探究这些信号无疑有助于我们开启医学治疗的新篇章。对于线粒体，我们需要了解的内容还有很多。近来科学家发现，细胞外线粒体会漂浮在血液中。由于线粒体已经融入了人体环境，因而不会像其他微生物一样受到攻击。对于血液中存在大量细胞外线粒体的新研究结果，我们还需要更多证据来反复核实。虽然我们还不清楚这些自由漂浮的线粒体会发挥哪些作用，但可以推测它们与线粒体传递免疫应答信息的能力相关，具体可以参考第 8 章介绍癌细胞的内容。

第 25 章
CHAPTER 25

膜的合成
MEMBRANE PRODUCTION

在探究生命起源的过程中，科学家一直在寻找能够自发组装成球形膜的无机物，从而跨接启动细胞发育。但最新研究表明，构成细胞膜的分子其实并不简单，也并非自发地组合在一起。膜由多种类型的分子构成，具有特定的形状和用途。这些分子在合成之后会带上目的地标签，然后转运至确切的位置，其中涉及多个细胞器之间的多种信号。

我们的细胞有很多膜结构，不仅能够使细胞免受外界影响，还能够确保包括细胞器在内的各个内部结构有序地组合在一起。膜由脂质（包括脂肪分子）和蛋白质组成。为了构建细胞功能所需的各种膜，膜分子必须能够在水中保持特定的形状而不能溶于水，否则膜就会溶解。

脂质分子组合而成的形状使线粒体、内质网和高尔基体中产生了复杂的迷宫样结构。其他膜分子形状会产生大小各异的囊泡。保护细胞核的双层膜上长着形状独特的孔，以便各种分子在细胞核与细胞其他部分之间送入送出。内质网和高尔基体之间传递的信号会调控合成膜所需的所有脂质以及改变这些脂质的蛋白质，将这两种分子精准地放置在整个细胞内的各个膜合成位置。

脂质

　　脂质分子既可以用来构建所有膜结构，也可以用作细胞器和细胞之间对话的信号。脂质对化学反应来说非常宝贵，因为它们富含能量，原子之间有多个高能键。数千种不同的脂质分子所具备的特性能够满足整个细胞内各种结构、各个过程的需求。尽管大部分生物学研究的重点放在蛋白质上，但脂质和糖复合物作为细胞重要功能成分的观点已获得越来越多的认可，它们所具备的大分支分子结构可以说在功能变化上创造了无限可能。内质网和高尔基体发出的信号能够引导所有上述复杂分子的合成、转运和利用。

　　大体上，脂质可分为三类，其中一类是脂肪酸家族。脂肪酸分两部

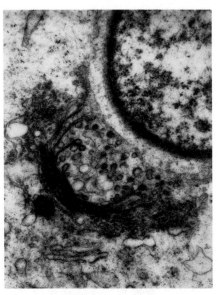

细胞核附近的高尔基体
（电子显微镜照片，生物摄影协会 / 科学图片库）

分，一部分是排斥水（疏水）的长尾部，另一部分是被水吸引（亲水）的头部。两层脂肪酸构成一层膜，两个尾部均朝向膜内部的无水环境，而两个头部则向膜外部伸出，进入膜两侧的水性环境。以囊泡为例，脂质分子膜将囊泡内的液体与囊泡外的液体分隔开来。由于水分子不可进入脂质双层之间，膜的结构得以维持，而各种蛋白质也可以嵌入膜内来发挥不同的作用。

除脂肪酸之外，另外两大脂质家族也具有多方面的作用。与糖分子相连的脂质是大脑的信号分子，也是让膜保持稳定的结构分子。附着在脂质上的糖分子可以从膜中伸出来充当受体分子。这些糖分子也可以附着在蛋白质上，作为微生物与细胞膜连接并进入细胞的重要途径。第三类脂质是胆固醇。这类脂质广泛运用于多种结构中，其中每种结构都具有特定的化学特性，可发挥不同的作用。胆固醇能够与脂肪及水分子结合在一起，是产生特定形状的膜所不可或缺的。在某些情况下，胆固醇还可用于填补膜结构中的孔洞，维持局部小半径曲线的形态。

膜的构建

每种类型的细胞器和囊泡都需要利用各种脂质和蛋白分子来构建形状和特征各异的膜。这些膜在形状和特征上的变化包括尺寸、厚度、密度、柔韧性和电荷。膜内的感应元件会向内质网和高尔基体发送信号，招募与膜形状特征相符的特定类型的脂质。辅助脂质塑形的蛋白质，比如插入曲率极大的膜中来稳定其结构的蛋白质，也同样位于膜内。

导致膜曲率变化的因素多种多样，比如脂质分子支链的长短或碳氢原子之间的化学键是否饱和。饱和是指分子中两个碳原子之间的所有双

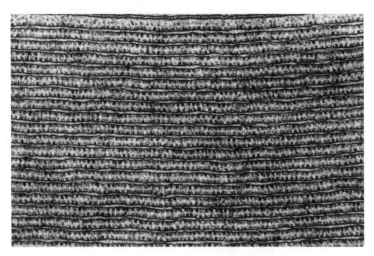

高尔基体为图中的内质网合成和运输所有膜成分
（电子显微镜照片，唐·W. 福西特 / 科学图片库）

键均已发生反应，而只留下了单键。这很重要，因为分子中的双键可使该分子进一步发生反应。

　　脂质分子键的饱和度对于丰富多样的膜功能来说具有重要意义，而且是深入研究一般健康问题的切入点。多不饱和脂肪酸是囊泡膜曲率最大处的成分，饱和分子中碳原子之间的各种双键会形成扭结。锥形脂质也会对膜曲线产生影响，而且有助于囊泡与膜融合。特定脂质倾向于形成正曲线（锥体状凸起）或负曲线（凹陷）。举例来说，脂肪分子中较大的头部会产生正曲线，而长链则会产生负曲线。

　　此外，还有一些因素会影响膜的厚度和柔韧性。要获得所需厚度的膜，可以选择不同长度的脂质分子或连接其他类型的脂质。举例来说，一种脂质负责降低膜密度并增加其柔韧性，另一种脂质负责附着在糖上形成不可渗透的凝胶；在此情况下，如果有胆固醇的加入，便可提高膜的柔韧性。相比之下，另一种脂质分子会阻止跨膜运动，但同时又会增加膜的柔韧性，那就是短链不饱和脂肪酸。

胆固醇在膜构建过程中的作用

胆固醇的一大作用是在曲率极大的膜中填充其他脂质之间的间隙。阿尔茨海默病中淀粉样斑块的前体是一种广为人知的蛋白质，这种蛋白质会从膜内伸出，而胆固醇可以调控这种蛋白质在膜内的位置，让酶对其进行不同方式的切割，从而产生不同大小的蛋白质片段。通过切割这种前体淀粉样蛋白分子产生的一类蛋白片段可导致致命性脑斑块。在胆固醇以特定方式填充间隙的情况下，酶会在更深的位置切割这种前体分子，从而产生比常规蛋白片段长两个氨基酸的片段。这种较长的分子比较容易成团，进而形成斑块，即阿尔茨海默病的标志。不过，如果膜内还有其他脂肪酸，即可实现无毒害切割。

胆固醇与毒性淀粉样蛋白分子之间的关联，在一定程度上解释了为什么胆固醇转运分子突变与阿尔茨海默病存在遗传相关性。对于胆固醇与淀粉样蛋白颗粒成团之间的关联，近来又发现了另一种可能的因素。研究表明，毒性淀粉样蛋白片段会优先黏附在含有胆固醇的膜上。由于多个蛋白颗粒彼此靠近，淀粉样蛋白分子聚集成团的可能性更大。要明确上述两种可能性，我们还需要开展进一步的研究。

构建复杂的外细胞膜

在所有膜中，外细胞膜是最复杂的。为了保护整个细胞并实现多种功能，外细胞膜必须是致密、坚硬且厚实的。两种脂质的加入会使膜由薄变厚。在此过程中，高尔基体要消耗大量能量，因为膜增厚的过程要逆化学梯度进行，而且会使电荷增加。

这种外膜中丰富多样的结构是实现重要细胞功能的基础，而这些功能均由高尔基体引导。外膜的多个信号传递平台都能够收发细胞信息；膜脂质结构和嵌入膜内的蛋白质决定了水、蛋白质、营养物质和离子等分子如何进出细胞。喜欢水而讨厌脂肪的分子会通过蛋白通道扩散，或利用转运蛋白分子进行主动的跨膜转运。大分子蛋白质跨膜时会在膜的多个位置成环，比如一种有名的受体分子会跨膜形成 7 个环。

外膜的另一个功能，是提供一部分膜来包裹住要进入细胞或从中释放的分子。不过，这些膜块虽然会被进出细胞的分子带走，但并不会在膜上留下孔洞，它们只是用来形成囊泡，从而将物质和信号送入或运出细胞。此外，病毒也会窃取部分外膜来形成双向交叉结构，同样也不会在膜上留下孔洞。如法炮制，病毒还能进入细胞器。

与脂质和细胞膜在整个细胞范围内运动相关的信号，可以从侧面反映多种疾病的情况，包括糖尿病、肝病、癌症以及神经精神类疾病。目前，对于这些转运通路的研究还处于起步阶段，但了解相关细胞对话的前景是光明的，有望催生预防性治疗措施和新的医学治疗方案。

物质运输

所有膜的合成都会受到一系列信号的高度调控，包括高尔基体脂质运输枢纽、内质网蛋白工厂和脂质工厂发出的信号。与第 24 章介绍的内质网和线粒体一样，高尔基体也是一个巨大的迷宫样膜结构，各个子区室均内置蛋白机器。

高尔基体和内质网会与彼此协作，一同合成脂质和蛋白质。接着，合成的脂质和蛋白质会在内质网和高尔基体信号的引导下，经多条运输干线送往细胞的其他部分。我们将这些运输干线统称为"分泌通路"。分泌通路信号主要用于对膜所需一切材料的生产和运输进行质量控制,类似于线粒体和内质网的质量控制信号。

为了运输膜材料,分泌通路分为两条主线:一条靠囊泡来携带分子,另一条则利用附着有脂质分子的转运蛋白质。在有囊泡参与的运输中,各个囊泡会聚集在一起并搭载特定种类的脂质和蛋白质。在没有囊泡参与的运输中,则由蛋白质负责前往细胞器,而这些细胞器通常不收纳囊泡,比如线粒体就是这样。大量脂质还可以通过非囊泡通路输送到细胞外膜。

由于脂质不溶于水,因而难以自行穿过水性细胞环境。为了解决这一问题,脂质会与水溶性转运蛋白上的位点相结合,再通过利用蛋白在运输期间的形状变化来隐藏脂质分子。之后,转运蛋白会恢复原来的形状,在运输目的地释放脂质。

对于构建和维护膜的整个过程来说,质量控制对话起着至关重要的作用。细胞膜内的感应元件会向内质网和高尔基体发送信号,告知所需分子的种类及其数量。这些感应元件还可以识别膜内错误折叠的蛋白质,并在必要时发出求助信号。

信号分子会监控膜的物理特性,并据此调整膜材料的生产和运输,比如为打造独特的曲线而传达合成特定脂质的需求。特定膜形状的维持取决于膜分子中碳原子之间各种化学键的饱和结构,以及各种脂肪酸侧链。如果发现膜中存在张力点,脂质分子会发生改变以减轻压力。如果膜材料供大于求,向内质网发送的信号会起到限制其生成的作用。

细数高尔基体和内质网的重要作用

高尔基体可从附近的内质网接收蛋白质和脂质，引导各类脂质分子的行为，还包括与脂质和糖分子相连的修饰蛋白。如前所述，靠近细胞核的内质网区域负责产生蛋白质。相对地，远离细胞核的内质网区域负责产生脂质，再加以修饰，然后送往高尔基体。高尔基体会对收到的脂质分子进行归类，再贴上标签，以便将其运送到其他特定位置。高尔基体能够合成各种类型的囊泡以及所有细胞器所需的膜。而对于细胞器和外细胞膜上所有受体及信号的放置和回收利用，高尔基体也能够起到调控作用。

在内质网和高尔基体信号的引导下，膜的蛋白质和脂质分子会以多种方式相互作用。在此过程中，需要蛋白酶将脂质切割成所需的形状，从而放置在特定的膜位置。同时，脂质会防止膜蛋白机器与不相关蛋白进行相互作用。特定脂质会将独特的蛋白质吸引到膜的张力点，视情况参与释放囊泡的过程。如本章之前所述，为了在细胞膜处发挥不同的作用，蛋白质可以先溶于水，再通过改变形状来变成不溶于水的状态。

在细胞膜内，脂质分子可以协调大分子蛋白质的形状和附属物，让这些蛋白质发挥多种作用。蛋白质不仅可以穿透整个膜，作为细胞外受体进行相互作用，还可以参与细胞内部的信号传递级联反应。类似地，脂质能够对在膜中形成通道的大分子蛋白质起稳定作用，好让离子能够顺利地进出细胞。

产生各类球形囊泡是高尔基体的重要功能之一。借助高尔基体发出的信号，由大大小小的囊泡成员构成的大家族能够在整个细胞范围内行使分子功能。其中，一类囊泡负责积攒错误折叠的蛋白质，以免细胞受到损伤；另一类囊泡会在应激时隐藏重要的酶，以备后用。

一个囊泡系统会收集细胞内的残骸和微生物，然后与彼此融合成更大的囊泡，再回收利用收集到的分子。本书第 29 章与 mTOR 分子相关，介绍了来自细胞周围的信号。这些信号提供的信息指明了构建和维持细胞器及其他结构所需的分子类型及其用量。根据细胞各个部分发出的信号，经囊泡系统回收利用的分子会恰到好处地生成整个细胞所需的基本分子。另外，囊泡还可以将分子和微生物带入细胞或将其分泌到细胞外。如前所述，囊泡内还存在信息分子，因而很多细胞会通过囊泡来传递信号，尤其是癌细胞。

尽管细胞内有很多脂质分子，却难以构建成脂质囊泡，因为整个构建过程需要进行精细的信号传递。而即便构建成功，脂质囊泡这种小球体也是最难稳定的结构，因为它需要特定分子才能形成急转弯式的曲线。构建成型的囊泡在大小上非常精确，而为了保持形状，囊泡还具备多达 600 个跨脂质膜蛋白组成的精细晶格结构。

为了构建囊泡，专用支架蛋白会以膜脂质层为起点进行组装。在蛋白分子对膜的挤压作用下，膜会逐渐向外凸出，弯曲程度也会越来越大。随即，这种蛋白结构会形成球形基质。如果基质中蛋白数量有所偏差，分拣程序会解决这个问题，确保蛋白数量的精确性。在基质内的囊泡完全成形之后，支架蛋白会分解，囊泡则继续前往其目的地。在此期间，脂质和蛋白分子会与囊泡融合，但必须保持其球形外观。到达目的地后，囊泡会通过与成形相反的程序融合到目标膜中。

突触处神秘的囊泡作用

到目前为止，我们还不清楚神经元突触处如何能够如此迅速地释放和回收利用大量囊泡，也不清楚高尔基体是如何跟上这整个过程的步调的。细胞内携带神经递质的囊泡会与膜融合，将其内容物释放出去。接着，囊泡会自行重复逆向程序，脱离细胞膜并回到细胞内。这一回收利用的过程以某种方式进行，不会对细胞膜屏障造成任何孔洞或损坏。

活性区

在这一复杂过程中，神经元会利用"活性区"这种复杂的蛋白质平台来接应实现快速信号传递所需的大量囊泡。在接收囊泡的神经元上还有一个巨大的平台，配置有 1000 多个互锁蛋白，位于受体附近并由信号触发。无论是从囊泡的接收机制还是发送机制来看，特定脂质都会将所有结构蛋白聚集在一起。同时，特定的酶也必须参与其中，支持合成所需的特定脂质。

活性区含有丰富的蛋白复合物，可利用各种脂质和大量相互作用的蛋白质来聚集、装载、接应、释放和回收携带神经递质的囊泡。其中，酶负责切割脂质，使其产物所带负电荷能够满足上述流程的要求。带电量合格的脂质能够在活性区安排将多个囊泡打包成批，每批囊泡均可随时释放。要触发囊泡释放，还需要其他特定脂质的参与。据悉，多不饱和脂肪酸和胆固醇都是这些机制中的重要成分。

囊泡的快速释放

神经递质活动快到出人意料，我们很难解释这种现象，大部分现有理论都没能彻底阐明囊泡的快速释放过程。之前我们介绍了一种相对缓慢的从膜合成囊泡的过程，即通过构建球形蛋白质支架结构来合成产生囊泡，再在囊泡与膜融合时将支架分解。但对于突触处的囊泡释放来说，这种做法的速度太慢。目前，我们还不清楚携带神经递质的囊泡如何在一毫秒内融合，这一过程又如何在一秒内重复一百次。而且，我们也还不清楚膜上的孔洞如何能够如此迅速地完成修复。

一种理论认为，加快支架构建速度需要有多个辅助分子；另一种理论指出，利用膜上的孔洞能够迅速完成临时性的融合和回收。除此之外的第三种理论着眼于膜回收与囊泡释放在不同的位置发生。该理论强调了支架蛋白参与其中的必要性，因为支架蛋白会标出收纳回收所得囊泡的新位置。还有一种观点认为，囊泡会在快速进出活动中保持完好状态。近期的一种理论谈到多个囊泡会结合在一起，再回到更大的囊泡中。事实上，我们推测的这些过程都可能在不同的情况下发生，而且高尔基体必须以某种方式跟上大部队的节奏。

第 26 章
CHAPTER 26

支架干线上的物质运输
TRANSPORTING MATERALS ON SCAFFOLDING HIGHWAYS

由于可在细长的轴突中观察到支架，因而对支架分子的研究主要以神经元为对象，但实际上，支架分子会为所有细胞提供结构支撑和运输轨道，故有"支架干线"之称。支架分子不仅能够帮助细胞保持其独特的形状，还能够固定住细胞内的所有细胞器。随着细胞在迁移过程中的形状变化，支架分子会自行调整其空间结构（构型）。为实现各种形状变化，大量支撑结构会在短时间内完成构建、分解和重建。神经元无论何时长出新的连接，动态神经元骨架都会随之不断变化。

细胞骨架在某些方面类似于乐高积木，但其调控机制尚未研究透彻。曾有观点认为，最大的支架分子"微管"都源自"中心粒"这种中央蛋白机器（详见本章后续内容）。但最新研究发现，微管同样也由高尔基体和其他位置散发开来。

三种独特的蛋白支架分子

据我们所知，三种独特的蛋白质支架分子共同构建了所有人体细胞结

如图所示，"动力蛋白"（马达蛋白）带着囊泡（负载）沿微管（干线）运输
（基思·钱伯斯／科学图片库）

构。其中每种支架分子都会利用大量辅助分子将各个组分固定在一起。按
体积从小到大的顺序，这些支架分子依次是肌动蛋白丝、中间微丝和微
管。肌动蛋白丝连同微管会与马达蛋白和接头分子协作，一起运输各种
物质、囊泡、细胞器和微生物。这三大系统中的每一个系统均有其相应
的调控机制，对此进行的研究已逐渐明朗化，但这些系统在何种引导下
完成协作目前仍然是一个谜。

肌动蛋白丝

肌动蛋白丝是大多数细胞结构的骨架。在囊泡与膜融合并形成维持细
胞器和细胞形状的骨架之后，肌动蛋白丝将起到稳定膜的作用。肌动蛋白
丝对细胞意义重大，具体涉及细胞分裂、细胞运动、细胞对其他结构的黏
附，以及细胞为通过膜平台与其他细胞进行信号传递而提供的支持。

当肌动蛋白丝要在细胞快速生长端构建细胞结构的同时将另一端固

定到位时，它们会提出能量需求。当树突和轴突弯折时，肌动蛋白丝会为之提供支撑。当细胞像变形虫一样向前移动时，肌动蛋白丝会率先在细胞前端生长；接着，与肌动蛋白丝协作的马达蛋白会一路扛着细胞核前行；然后，落在细胞后方的肌动蛋白晶格结构会分解并重建。对于所有这些复杂的结构，肌动蛋白丝都需要各种接头分子系统来固定结构，然后将其释放。

中间微丝

第二种支架系统由介于肌动蛋白丝和微管之间的中等大小的微丝构成。要肉眼观察微丝的难度很大，而科学家也是最近才发现微丝与其他纤维之间的互补作用。微丝的主要作用可能是填充平行微管之间的区域，从而加固细长的轴突结构。从轴突的生长过程来看，中间微丝会随之以动态方式添加新亚基。但与肌动蛋白丝和微管不同，中间微丝可能不会与一些特殊的马达蛋白协作。

微管

在三种支架分子中，微管的体形最大，也是最"显而易见"的支架结构。多年来，科学家一直都在深入研究微管这种蛋白链，而大部分研究在神经元中进行。以往的观点认为，微管在整个神经元中充当主要支架，但现已发现比微管小的肌动蛋白纤维也占有同样重要的地位。尽管如此，我们还是不能低估微管的重要性。微管会在细胞核周围形成笼状结构，将其固定到位。细胞分裂期间，微管会由精密的纺锤体控制分子引导，在马达蛋白的驱动下将染色体分别拉向细胞两端。微管能够生成纤毛结构，即从细胞向外伸出的附属物（详见第 28 章）。从神经元细胞来看，微管会沿轴突一直蔓延，充当至关重要的运输干线，对于其他细胞的各个部分也是如此。

借助各种桥接分子和附属分子，由微管构成的平行运输轨道便可在相应位置保持稳固。除了生成结构和运输物质，微管还能够通过确定树突新生位置等方式来辅助调控突触处的神经可塑性。

三位一体辅佐轴突

所有三个支架蛋白系统会协力促进轴突活动。当轴突形成时，依托于肌动蛋白支架的细胞体上首先生出多个"苞芽"，接着这些苞芽会逐渐长成刺突状。然后，细胞体会根据内外部细胞信号来选择其中一个刺突，将其发育成轴突。在细胞体的引导下，各种分子和囊泡会纷纷前来，开启轴突的构建工程。轴突粗大的起始段主要由肌动蛋白骨架形成。之后肌动蛋白结构分解，由微管为轴突继续向前生长搭建更坚实的支架。接着，肌动蛋白结构朝着细胞体的方向后退，微管则沿反方向顺着轴突向下延伸到轴突末梢的突触。

轴突的支架晶格结构

早在 100 年前，我们已经能够在光学显微镜下看到轴突的支架晶格结构，但直到最近，我们才通过先进的成像技术认识到这些结构有多么复杂。肌动蛋白丝会绕轴突一圈形成圆环，一个个肌动蛋白环以一定的间隔相继排开，看起来就像是一级一级的楼梯。肌动蛋白环能够为维系膜正下方的轴突形状提供支撑，同时使轴突保持长管状的外形。进一步来说，单个轴突的长度可达 1 米，从脊髓一直延伸到足部。另一方面，肌动蛋白环会限制住可能扩大轴突直径的分子，而沿轴突分布的肌动蛋白基质也为安置钾通道和新轴突分支提供了场地。

各个肌动蛋白支架形成了一道物质扩散屏障，将轴突的起始段与伸长段隔开。这道屏障只允许将某些分子送入轴突，而其他物质则只能折返。随着轴突的生长，中间微丝会加固微管干线之间的轴突段。在轴突末端附近，一些分支"苞芽"会在肌动蛋白丝和微管共同作用下"萌发"，继而与神经回路中的下一个神经元构成突触。

神经元中的复杂微管结构

微管的功能五花八门。当神经元要改变形状来进行迁移时，微管将成为肌动蛋白的得力助手。微管能够帮助神经元维持各种特殊的形状，使之具备丰富多样的特性，比如有些神经元长得就像个大树桩，上面分布着一万个树突芽，还与其他神经元连在一起。在神经元具备其特性之后，微管会呈现出独特的形状，同时利用各种有稳定作用的分子来维持自己的形状。对于细胞需要的大部分物质来说，微管就是它们的运输干线。

稳定的微管结构能够为长有细长轴突的神经元提供长达数十年的支撑。这种稳定支撑由蛋白标签分子实现，而这些标签的位置就在为其维持形状的微管上，以及在标签之间形成特定结构的特殊桥接分子上。在学习行为的刺激下，新的轴突和树突以动态方式生长，体现了神经可塑性的本质。这些结构的构建和拆除无时无刻不在进行，微管骨架也会随之扩展出新的区域，然后再将其收回。

构建微管并非易事，需要以不同方式来利用 7 种不同样式的微管蛋白（即由蛋白质形成的基本构建块）。一种蛋白质启动了微管的构建过程，另外两种以头尾相连的方式形成一个整体，然后附着到不断生长且尺寸精确的微管圆柱体上。其余样式的微管蛋白会在微管的生长尖端锚定马达蛋白或肌动蛋白支架。整个构建过程不仅需要多种互锁酶参与，还需要马达蛋白及其附属分子的协助。

不仅如此，另外 5 个分子大家族也是微管构建的帮手。其中，第一类分子负责调控微管的产生；第二类负责结合并调控微管两端，即带正电荷的生长尖端和带负电荷的锚定端；第三类负责合成起稳定作用的交联结构。另外，各种马达蛋白会与第四类分子协作，为组装支架提供活动力和机械力。第五类分子能够辅助微管支架整形，打造出独特的微管结构。类似的一些机制还用于构建其他微管运输干线，以将细胞核及其他细胞器固定到位，并协调细胞分裂的各个环节。上述微管支架均以圆柱状中心粒为起点，然后在中心粒的引导下延伸，而中性粒的本质也是微管。

中心粒

在负责完成有丝分裂的复杂细胞机制中，中心粒能够辅助纺锤体纤维的生成。在轴突的发育过程中，中心粒也发挥着重要作用。在细胞核附近，两个互成直角的中心粒会与其周围的蛋白质团形成分子复合物，指挥其他分子在细胞核和其他细胞器周围形成笼架结构。之后，这种结构便开始生出轴突运输系统的第一根微管。对于即将分裂的细胞，中心粒会引导精细的螺旋式微管轨道来迁移染色体和细胞器，从而产生新的细胞。

细胞中心的两个中心粒具有广泛的组织编排功能，可以不断改变它们附近的微管结构。这两个中心粒决定了细胞核在细胞中的位置，并产生能够稳定细胞核的基质。在细胞移动的过程中，中心粒会与提供动力的肌动蛋白丝一起向前推动细胞核及其笼架，而笼架则负责安排将内质网和高尔基体放在与细胞核相邻的位置。此外，微管结构也决定了细胞附属物的位置，而这些附属物本身也由微管构成。这种附属物叫"原纤毛"，也叫"初级纤毛"，是所有细胞信号传递通路的中心（详见第 28 章）。

沿轴突延伸的微管运输干线会先在细胞核附近的原中心粒处生发，再稳定发育多年，然后断开与中心粒的连接。不过，伴随轴突的大部分微管并非一开始就锚定在这两个中心粒上，但具体如何把控，我们还没找到答案。最新研究发现，还有多种其他机制会触发构建用作运输干线的微管结构。这些结构的生发起点包括高尔基体细胞器、外细胞膜，以及其他独立的微管簇。

不可思议的是，我们还观察到一些酶会沿轴突分解微管，再利用产物片段生发新的轨道。目前，我们还不清楚遍布整个细胞的各种微管结构之间究竟以何种方式协调。不过，尽管生发过程不同，但微管在密度、长度、精准定位和功能方面均遵循严格的调控机制。

在由中央中心粒伸入轴突再抵达突触的生发过程中，微管会结合肌动蛋白支架和辅助分子来帮助自己稳定下来。另外，蛋白标签也能够稳定微管结构，改变微管与马达蛋白和协调分子之间的相互作用。从 1000 多种不同类型的神经元来看，其独特结构的组分包括基本微管分子的不同遗传亚型以及各种各样的标签和桥接蛋白。

在这些差异的影响下，不同神经元在晶格结构的灵活性和稳定性上也存在着很大的差异。

在对特定微管运输轨道起稳定作用的众多辅助分子中，一种辅助分子叫 tau 蛋白。由于这种蛋白与阿尔茨海默病相关，因而备受关注，报道得也很多。在 tau 蛋白发生各种突变的情况下，微管会受到破坏，而这也是阿尔茨海默病出现大脑损伤的原因之一。

微管在三个不同轴突区域中的作用

轴突可分为三个子区室，它们不仅支架结构不同，而且有本质上的差异，分别是起始段、中段长轴区，以及形成多个突触的末端分支区。

起始段

轴突的起始段有特殊的锚定分子，可将支架连接到细胞膜。起始段还有电信号触发装备，能够将信息沿轴突传送到末端的突触。与具备细长平行微管轨道的轴区不同，起始段的微管会靠彼此之间的桥接蛋白连成小束。包括肌动蛋白丝和微管在内的多种互锁蛋白会在神经元细胞体和轴突之间形成屏障，以此调控运输至轴突内部的物质。以起始段为起点均匀分布的微管会继续沿轴突生长，进入中段长轴区。

起始段具备致密的骨架结构，就像是一个繁忙的火车站，随时在积极调配着马达蛋白和运输物资。肌动蛋白丝和微管会与各种马达蛋白和附属分子协作，而起始段基质也会组织编排进入轴突的物质流动。在基质的控制下，细胞体内的蛋白质无法向外扩散，只有某些灵活机动的转运蛋白才能进入轴突。同时，虽然向中段长轴区的运输受限，但反向运输则非常自由。如果轴突起始段出现本要运送到树突的物质，这些物质便会由起始段拦截并贴上特殊的标签，然后送回树突。这个过程具体如何，我们会在下一章谈树突时介绍。

中段

轴突长中段是最容易通过成像设备观察的部分，对该部分开展的研究也最多。我们可以在轴突长中段的横截面上观察到 100 束微管，而与其他分段相比，这段轴突具有高度组织化的支架结构，因而也更稳定。其中的微管带有多种起稳定作用的标签分子和起搭桥作用的桥接分子，大部分物质运输发生在轴突中段，详见下文。由于肌动蛋白环的排列间隔精准，轴突内径也很固定。这些蛋白环会将多个分子锚定在环之间和环周围，以此保持在固定位置。

末端

靠近突触的轴突末端是最活跃的区域，而且该区域的直径明显增大，可让多个突触舒展其分支。另外，轴突末端是生长迅速的神经递质释放区，微管在此处的分布会变得越来越稀疏。换言之，微管重叠程度降低，间距拉大。轴突末端活动的动力来自快速变化的致密肌动蛋白支架。这些肌动蛋白轨道会插入稀疏分布的微管之间，作为动力源来完成所有局部运输。在此靠近突触的末端区域，肌动蛋白马达将接替微管，继续传送和释放神经递质囊泡。而在释放携带神经递质的囊泡时，肌动蛋白结构也会起到稳定作用。

虽说轴突末端并无大量微管分布，但从一些必须首先送回细胞核的信号和物质来看，轴突末端启动运输的效率是最高的。而为了将重要的分子送回细胞核，轴突末端还会合成多种辅助蛋白和马达蛋白。得益于这一特殊运输机制，神经元将获得一种重要的营养物质，即"脑源性神经营养因子"（BDNF）。脑源性神经营养因子是神经元不可或缺的一种分子，会从末端突触处由第二个神经元回传给第一个神经元，这与大多数神经递质的传递方向相反。这种分子会由神经元在突触处拾取，然后沿轴突迅速传回细胞核。

一旦在轴突末端拿到脑源性神经营养因子，便会利用肌动蛋白动力源触发特殊的局部运输，将其送上微管干线。在由特殊马达蛋白组成的精锐部队护送下，脑源性神经营养因子这种重要分子便可沿微管干线迅速抵达细胞核。与此同时，起减速作用的竞争性运输还会受到多种信号的抑制。

沿轴突运输货物

轴突采用的运输系统之复杂实在是令人捉摸不透。要沿着不超过一米的轴突运输分子，摆开的阵势却不亚于要一个人沿着中国长城走上数千公里。

与轴突运输系统相关的细胞对话很复杂，相关研究也才刚刚起步。我们发现轴突运输机制故障牵涉到多种疾病，包括阿尔兹海默病、帕金森病、肌萎缩侧索硬化症（ALS），以及至少 10 种由 tau 蛋白异常引发的不同疾病（统称 tau 蛋白病）。但想要找到治疗方法，我们还必须先从各种烦琐的轴突运输机制中破解出更多信号。

神经元就像一座大城市，各条干线配有快速交通系统，可从本地前往特定目的地。局部运输以肌动蛋白丝为动力源，将物质从一条微管轨道送上另一条微管轨道，然后运到特定位置。这些以微管和肌动蛋白丝为基础的运输系统均在高度调控下运作。近来，我们发现多种分子标签可以激发不同的作用机制。

微管干线运输系统会因所运送货物的不同而有所差异，每种货物都需要配备适合自己的马达分子、接头分子和供能配件。货物种类包括大细胞器，比如线粒体和各种大小的囊泡。其中，小囊泡用于携带分子，大囊泡则负责为整个细胞回收分子。除此之外，微生物也在运输范围之内。借助多种马达分子和接头分子，大细胞器能够在前进和后退这两个方向上迅速移动。其间，大细胞器往往会携带并同时使用上述多种动力元件和连接装置。

定制化运输系统

所有种类的分子都会沿运输系统轨道运输，包括信使 RNA、小分子 RNA、核糖体、蛋白质和脂肪。其中，每种分子都有其独特的运输机制。特殊的脂质、蛋白质以及其他物质会由细胞体送往突触，而将其送回细胞体则对传递与受损轴突相关的信号有重要意义。

运输途中的每件货物都带有标签，以便精准送达目的地，无论是轴突沿线的哪个位置。具体而言，运输目的地可能是与髓鞘相关的节点，也可能是其他分支点或末端突触。轴突运输系统中目的地标签的作用机制，类似于将膜和蛋白质从高尔基体和内质网运往整个细胞的各个位置（详见第 25 章）。不过，轴突运输系统会更复杂一些，因为需要根据所运输的货物类型来提供各种各样的马达分子和辅助分子。

沿微管轨道运送货物的马达蛋白是一种不同寻常的分子，它们长着两条腿，会像人一样沿着运输轨道行走，每走一步都会消耗能量粒子。一种马达蛋白又可分为 20 种亚型，专长于从神经元细胞体前往突触或反向退回细胞体。而在遇上与自己相向而行且动力更强劲的其他马达蛋白时，一些马达蛋白还会侧向让道。相比之下，有一种马达蛋白能够大幅提升自己的移动速度，运输突触急需的囊泡和其他物质。

　　每种货物、马达蛋白和接头分子都需要配合不同类型的调控系统。在需要多个马达蛋白一同运送大型重物时，各个马达蛋白之间的协作要靠特殊的附属元件才能实现。各种马达蛋白经常是相向而行，彼此处于竞争关系。虽说我们还不清楚究竟是哪些信号决定了最终胜出的马达蛋白，但一项研究表明，调控这些竞争结果的基础在于将局部支架与马达蛋白连接起来的特定蛋白质。除此之外，还有一种机制可以解除两种对立马达蛋白之间的运输冲突，其中涉及第三方马达蛋白的参与。这种马达蛋白会决定两种对立马达蛋白中哪一方继续前进，哪一方改道让行。

马达蛋白运输的供能机制

　　驱动马达蛋白的能量粒子还需要根据每次装载的货物来搭配独特的附属复合体。在长途运输中，马达蛋白每沿轨道走一步都需要消耗能量粒子。大囊泡或细胞器需要多个马达蛋白来驱动，其中每个马达蛋白都需要消耗能量粒子。进一步来说，每次耗能的马达蛋白多达 12 个，它们相互竞争着向各个方向移动，光一次转运就可能消耗数百万个能量分子。其间，如果某个马达蛋白的步幅较大且可进可退还可侧向移动的话，那么它的能耗会高于其他马达蛋白。

　　虽说大部分能量粒子可通过运输干线上的线粒体来获取，从而在有需要处供能，但线粒体并非俯拾皆是。为了解决这种情况，一些酶会在局部产生能量粒子，但我们还只在轴突中发现了这样的酶。这些酶会经由微管轨道以囊泡的形式运输到特定位置。

快速与慢速运输

　　一般来说，运输次序优先的分子运输速度较快，有时还会需要调用紧急运输工具。如本章之前所述，一种重要的神经元养分——脑源性神经营养因子会被从轴突末端送回细胞体。为了运输这些"中坚"分子，专用囊泡会担起重任，但这样的机会有且仅有一次。换言之，这些囊泡不会在完成任务后返回原位，而每次派出的也都是"定制"的新囊泡。比如在阿尔茨海默病患者的大脑中发现的淀粉样蛋白斑块前体分子，它们会由某种特殊囊泡携带，并完成快速运输。

　　一般来说，运输结构分子的速度比运输细胞器慢得多，数百个关键结构分子会以非常慢的速度发送，用来构建沿轴突分布的中间微丝和微管。但对于由一种囊泡来运送多个小分子的情况，运输速度会加快，只是说在大多数情况下，结构分子的运输速度会明显慢于线粒体、溶酶体和其他细胞器。由于长期观察生物体内运输的难度很大，因而研究人员也是刚刚才发现慢速运输这一现象。

　　考虑到蛋白质运输的速度一般都很慢，轴突会用另一种方法来实现必要情况下的快速局部合成。大多数蛋白质会在细胞核附近的内质网中合成，然后经长距离运输送达目的地。但近期研究发现，轴突还能够在整条轴上合成蛋白质，从而节省提供结构物质的时间。为此，核糖体这种用于蛋白质合成的复合体会从内质网出发，经长途运输抵达沿轴突分布的蛋白质合成位置。另外，携带蛋白质合成密码的信使 RNA 也会在由细胞核生成后，经囊泡送达轴突局部的核糖体。

　　为了确保在适当的位置进行蛋白合成，必须抑制沿轴突运输的信使 RNA，以防它们中途停留在不当位置。同时还要放置标签，以免沿途的其他核糖体在信使 RNA 抵达目的地之前将其截获。不仅如此，专为中坚分子构建的快速转运囊泡也会派上用场，它们负责携带信使 RNA。研究人员通过反复观察各个区域才得出上述机制，但现在还要探究它们的用武之地。

在神经受损的情况下，运输会受多种信号的影响，比如从损伤处以发散方式传递回神经元细胞体的钙信号。为了重建断裂的轴突，物质运输活动会明显增加。新蛋白质在不断合成，以便加快马达蛋白的运转速度。各种酶和标签分子发出的信号会对更多物质产生刺激，同时增强细胞体的对外运输。此外，化学信号还会增加信使 RNA 囊泡的数量。

第 27 章
CHAPTER 27

树突干线
DENDRITIC HIGHWAYS

树突是神经元的分支状延伸，可接收突触处其他神经元传来的信号。树突是神经元细胞体上的突起，延伸方向与轴突相反。树突会合成传入信号，进而决定轴突信号，再触发末端突触释放神经递质，最终将信号传递给神经回路中下一个神经元细胞的树突。

为了应对神经元网络不断变化的需求，树突还会迅速长出新的分支，这些分支由诸多具有不同电化学特性的小型子区室构成，正是这些不同子区室之间精细复杂的来回通信产生了树突发给轴突的信号。

直到不久之前，我们都还认为树突是处理多种传入信息的"被动计算器"。但最新研究证明，数千个树突区室会与彼此交谈，从而判断将会沿轴突发送哪些信号来触发神经回路中的下一个神经元。研究还发现，甚至在单个树突内部、树突棘和其他子区室中也存在信息交流，其中每个区室都会产生自己的电信号，再通过相互作用来影响整个树突复合体的最终决策。树突棘（详见下文）是树突的突起，主要作用是接收来自其他神经元的信号。对这些输入信息进行整合的场所可以是一个树突棘、多个附近的树突棘，也可以是多个远端树突棘或整个树突主体。至于如

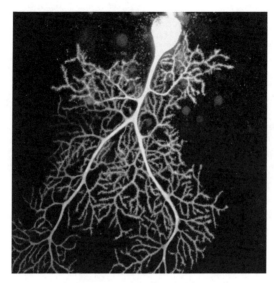

小脑神经元上精细复杂的树突主体
（共焦光显微图，达娜·西蒙斯 / 科学图片库）

此之多的树突子区室之间如何做出决策，相关研究还只窥得端倪。

树突的三个区域

树突的一些粗大分支上会生出大量小突起，其中一些突起会形成蘑菇状结构，即"树突棘"，可吸引其他神经元的轴突来与之建立联系。一个神经元与其他神经元的树突棘连接可能有 10 万处之多。树突棘长有狭长的颈部，是一条在与树突轴成直角的方向上延伸的通道。树突棘的颈部通向球状头部，头部膜内含有多个受体，另有结构精细的信号接收复合体。

树突的这三个不同区域，即膨大的树突轴、轴上生出的细长颈部和颈部顶端的棘头，可具备不同的分子成分和电学元件。此外，多个树突棘还能结合形成区室，其中每个区室都有不同的离子通道和电学特性。

　　由于树突棘的颈部和头部存在形状和大小上的变化，使得树突子区室内的电化学环境也各不相同。颈部非常小巧，体积不过小型细菌的十分之一，我们描述其形状时会说它"长""短""厚""薄"，而描述头部时则会说它"细""粗短""蘑菇状""有分支"。但无论如何，二者都是形状连续变化的统一体。引起形状变化的因素包括环境、季节变化、年龄、雌激素和压力。相比之下，蘑菇状的头部可能是最稳定的形状。由于蘑菇状头部可分隔为各个特殊形状的区室，因而能够分区存放不同类型的信号。

　　在此基础上，各种蛋白质和其他分子等形形色色的货物在经微管轨道进入大树突轴之后，便会像在轴突上一样经分拣送往不同的目的地。尽管神经元细胞核的体积是树突棘的数千倍，但只需一个树突棘的信号便可迅速刺激细胞核合成特殊蛋白质。

　　这些蛋白质会前往带有目的地标签的微管轨道，继而从细胞体运输到特定树突棘。在蛋白质沿树突轴移动时，树突棘便会抓取其所需的蛋白质。这些"特招"蛋白质具备一些不同寻常的特性，能够在某些情况下使附近的树突棘受益。

　　相比之下，轴突局部的核糖体还能以更快的速度来合成供树突棘使用的蛋白质，继而将其以主动运输的方式送入树突棘中。不过，各个树突棘接收这些分子是难是易，还要看它们各自的电学特性。举例来说，颈部粗短的树突棘最适合接收从轴突送来的蛋白质。

神经可塑性效应

我们将由学习活动引起的神经元连接变化统称为"神经可塑性"。神经可塑性会对树突棘产生多种影响，包括改变树突棘的形状以及多个邻近树突棘的空间排布。不同类型的神经可塑性会触发特定的马达蛋白和物质运输，进而改变相应树突棘的微管和肌动蛋白支架。

神经可塑性可以改变一个树突棘、多个树突棘、整个树突、整个神经元，也可以改变大脑各部分之间宽广神经回路中的多个神经元。大多数情况下，树突棘发生变化的速度都很快，且伴随肌动蛋白的结构变化，继而利用以特殊方式合成的蛋白质来形成更稳定的结构，最终产生持久的神经可塑性效应。

通过在丰富多样的环境条件下开展动物试验，比如增加小鼠锻炼机会的试验，神经可塑性的作用机制得以证实。在这些试验中，树突棘的数量迅速增加，而这种现象又会在合成更多受体的情况下被放大。在受体沿树突轴运输的过程中，新的树突棘会萌发并长出肌动蛋白支架，以便受体进入其中。

而对于使用之后的受体分子，肌动蛋白支架会负责将其回收。一些新生树突棘会长得很大，还会带有微管结构。在神经可塑性的作用下，树突棘颈部会发生改变，导致其电阻增加，目的是防止头部内的特定信号与附近树突棘内的信号发生相互作用。另外，一些特定的蛋白质也会随之产生，让树突棘的变化形成持久的神经可塑性效应。

对于其他复杂的神经可塑性效应，我们还没研究透彻。树突棘颈部可以保护形状多变的头部，使输入和输出的电流受到限制。颈部越长越粗，隔离其他树突棘电信号的作用就越强。在某些情况下，神经可塑性可以改变颈部，使其体积变为原来的 40 倍大，而随即产生的信号强度也会是原来的 40 倍。随着信号变强，颈部对电能变化的抵抗力也会变强。不过，神经可塑性同样可以降低这种抵抗力，使棘头发生其他变化。

在神经可塑性过程中，每个树突棘中接收信号的精细蛋白复合体也会发生改变。接收复合体占树突棘总面积的 10%，而且在每个脑区和每种类型的神经元中各不相同。接收复合体由 1000 个互锁蛋白构成，外面包裹着致密的基质，可通过与膜相连来稳固各种组分的位置。要构建此类蛋白复合体，必须将所需蛋白质运输至树突棘内，具体方法是先将蛋白质送上微管轨道，再通过肌动蛋白支架送入棘内。

但最新研究表明，树突棘也可能会合成一些自己的蛋白质来构建复杂的接收复合体。借助先进的高性能成像设备，研究人员发现树突棘内存在小型核糖体，能够帮助它们合成自己的蛋白质。虽说我们现在才刚刚摸清神经可塑性会使信号接收平台发生哪些变化，但也不难发现，其中多项变化涉及替换信号接收蛋白复合体中的"备选蛋白"，无论是让它们"上岗"还是"下岗"。

轴突释放信号的最终环节

要让信号最终能够从神经元发出，至少涉及两个相互作用且存在诸多变数的重要环节：一是树突向轴突发送自己的电信号；二是轴突起始段向胞体返回电流，与树突信号相互作用。直到最近才有研究结果显示，由起始段朝胞体方向发回的逆行信号是最终释放信号的关键。

再从树突来看，它们的各个区域都会不断冒出多个细小的树突棘，还会产生新的大分支来迅速改变自己的形状。从树突发往轴突的信号由小型树突棘与大型树突分支的各种组合产生，其中每种组合都有多种形态和快速变化的几何结构。树突棘可能会突然长出来，也可能会消失不见，数小时内长出或消失的树突棘占比 20%。如果一个树突棘收到强信号刺激，它周围的其他树突棘会马上冒出来，其中每个树突棘都连接着不同的传入轴突。

大型树突轴和小型树突棘的构建方式不同。为了构建新的大树突分支，微管会长成树突轴，同时带来马达蛋白和货物。大型树突轴的主要结构由微管构成，而体形小得多的树突棘则主要由肌动蛋白支架构成。作为动力源的肌动蛋白丝调控着树突棘的一切活动。树突棘中的肌动蛋白丝非常活跃，它们会不断拆建各种结构，包括保持树突棘颈部形状的环，这一点与轴突的肌动蛋白环相似。树突棘颈部的基底处有锚定支架，可将颈部固定在树突轴上，以防其他分子偶然窜入。

树突整合功能的影响因素

收到数千个同时发送的信号后，树突能够通过某种途径触发输出信息。对于这一神奇的信息整合过程，现有研究认为，存在多种可变影响因素，包括树突棘形状、树突棘群的几何排布，以及主动和被动电学特性。对于通过整合信息得到的输出结果，最新研究发现，在树突之间循环的多种电信号起着重要作用。此外，在轴突起始段的逆行信号和各种树突信号的共同作用下，最终输出结果也会发生改变。

不仅如此，信息整合过程的复杂性还体现在以下两个方面：其一，树突棘上的突触可以有 26 种不同的尺寸，且大小跨度达 60 倍，而每种尺寸都能以不同的方式影响信息输出结果；其二，在上千种不同类型的神经元中，任意一种都会表现出变化无常的树突特征。

最新研究表明，信息整合过程可能涉及单个树突棘、多个树突棘、形成特定局部几何构型的树突棘群，乃至稀疏分布的树突棘。一种信息整合方式是将多个信号简单地叠加在一起，让它们一同刺激一个特定的树突区域，但这样做必须保证所有信号的步调非常一致。另外，两个信号还可以与彼此叠加，方法很简单，就是同时抵达不同的树突区域，包括刺激多个大型分支。不仅如此，不同信号产生的效应也可以叠加，那就是让这些信号同时刺激树突上的数千个位置。

由此可见，叠加法信息整合需要考虑信号到达的位置。举例来说，如果某些信号到达的位置相对靠近神经元细胞体，那么就会对其他信号起放大作用。另外，信息整合过程还会受强信号影响，因为此类信号会立即改变整个树突主体。但同时要指出的是，即便是一个微弱的树突信号也会对最终的轴突峰电位产生巨大影响。

除叠加之外，输入信号之间还存在竞争关系。一个树突区域的多个树突棘可能会受到信号刺激后，与其他区域传导的另一个强大信号竞争。某些信号还可以阻断其他信号的传递。相比之下，更复杂的相互作用还可能涉及叠加多个输入信号和抑制其他信号，比如远端分支的早期信号、细胞体附近的高强信号等。

离子通道

树突中的离子通道会产生各种电流，而这些电流也会影响信号输出结果。离子通道是跨膜大分子蛋白质，只允许具有某些电学特性的分子通过。每种离子通道都有多种亚型，每种亚型的空间排布不同，能够以多种方式应答轴突逆行信号。举例来说，我们已在神经元中发现 100 多个独特的钾通道，其中每个通道都具有不同的功能。

记忆中心的树突可以同时拥有多种类型的钾通道，根据它们与细胞体的距离可一一区分。另外，钠通道和钙通道也多种多样，且存在于某些脑区的特定钠通道并不存在于其他脑区。再者，与学习相关的特定神经递质还可以改变离子通道和以其为基础的信息整合。

树突峰电位

一开始，科学家对树突棘的了解不多，认为树突整合信息的过程就是被动地对输入信息进行线性求和。后来，研究发现树突棘会发出多变信号，即"树突的峰电位"，于是对研究结果产生了争议。但最终证明，这些结论并不矛盾。更准确地说，由于单个树突棘、树突棘群、分支区和整个树突系统都会与彼此通信，那么在不同情况下自然会出现各种各样的树突峰电位信号。而在这些峰电位的相互作用下，便产生了不同的整合结果。

目前，科学家对动物神经可塑性的研究结果仍存有争议。一些结论认为是树突峰电位起主导作用；而另一些则指出，只要轴突逆行信号为定时脉冲信号，则应主要考虑这些信号的相互作用。对于某些学习活动来说，按特定时间模式出现的峰电位可能是必要的，但不可一概而论。一些信息整合过程要求数十个信号在同一毫秒内抵达多个微小的几何结构区，而且这些输入信号必须同步出现在确切的位置。再者，其他细胞调控通路也可以改变这种情况，降低对信号刺激次数的要求。

至于轴突起始段发出的逆行信号对最终信号整合结果有何影响，一些细节证据也已缓慢出现。从掌管不同记忆类型的脑区到其他各个脑区，我们都能发现树突峰电位与轴突逆行电信号之间独特的相互作用方式。

一些树突信号会叠加至轴突信号中，而另一些则会从轴突信号中扣除。在轴突发出强信号的情况下，树突信号对轴突信号的影响可能会更显著。同样，信号也可以由一个树突发出，再在与轴突信号交会时由其他树突棘进行调整。

特定脑区可以完成不同类型的信号整合。树突峰电位的线性叠加常见于与视觉、听觉和触觉相关的神经元。不过，在发生由学习引发的神经可塑性变化时，与社交行为相关的触觉会变得更复杂。在骑自行车等运动学习活动中，从树突主体远端传入的信号会一同产生树突峰电位组合。此外，记忆区还会出现另一种神经可塑性变化，该区域的柱状结构能够让一个强树突信号对其他树突信号产生显著影响。

未来，我们还需要开展大量研究才能真正懂得：树突如何确定信号输出结果？树突与精神活动有何关联？这个问题之所以很复杂，是因为大部分精神活动同时涉及整个大脑范围内多条脑神经回路的活动。每个脑区都分布着大量树突，它们能在独立活动的同时保持步调一致。试想，某个树突棘在一瞬间触发，而下一毫秒它就变成同一个树突上截然不同的另一个树突棘。这个过程蕴藏着太多大脑的奥秘，令人不得不感慨，我们真的是能"想"到就能"做"到！

第 28 章

CHAPTER 28

纤毛的重要意义
THE SIGNIFICANCE OF CILIA

几乎所有细胞都长着"纤毛"这种毛状附属物。人体细胞既有会动的纤毛，也有不动的纤毛。动纤毛能够带动液体，比如肺细胞黏液，大量动纤毛一排排地同步摆动，便可推着黏液向前流动。

另外，纤毛还能推着卵子沿输卵管移动到子宫，与精子相遇。与此同时，精子本身也会借助它们摆动的纤毛游向卵子。在早期胚胎中，纤毛顺时针摆动，导致液体向左侧流动，使胎儿逐渐向左右对称的趋势发育。在脑脊液中，纤毛由脉络膜内皮细胞引导进行高度协调的运动，继而形成水流来冲走代谢废物，包括错误折叠的蛋白质和毒素。

所有静纤毛均为圆柱形结构，内含 9 对微管（二联体），呈环形分布，周围由膜包裹。动纤毛也是类似的圆柱形结构，外缘也有呈环形分布的 9 组二联体微管，但柱体中央还有起运动作用的两根单微管。

微生物有多种多样的动纤毛，有些长得像又长又细的尾巴，会上下起伏着做游泳动作。微生物也有更大更强壮的泳动附属物"鞭毛"，能够像螺旋桨一样旋转。一些藻类会同步协调两条大鞭毛来做蛙泳运动。这种泳动看似简单，实则不然，需要数千个复杂的分子机器来协作完成。

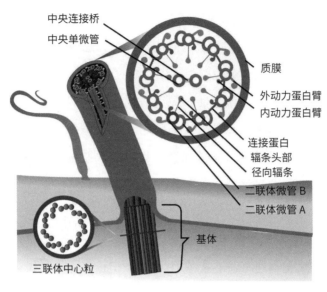

中央连接桥
中央单微管
质膜
外动力蛋白臂
内动力蛋白臂
连接蛋白
辐条头部
径向辐条
二联体微管 B
二联体微管 A
基体
三联体中心粒

纤毛
（帽子夫人 / 维基共享）

除运动之外，微生物纤毛的用处还包括收发信号，将毒素注入宿主细胞和敌人等。

作为中央控制中心的原纤毛

几乎所有人体细胞表面都存在一种有活力但不运动的纤毛，即"原纤毛"。现有研究表明，这种纤毛可作为细胞中央控制中心的"天线"，用于收发细胞内外信号。原纤毛可以发育到非常特化的水平，比如感觉神经元的纤毛就与眼睛感光和鼻子嗅闻气味有关。同样，听觉的产生也离不开纤毛，细胞上成排的纤毛能够感知压力和声音频率的变化。而在肾细胞中，纤毛还能衡量液体流量。

最近，我们发现 T 细胞的原纤毛可以辅助调控其他免疫细胞。在 T 细胞接受另一个免疫细胞呈递物质的过程中，这两个细胞会利用原纤毛在彼此之间形成免疫突触（有关免疫突触的内容，请参阅第 3 章）。通过利用这种纤毛连接，T 细胞能够先评估收到的分子片段，再决定是否攻击相应的微生物和异常细胞。T 细胞的纤毛运输系统会携带装有特定分子的囊泡，再用这些分子来杀死微生物和异常细胞。同时，这些纤毛中的受体也可以触发 T 细胞转变为杀伤性细胞群。

中心粒、纺锤体与原纤毛的关系

尽管首次观察到原纤毛是在 1887 年，但由于它们长得很小，只有人体细胞的万分之一，因而一直是研究领域的一大难题。与生物纳米管的情况一样，我们必须利用最新的研究技术才能更近距离地观测原纤毛的功能。

纤毛的圆柱形结构与中心粒相似，在细胞中起合成和引导微管的作用。不过，纤毛的圆柱形结构由 9 组二联体微管形成，而中心粒是由 9 组三联体微管形成。除了靠近细胞核的中央中心粒，另一个中心粒紧挨着每根原纤毛，作用是合成微管来构建纤毛结构，同时将细胞物质送入纤毛的长圆柱体。

众所周知，中心粒参与形成引导细胞分裂的纺锤体。纺锤体是一个巨大结构中的一分子，而这个结构正是由两个中心粒来稳定。纺锤体（有人说它是自然界中最复杂的机器）由配备马达蛋白的微管支架构成，其中马达蛋白负责通过移动染色体和细胞器来协调细胞分裂。细胞分裂时，4000 根微管与各种各样的马达蛋白和泵蛋白同步行动，齐心协力实现人体染色体的分离。

　　近期研究结果指出，纺锤体与原纤毛之间关系密切，人们观察到在细胞分裂期间，原纤毛的囊泡会装载一些蛋白物质并将其运送给纺锤体。这种囊泡会在分裂过程中进入两个子细胞中的一个，将母细胞的信号信息和物质原原本本地交给子细胞的原纤毛。从这样的关联来看，我们有理由认为，原纤毛不仅仅是细胞间通信的天线，还是整个细胞的控制中心或"大脑"。

复杂的环境和功能

　　原纤毛的圆柱形结构是一根细长的管，一端锚定在细胞深处，另一端伸出细胞并向外伸展。这种结构为促进细胞内外部对话提供了独特的环境。由于纤毛内部与细胞其他部分分隔开来，积蓄各种蛋白质的浓度会远高于细胞其他部分，因而能够更有效地进行信号传递。运输系统会将分子带入纤毛，然后在特定位置的马达蛋白以及内嵌式受体和信号传递装置的协作下，像电梯一样沿纤毛管上下运送分子。

　　分布在纤毛管内膜上的多个受体具有丰富的生理功能。原纤毛能够感知化学物质、离子浓度、光、温度、机械力和重力。鼻腔中的原纤毛会转变为嗅觉感受器；眼睛的光感受器也是由原纤毛顶端发育而成。此外，软骨细胞纤毛能感知压力，心脏细胞纤毛能感知血流。最近，我们发现很多早已研究透彻的细胞信号通路就位于纤毛中。

　　从以往的研究来看，揭示原纤毛生命机能的首次重大发现，是证实多囊肾病患者体内存在两种异常纤毛蛋白。在肾细胞中，纤毛会对流经肾小管的液体做出反应，发送与水压和钙浓度水平相关的信号，而这些信号在肾脏调节中发挥着重要作用。

　　另外，多种大脑功能也与原纤毛和动纤毛密切相关。最近一项小鼠研究表明，阻断原纤毛中的受体会导致记忆丧失。动纤毛和静纤毛均参与神经元、神经胶质细胞和脉络膜内皮细胞之间的对话，在胎儿大脑发育中起着至关重要的作用。对于处在发育阶段的大脑，原纤毛向干细胞发送的信号是海马记忆中心产生新神经元所必不可少的；而在神经元迁移过程中，大脑内部通信也离不开静态原纤毛。动纤毛能够帮助神经元、神经胶质细胞和其他细胞在胎儿体内移动。如果纤毛无法利用其运输机制来发送特定分子，则可能会导致脑病。

纤毛运输系统

原纤毛的运输系统比较复杂。早期观察结果显示，纤毛的构建从基部

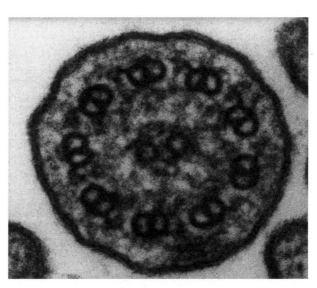

纤毛的横截面图显示，柱体内有 9 对微管二联体。
与原纤毛不同，动纤毛的柱体中央还有两根微管
（电子显微镜照片，生物摄影协会 / 科学图片库）

开始，然后沿柱体向上进行，同时依次有序地摆放微管支架和其他蛋白质；构建纤毛时，囊泡复杂运输所需物质，包括在基部附近释放的蛋白片段。

而今，纤毛结构和运输系统的复杂性开始逐渐被揭示。首先，由微管马达蛋白会贴好标签的物质从细胞的其他部分运送到纤毛基部。其间，马达蛋白会附着在要运输的分子上，把它们拖到纤毛基部附近的膜上。接着，马达蛋白再将这些分子拉入纤毛柱体。

纤毛基部会构建特殊的马达蛋白，将要运输的分子沿细长的柱体向上提拉。在提拉向上运输的过程中，送达的分子会形成各种受体和支架。到达顶部后，马达蛋白经过改装，会再向下运输其他物质。从顶部到基部的过程中，马达蛋白还会装载从其他细胞接收到的信号，最终将这些信号送给细胞核来处理。在柱体基部，马达蛋白会再次改装，以便向上运输下一批货物。

不过，承担纤毛运输工作的马达蛋白并不简单。将物质拉到顶部的运输系统至少由 4 个马达蛋白组成，每一个都有序运作，不仅要充当马达，还要与膜相互作用，辅助调控受体和信号传递功能，比如做出有关构建胎儿大脑的决策。另外，马达分子还可以穿过膜到达外部环境，再接收信号或附着在物体上。当附着于外部时，马达蛋白可以锚定移动的成体细胞，同时在大脑发育期间起辅助迁移的作用。

纤毛相关疾病

纤毛异常会导致多种疾病。以一种动纤毛疾病为例，正常情况下，成排的纤毛会每秒摆动 20 次来清扫黏液和异物，该疾病会表现为双肺的纤毛同步活动异常。另外，这种疾病也会影响鼻腔和中耳的纤毛。吸烟会使纤毛受损，导致黏液积聚。

多种疾病的根本原因都在于原发性纤毛缺陷，比如视网膜疾病和肾脏疾病，而原纤毛运输马达缺陷甚至会导致失明。眼细胞纤毛末端有一个膨大的球状结构，上面分布着多个光感受器。这些受体发出的信号会通过狭长的纤毛柱体传递到细胞体，从而触发信号应答。如果马达蛋白出现故障，则不仅无法送达信号，也无法补充受体，最终导致"色素性视网膜炎"这种疾病。

第 29 章

会说话的分子？
——浅谈 mTOR
TALKING MOLECULES?
THE CASE FOR mTOR

分子像细胞和细胞器那样对话？这可能吗？对于这个问题，我们还没有明确的答案，但至少有一个备选项值得我们考虑。一种感知营养的酶叫"mTOR"，对与生长相关的细胞过程具有广泛的影响。mTOR 分子

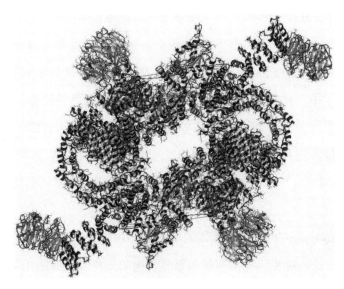

mTOR 分子
（阿斯特罗扬 / 维基共享）

会形成两种大型多蛋白复合体，以便接收与各种细胞活动相关的信息，并同时对其做出应答。这些应答信号在多种疾病中起广泛作用，比如糖尿病、癌症、癫痫病和退行性脑病。另外，mTOR 复合体应答信号也会影响人体大脑的整体运转，具体涉及睡眠、食欲、昼夜节律和错误折叠的蛋白质的清除。

有关 mTOR 分子的研究史可追溯到 20 世纪 70 年代，当时在太平洋复活节岛上发现了一种天然抗生素。由于该岛在当地居民口中叫作"雷帕努伊"（Rapa Nui），因而这种抗生素被命名为"雷帕霉素"（Rapamycin）。雷帕霉素是一种由细菌产生的用来抑制真菌繁殖的物质，但它还有很多其他作用。研究显示，雷帕霉素能够延长动物的寿命，作用类似于限制卡路里摄入。就像对真菌起到的作用一样，雷帕霉素也能抑制某些人体细胞的生长，包括 B 淋巴细胞和一些癌细胞。此外，它还能抑制 T 细胞的作用。后来，人们又发现雷帕霉素还有其他功能。目前，该分子被用于在移植后对免疫系统进行抑制。

在探索雷帕霉素作用机制的过程中，研究人员发现一种分子和雷帕霉素很像，作用方式也差不多，但与雷帕霉素之间是竞争关系。接着，他们找到了第三种分子，证实是雷帕霉素及其类似物的靶标，于是称之为雷帕霉素靶分子，即 TOR。雷帕霉素对 TOR 的作用就像是在操控开关。当在很多物种中都发现了 TOR 之后，大家决定将哺乳动物的 TOR 称为 mTOR["m"代表"mammal"（哺乳动物）]，即哺乳动物雷帕霉素靶蛋白。

研究表明，mTOR 分子及其大型复合体由多个部分组成，每个部分都与细胞生长、炎症、癌症抑制和繁殖方面的重要细胞通路相关。mTOR 分子复合体含有受体，会在激素、免疫信号、生长因子和营养物质的作用下触发。进一步来说，这些复合体能感知细胞所需各类分子的浓度水平，包括氨基酸、脂质、氧分子，以及三磷酸腺苷 (ATP) 等高能磷酸分子。接着，复合体会据此发送信号来调控每种分子的细胞通路，保证这些细胞必要组分能够充分满足每个细胞器的需求。

mTOR 蛋白复合体

mTOR 是一种催化多种化学反应的酶。催化反应时，mTOR 会将一个分子的高能磷酸盐粒子转移到另一个分子上，使其活性发生变化，即该分子的一部分与能量粒子结合，而另一部分则与 mTOR 蛋白复合体结合来参与信号级联反应。通过这种方式，mTOR 就能够让被它改变的分子参与的信号通路来传递信息。但值得注意的是，要通过这种方式发送多少信号才能同时影响整个细胞的周期？

mTOR 的主要任务是引导两种大型多蛋白复合体，而这两个复合体会负责感知细胞何时有充足的养分来进行生长和分裂。为了做好指挥全局的工作，mTOR 需要随时了解多个细胞器的情况。因此，两种蛋白复合体会参与多条信号通路，也会利用多种信号来与细胞器通信。一般来说，这些信号会同时作用于多个独立的细胞器，这些细胞器功能不同但又相互关联。两种复合体会以 mTOR 为中心，共同监测细胞内外的信息。另外，两种复合体还会一同响应细胞的需求，视情况改变基本代谢周期，触发更多能量和养分供给。

功能方面，两种复合体相互作用的方式很多。举例来说，如果一种复合体上的受体收到信息，得知可以利用一些蛋白质和 RNA 来合成其他蛋白质，便会激活 mTOR，然后 mTOR 会返回信号来调控蛋白质合成，包括指示是刺激还是抑制核糖体和信使 RNA 的活动。

与此同时，另一种复合体会调控肌动蛋白（形成支架的关键蛋白）的活动。在接受信息的复合体指导肌动蛋白定量生产的同时，另一种复合体的信号会促使肌动蛋白丝开始在轴突和树突中构建支架，比如在学习活动引发神经可塑性时就会发生这样的过程。另外，很多其他细胞也存在上述机制，只是在神经元中更为明显。

mTOR 与这两种蛋白复合体通力合作，为细胞分裂、缺氧应答和修复受损组织提供支持。细胞分裂期间，激活 mTOR 会触发关键细胞成分的合成，包括膜、DNA、蛋白质和细胞器。癌细胞信号会利用这一点来做文章，让 mTOR 不断被激活，使细胞分裂变得不受控制。可惜的是，以 mTOR 为重点设计的抗癌药物一直表现不佳，因为 mTOR 复合体能够同时影响的通路实在太多了。也正是因为这一点，此类疗法现在还没办法在遏制癌细胞不受控繁殖的同时避免产生其他不良后果。

在缺氧和组织受损的情况下，mTOR 信号会刺激代偿性代谢循环来减少细胞对氧气的需求，同时也会触发干细胞生成更多血管细胞。另外，mTOR 信号还会触发更多组织细胞来实现快速修复。不过，干细胞可能在 mTOR 的过度刺激下丧失分化能力。这种情况见于长期感染和创伤期间，表现为干细胞逐渐减少导致的衰老迹象增加。

mTOR 与溶酶体

mTOR 与溶酶体的合作关系密切，溶酶体作为一种囊泡，其职责是为整个细胞清除废物并回收可利用的物质。mTOR 和溶酶体都能确定细胞的物质需求，也都会返回信号来指示是增加物质合成还是通过回收物质来减少合成。为了就此与溶酶体紧密协作，mTOR 复合体一般会直接分布在溶酶体的外膜上。溶酶体还会与多个细胞器通信，这些细胞器与感染应答和能量粒子的合成相关。近期研究发现，线粒体会通过与溶酶体共用的特殊通信平台来与溶酶体接洽，从而进行有关能量的对话。

溶酶体与 mTOR 的协作可以帮助细胞清除残渣碎屑，包括错误折叠的蛋白质、受损的细胞器和微生物。这一垃圾清理过程会催生出一系列大大小小的囊泡，其中体积最大的溶酶体囊泡将成为"中央调度室"，负责分解大多数类型的分子。值得注意的是，溶酶体囊泡能够将其微小内腔的 pH 值精准地控制在 4.5 到 5 之间，就像胃那样。这种强酸环境使大分子更容易被溶酶体内 50 种独特的酶分解。

另外，溶酶体还会利用 3 种独特的机制来收集细胞碎屑，而 mTOR

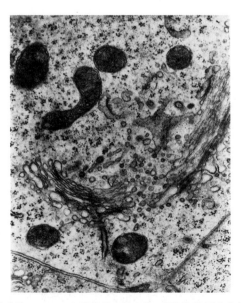

高尔基体附近的溶酶体。mTOR 与溶酶体密切合作，根据细胞需求来分解一定量的分子
（电子显微镜照片，科学图片库）

信号在其中起着至关重要的作用。第一种收集碎屑的机制需要用囊泡包围受损分子，然后与溶酶体融合；溶酶体和 mTOR 会向高尔基体发信号，要求合成膜来构建碎屑收集囊泡；同时还会刺激囊泡将碎屑排出细胞。第二种机制需要溶酶体利用自身膜内陷的作用来直接拾取碎屑。第三种机制需要内质网中的蛋白质对细胞碎屑贴标签，并将其运送到溶酶体，再由溶酶体合成多种转运蛋白，将这些废弃分子带入溶酶体内部。

通过发送传达激活或抑制指令的信号，溶酶体和 mTOR 能够调控彼此的活动。当细胞器的营养需求没有得到满足时，mTOR 会发信号加强回收。在这些信号的作用下，更多大分子会分解成结构组分，比如氨基酸、核酸、简单脂肪和糖类。另外，mTOR 信号还可以刺激产生不同大小的溶酶体。根据要处理的物质是大分子蛋白质、核酸、碳水化合物、脂肪还是其他类型，溶酶体可在大小上相差十倍之多。

感知氨基酸与合成蛋白质

溶酶体和 mTOR 联手完成的一项重要任务是解决蛋白质合成中氨基酸不足的问题。研究发现，亮氨酸这一特定氨基酸会对 mTOR 产生刺激作用。最近又发现，另一种叫谷氨酰胺的氨基酸也有类似的作用。但神奇的是，二者刺激 mTOR 的机制毫不相干，而且在完全独立的细胞区室中进行。不过，这两种刺激机制都是通过与 mTOR 信号发生相互作用来调控细胞生长。

目前，我们还不清楚氨基酸调控是仅凭感知上述两种特定氨基酸来实现，还是会涉及其他尚未发现的通路。要观察细胞内的这种信号传递，难度非常大。但无论何时，mTOR 都能感知亮氨酸和谷氨酰胺的浓度水平，这不仅会触发溶酶体加强回收，还会使代谢发生变化，以便从营养物质中获取更多氨基酸。

除了对利用氨基酸合成蛋白质的过程进行调控，mTOR 还能够以至少三种不同的方式来指导与蛋白质合成相关的遗传过程。首先，mTOR 信号会影响一些蛋白质，使 DNA 增加或减少合成与这些蛋白质相对应的信使 RNA。其次，mTOR 信号还会影响将信使 RNA 发送到核糖体的酶。再者，只有在 mTOR 信号的刺激下，核糖体上信使 RNA 分子的一端才会启动蛋白质合成。

此外，有关神经损伤后再生的研究还提供了其他证据，来证明 mTOR 会通过哪些方式来刺激合成一些必要的蛋白质。在轴突沿线出现神经损伤的情况下，最先发出的信号是要求在损伤部位合成 mTOR 分子。获得多个 mTOR 分子之后，这些分子会迅速刺激局部核糖体和信使 RNA 来合成修复所需的蛋白质。

能量与饮食调控

从某种程度上说，mTOR 监视着细胞和整个生物体的能量情况。通过与细胞中各种细胞器进行信号传递，mTOR 能够打听到脂质等供能物质还剩多少，然后再触发这些物质的分解供能过程。而在大脑对全身能量的监测过程中，mTOR 也居于核心地位。

尽管从进食到供能的调控尚未被研究透彻，但其中似乎要利用多个重叠的通路。这个过程需要很多复杂的大脑神经回路参与，但占主要地位的是作用相反的两条回路：一条是增加食欲引发肥胖；另一条是减少进食导致饥饿。重点是，mTOR 信号对这两条回路都很重要。在收到

"吃饱了"的信号时，mTOR 会抑制继续进食。此外，另一组 mTOR 信号会参与限制卡路里的摄入，起到预防衰老的作用。

mTOR 对大脑的其他影响

相比之下，大脑内的 mTOR 活动更复杂。近期研究表明，各个细胞、器官和中央脑区都存在生物钟，于是昼夜节律就成了一个难以厘清的问题。目前，我们还不清楚所有这些生物钟之间如何相互作用（详见第 1 章），但已经明确的是，各种节律会通过 mTOR 信号来刺激蛋白质的合成。另外，mTOR 信号还可能牵涉到与睡眠相关的大脑突触，而睡眠期间的学习过程也源于 mTOR 信号。

不仅如此，mTOR 复合体发出的信号还会影响胎儿脑细胞的数量和神经回路的形成。如果胎儿生长期间出现 mTOR 水平异常，则会导致脑神经元数量不足、轴突数量过多、树突棘扭曲、脑区缺失等问题。经实验观察发现，mTOR 改变的动物会表现出学习能力下降和恐惧增加。脑内的错误折叠的蛋白质也会刺激 mTOR 分子，使其反常地成为退行性脑病的帮凶。

要产生神经可塑性，必须有 mTOR 信号来调控树突的快速构建和消除。在此过程中，两种 mTOR 复合体会协同运作。一种 mTOR 复合体通过微管运输将信使 RNA 和核糖体送到突触的特定位置，从而合成必要的蛋白质。将突触团结在一起的多种蛋白质会强化或弱化两个神经元之间的连接，从而产生神经可塑性效应。在此基础上，另一种 mTOR 复合体会刺激肌动蛋白丝利用新生蛋白来"改良"轴突和树突。这些通路中的任何一个信号传递故障都可能会导致退行性脑病。

　　大脑发育的一大关键在于引导神经元和轴突的分布走向，而 mTOR 信号在设计定向信号方面起着非常重要的作用。处于生长状态的轴突会在极其复杂的大脑结构中寻找自己"长途旅行"的目的地。在此过程中，引导分子会在特定位置留下线索，而 mTOR 信号会刺激局部核糖体在特定位置合成引导分子。动物实验显示，在缺乏这些 mTOR 信号和支持分子的情况下，会导致视神经回路发育中断。

mTOR 的广泛效应

　　mTOR 能够影响多个细胞过程，因而与多种疾病相关。其中一些疾病的产生是因为活性氧分子触发 mTOR，抑制了蛋白质合成和供能。有 mTOR 参与的信号往往会促使异常的错误折叠的蛋白质增加，比如见于阿尔茨海默病的淀粉样蛋白和 tau 蛋白，以及帕金森病的突触核蛋白。目前，我们已在用雷帕霉素拮抗 mTOR 的方法来治疗癫痫发作。一项新试验发现可以用氯胺酮这种麻醉剂来刺激 mTOR 通路，达到治疗抑郁症的效果，而且收效很快。不过，雷帕霉素会使这种抑郁症新疗法失效。

　　对于一个分子竟然能够参与这么多细胞过程，我们一方面是感慨不已，另一方面也在思考，某些分子是否会像细胞和细胞器那样对话。在之前的一些章节中，我们提过各种类型的人体细胞及其细胞器之间会进行对话，甚至连没有细胞核的单细胞微生物之间也会对话。病毒也是一样，虽说它们有点儿颠覆我们传统概念上对生命的定义，但它们确实也会参与复杂的通信过程。随着对 mTOR 等分子直接发起的通信了解得越来越多，我们认为这些分子可以说是多个同步信号传递通路的核心。

结束我们的细胞对话之旅
CONCLUDING OUR TOUR
OF CELLULAR CONVERSATIONS

通过了解细胞对话，我们能得出哪些结论呢？尽管我们将细胞看作最基本的生命单元，但实际上是细胞之间和细胞内部发生的对话决定了生物活动，也由此铸就了生命的本质。随着细胞通信科学的发展，我们不仅能从全新角度来认识健康和疾病，还能更好地理解进化和意识。

虽说发现神经元的精密信号网已有多年，但为什么直到今天我们才清楚地认识到所有其他细胞之间也存在信号传递？由于学术期刊包含大量高深的术语，细胞通信一直不是一个大众化的话题。信号、受体、基因、细胞亚型这些晦涩的专业词语并非广为人知，甚至在各个研究领域的普及面也不广。有关分子信号传递的专业文章和书籍都写得比较复杂，而且也没有高度概括地阐述信号传递的内容。这些过程很难理解，对于不钻研相关领域的临床医生和科学家来说也是如此。另外，这类信息大多属于近几年的新发现，而要撼动生物学的固有理论体系绝非易事。

通过本书汇总的科研信息，大家能够很轻松地理解为什么细胞间的交流通信具有广泛的意义。在阐述细胞对话的过程中，一些最新研究将揭开神秘面纱，无论它们涉及的是免疫、消化、癌症、神经科学、疼痛还是其他领域的研究。本书从由点及面的角度来进行概述，对想尝试先进治疗手段的患者来说，也有着特别重要的意义。

读懂自然发生的对话

看看细菌、古细菌、真菌、蠕虫、植物细胞和人体细胞，这些细胞虽说进化谱系截然不同，却能自然而然地用相似的信号与彼此交流，这才是神奇之处。这样简单明了的事实会让我们领悟生物学的原理。举例来说，大家都听过微生物对人类生活有很大的影响，但具体如何影响？我们还是要先清楚微生物如何在与所有人体细胞对话时运用人体细胞与彼此对话的语言。微生物之所以能够影响人体细胞，是因为二者能够自然地进行无障碍交流，一方能清楚地理解另一方的语言。

对此，我们还可以找到很多例证。通过了解癌细胞、微生物和免疫细胞之间的无障碍交流，我们能够在最新的医疗手段中借助于微生物和T细胞来攻击癌症。另外，大脑与免疫系统也会运用多种方式进行相互交流，这就涉及慢性疼痛综合征和压力的问题。而也正是在研究肠道内皮细胞与免疫细胞日常对话的基础上，我们才能更好地理解食物过敏问题。再者，肠道内皮细胞与微生物的自然对话，决定了哪些微生物会带来健康风险，让我们能够顺藤摸瓜地探索治疗感染的新方法。

新生理学的惊人发现

新的科学进展表明，依赖于多种同步细胞对话的生理功能可能比我们之前所想的还要复杂。直到今天我们才认识到，一个器官的活动可能建立在广泛的细胞对话基础上，其中涉及组织细胞、血管细胞、神经元、微生物、免疫细胞之间的对话，甚至是与器官细胞的远程对话。

大脑中的信号传递

在洞悉大脑功能的过程中，我们一直将神经元之间的信号奉为圭臬。但一些新研究告诉我们，神经元发挥功能的必要条件是神经胶质细胞、血管细胞、免疫细胞和内皮细胞之间精细复杂的信号传递。此外，神经元通常需要利用多种同步通信信号，比如神经递质、免疫信号、电突触、脑电波以及携带信息分子的囊泡。不过，参与疼痛相关对话的突触非比寻常，这些结构复杂的大型突触能够同时整合多种细胞传入的信号。

另外，我们还在大脑中发现了一些前所未见的细胞对话，变化多端的髓鞘结构就是一例。以前，我们一直以为髓鞘不过是一种绝缘结构。现如今的研究结果表明，生成髓鞘的细胞会参与广泛的细胞对话，从而确定如何让髓鞘结构随机应变地调节生长速度，来满足整个大脑神经回路的发育需求。研究人员发现，这些对话的实现取决于神经元轴突及其邻近髓鞘之间的一种新型突触。

研究人员还发现，正是多个守卫细胞之间的复杂对话，决定了哪些物质可以进入大脑，这些结果无一不令人大开眼界。通过利用脑脊液来循环传递信号，内皮细胞能够精准调用所需的免疫细胞，在大脑的确切位置发挥助力。不过，我们现在还不清楚为什么脑部的普通免疫细胞如此稀少。目前我们刚发现，一些常驻大脑的免疫细胞与脑外免疫细胞之间的对话，对于我们预防不良精神状态、自身免疫性疾病和退行性脑病来说有着至关重要的意义。

抗感染信号

抗感染信号的发现也让人吃惊，谁曾想毛细血管会为血细胞指引行进方向，还会告诉干细胞如何修复器官。不仅如此，血细胞还会收到多种细胞传达的指示，包括免疫细胞、组织细胞、神经元乃至血小板。最新观测结果显示，这些信号会引导白细胞在行进过程中确定它们从血管离开的特定位置，以及应该从哪些位置穿过复杂的组织空间。在信号的指引下，细胞能够运用各种技巧穿越复杂的"地形"，比如逆血流移动、改变自身形状和代谢等。

研究人员还惊讶地发现，血小板竟能与抗击感染的"排头兵"进行对话，包括免疫细胞、血细胞和毛细血管细胞。即便没有细胞核的引导，血小板仍然能够利用它们与生俱来的信号参与细胞通信。它们能够直接抗击微生物感染并修复创伤，直到 T 细胞前来支援。血小板会根据信号来改变形状，以便完成多项任务，包括协调血流、协助组织重建、抑制瘢痕组织生长等。

癌细胞的行为

癌细胞的行为尤其令人着迷，它们不仅会与自己的同伴沟通以开展群体活动，还会与微生物、免疫细胞和邻近的局部组织细胞交流。癌细胞群会诱骗局部组织细胞和血管来帮助它们生长，还会对信号实施拦截和操控，从而躲避免疫细胞和微生物的攻击。癌细胞的远程通信技能更有看头，可以说是为癌细胞转移铺好了温床。由于囊泡是癌细胞挚爱的通信工具，因而如今的验血技术都是通过监测血液中的囊泡来诊断病人是否罹患癌症。

微生物——通信多面手

微生物有能力与所有类型的生物进行通信。最新研究结果表明，一些疾病对人体健康的危害不仅取决于特定微生物的特征或数量，还取决于多个微生物种属之间的对话，这些对话甚至发生在高度结构化的生物膜中。为此，研究人员在努力探索微生物和免疫细胞之间的对话会对感染预后产生哪些影响。另外，肠道微生物的信号还会产生消化、代谢、焦虑和肥胖等方面的影响。再者，微生物信号对癌细胞的影响也是有利有弊。

从植物界来看，树木能够与其他植物进行通信，得益于细长真菌菌丝构成的微型电网，而其覆盖面积甚至可以达到整片森林之广。参与信号传递的双方不仅能够互帮互助，提醒彼此注意某些危险情况，还能够与彼此分享营养物质。

细胞器之间的对话

信号传递领域的科研新成果还涉及细胞器如何参与细胞功能的发挥，这为我们带来了新的惊喜。在细胞应激状态下，各种细胞器之间会进行广泛的对话，在线粒体、膜和蛋白质的合成中起到质量控制的作用。凭借内部精细的信号传递机制，神经元不仅能够沿轴突完成精准的物质运输，还能够支持树突的多个区室共同做出复杂的决策。另外，我们还认识到原纤毛如何行使细胞中央控制中心的功能，如何充当细胞的"大脑"，又如何将其管状结构用作信号传递的天线。

现代医学的启示

在摸索新的治疗方法的过程中，我们要打开思路，敢于走前人没有走过的路。如今，我们开展研究时必须考察全身多个细胞之间进行的广泛协作和竞争，而非将拟定机制的范围缩小到某个细胞或某个器官。举例来说，我们之前就没想到过，免疫细胞与脑细胞之间的对话会同时影响二者的多种功能。谁曾想连 T 细胞这样不在脑组织中的细胞，发出的信号都能直接改变精神状态呢？

随着医学科学变得越来越复杂，大部分人都发现要花更大的力气才能懂得什么有助于保持健康，而什么又会引起疾病。对于癌症、感染性疾病、免疫疾病、慢性疼痛、食物过敏和脑部疾病，我们都很难采用先进的医学治疗方法。通过研究细胞对话，我们不仅能够融会贯通地认识免疫学、神经科学、微生物学和癌症研究，还能够以前瞻性的角度分析未来可能出现的治疗手段，比如研发能够治疗肥胖、肠道疾病或焦虑的新型微生物制剂。免疫细胞与脑细胞之间的对话能够带给我们很多启示，有助于我们了解压力、抑郁、疼痛综合征、癌症和脑部创伤。为此，我们开展研究时，必须从人体的各个方面和各个部位来探索细胞信号传递，以便找到更有效的治疗方法。

进化与智能的起源

思考进化机制和自然界中的智能起源问题时，我们也要重点关注细胞对话。细胞是否有智能？细胞用"语言"传递信号是否可能与生物智能相关？可惜我们现在没法回答这些问题，因为暂时还没有对"智能"的明确定义。对于"意识"的定义也是悬而未决，我们只能说细胞是有生命的，但我们对"生命"的定义还不到位。举例来说，很多研究学者都不认为病毒是有生命的生物体，但病毒的生活方式又很精巧，而且它们还能通过信号传递及其他过程来有针对性地回击大型复杂细胞。

那么，稳妥的说法是，生物学以信息传递为基础。细胞之间的信息传递无处不在，能够无形中影响比细胞大得多且复杂得多的器官活动，还能影响包括动植物在内的众多生物体活动。从现代生物学来看，信息传递的开端包括化学反应、DNA 编码、RNA 编码，以及蛋白质、脂质和糖类的确切形状。细胞通信会利用这些信息编码作为信号。

而从分子到人类的 6 个生物学等级来看，每一级都具备信息编码的特征。在分子等级上，信息以化学信号的形式呈现；在人类社会等级上，信息则表现为数学和语言形式的编码。目前，我们还不清楚此类信息流在任一等级上的引导和编排方式究竟如何。

信息发布的中央控制中心究竟是幻想还是现实？

人脑如何利用信息仍是未解之谜，我们还有很多问题没有找到答案，比如究竟是什么在指引着脑神经回路中的各种信息流。我们还没有检测到大脑中存在中央控制模块，比如意识和主观体验的中央枢纽。确切地说，大脑活动似乎广泛分布在五花八门的细胞群中，而且这些细胞群还会利用以毫秒为单位频繁变换的信号。在学习活动引发神经可塑性的过程中，整个大脑的多条神经回路会同时以不同的方式"变身"，但我们看不到谁在其中当中央指挥官。

再对比不同动物的大脑，虽然具备各种不同寻常的功能，但类似的问题依然存在。在非人类的动物大脑中，信息流也受细胞分子信号的引导，只是引导方式不同。章鱼的大脑非常发达，会将其神经元分布在身体中心和触手之间，这种做法有点儿类似于人脑将其部分机能赋予大型半自主肠道神经系统。

蜥蜴和鸟类的大脑体积较小，功能却出奇的发达。再看体积更小的大脑，各种信号发挥的功能越发神奇，昆虫的大脑便是如此。以蜜蜂为例，它们的大脑结构与人类截然不同，却能够利用符号语言和抽象概念，完成高级学习和算术，还有着万花筒般的视觉记忆。

摆在科学家面前的问题是，是否还有尚未发现的信号类型？除了电化学信号，可能还有其他类型的信号，比如电磁场、光子、量子态信号等。这些信号也可能会引导信息流。虽然细胞由 DNA 和 RNA 信息编码所驱策，但基因的调控机制为何还涉及 DNA 的三维形态和放置在 DNA 及其保护分子上的标签？这着实令人费解。

现已确知，一些蛋白质之所以能精准行使功能，是因为具备特定的三维形态，但这些形态非常复杂，还无法利用现代超级计算机根据氨基酸序列算出蛋白质如何折叠成这些形态。但与此同时，我们发现单个细胞能够利用新的编码序列，来合成具备确切形态的新的攻击蛋白。

不过，我们还是不明白人体细胞怎么能在没有明确引导的情况下，自己靠信息传递完成如此高级的活动。细胞能够采用复杂的多步骤方法自己编辑自己的 DNA，比如修复 DNA 错误，生成独特的抗体和 T 细胞受体。

关于细胞在无明显指引的情况下进行高级信号传递，另一示例是细胞能够编辑信使 RNA。这种编辑很复杂，需要对一条 DNA 链（通常看作一个基因）生成的 RNA 片段进行剪切和缝合，但最终可生成多达 500 种不同的蛋白质。目前，我们还不清楚免疫细胞是怎样在无明显指引的情况下，一边行进，一边与神经系统的稳定电网保持密切联系的。

生命与信息传递

尽管我们不知道生命究竟是什么，但我们很清楚其中涉及信息传递，而其基础在于病毒与细菌的信号传递、人体细胞之间的信号传递、脑细胞复杂回路中的信号传递，以及人类社会中利用语言和数学进行的信号传递。不过，对于这些不同等级的信息传递，我们并不清楚所涉及信息的本质及其引导方式。

虽然每个人的大脑都存放着信息，但这些信息如何在个体大脑之外汇聚成记忆的串珠，铸就一部科学知识与文化的编年史？我们可以从同样的角度来思考，信息在个体和所有其他等级的群体中以何种方式存在。细胞彼此之间的交流能够影响整个生物体，这神奇现象的背后是谁在充当指挥官？蚂蚁和蜜蜂怎么会表现出精心设计的个体行为，超级生物体的表现却又凌驾于每个个体的能力之上？

随着物质与能量在宇宙各个尺度上进行相互作用，信息传递是否有可能成为另一种基本物理性质？特定类型的信息传递会是生命的定义吗？

迄今为止，物理学抛出了尺度截然不同的三大定律，分别是无穷小亚原子尺度的量子定律、人类尺度的牛顿定律，以及庞大宇宙尺度的广义相对论。

那么，信息和生命的法则是否在这三个尺度上存有差异？人类可以说是处在这一巨大跨度的中间位置，能够在各个等级上进行信息传递。对于我们现阶段的种种疑惑，说不定会在揭秘细胞对话的过程中找到一些答案。

附录
APPENDIX

本部分根据全书每一章的内容列出了相关文献，以供读者深入研究。其中，很多研究领域都在迅速发展，几乎每天都有新的论文发表。相比之下，一些研究课题比较生僻，综述文章更是年代久远。本书选择这些文章的目的是提供一个切入点，以便读者探索更庞大的研究资源库。再者，每篇综述都附有大量参考文献。

这些顶级期刊发表的论文确实包含众多难以理解的术语。举例来说，介绍细胞对话时可能会提到信号分子、分子通路、受体、基因以及基因启动子和抑制剂的名称和首字母缩略词，而一个信号还可能同时带出一连串复杂的名称。为此，我推荐大家先读综述文章，虽说它们可能不如单篇研究论文时新。

本书很多章节探讨的话题涉及大量参考文献，尤其是讲述 T 细胞、神经元、癌症、疼痛和微生物的章节。而且，每个研究领域都有很大程度的交织重叠。就本书而言，一些章节提到的概念相对前沿，可供参考的资料有限。

虽说各个章节只是浅显地介绍了每种细胞的信号传递活动，但对于其中提及的所有细节，读者可以在下文的完整参考书目中找到更多信息。

第 1 章　细胞 —— 彼此之间无话不谈

本章综合性地介绍了四个不相关且进展速度不一的研究领域，其中大部分研究涉及细胞生物钟，几乎每天都有新的研究结果。

对此，我们仅罗列几篇综述作为介绍。至于细胞如何保持适当大小、细胞对自身衰老的认识等问题，属于相对新兴的领域，可供参考的研究资料有限。

细胞如何传达器官和四肢的形状以及它们在组织发育过程中的定位。这是一个非常复杂的新研究领域。对此，第 1 章中介绍了化学梯度，但我们暂且只提一篇综述。虽说有关梯度的研究非常有趣，但由于太过复杂，不适合在本书中探讨。对这一新兴领域感兴趣的读者可以参考该领域先驱人物之一迈克尔·莱文（Michael Levin）的一篇综述。

Campisi, J., Kapahi P., Lithgow, G. J., Melov, S., Newman, J. C., & Verdin, E. (2019). "From discoveries in ageing research to therapeutics for healthy ageing." *Nature*, 571, 183–192. https://doi.org/10.1038/s41586-019-1365-2.

Ginzberg, M. B., Kafri, R., & Kirschner, M. (2015). "Cell biology.On being the right (cell) size." *Science*, 348 (6236), 771–775. https://doi.org/10.1126/science.1245075.

Greco, C. M., & Sassone-Corsi, P. (2019). "Circadian blueprint of metabolic pathways in the brain." *Nature Reviews Neuroscience*, 20, 71–82. https://doi.org/10.1038/s41583-018-0096-y.

Johnson, C. H., Zhao, C., Xu, Y., & Mori, T. (2017). "Timing the day: what makes bacterial clocks tick?" *Nature Reviews Microbiology*, 15, 232–242. https://doi.org/10.1038/nrmicro.2016.196.

Lander, A. D. (2013). "How Cells Know Where They Are." *Science*, 339 (6122), 923–927. https://doi.org/10.1126/science.1224186.

Levin, M., & Martyniuk, C. J. (2018). "The bioelectric code: An ancient computational medium for dynamic control of growth and form." *BioSystems*, 164, 76–93. https://doi.org/10.1016/j.biosystems.2017.08.009.

Si, F., Le Treut, G., Sauls, J. T., Vadia, S., Levin, P. A., & Jun, S. (2019). "Mechanistic Origin of Cell-Size Control and Homeostasis in Bacteria." *Current Biology*, 29 (11),

1760–1770. https://doi.org/10.1016/j.cub.2019.04.062.

Willis, L., & Huang, K. C. (2017). "Sizing up the bacterial cell cycle." *Nature Reviews Microbiology*, 15, 606–620. https://doi.org/10.1038/nrmicro.2017.79.

第 2 章　促使白细胞迁移的信号

大批研究围绕新发现的白细胞功能展开，包括白细胞在各种"地形"中行进的能力，以及支持白细胞转移阵地的信号传递过程。

个别研究论文探讨了细胞如何利用快速变化的支架移动，而这也让细胞移动期间的细胞器运输问题变得越来越具体化。另外，多篇研究论文着眼于近期发现的白细胞抗感染信号，而备受关注的研究领域还涉及白细胞在感染部位死亡时传递的信号。

Buckley, C. D., & McGettrick, H. M. (2018). "Leukocyte trafficking between stromal compartments: lessons from rheumatoid arthritis." *Nature Reviews Rheumatology*, 14, 476–487. https://doi.org/10.1038/s41584-018-0042-4.

de Oliveira, S., Rosowski, E. E., & Huttenlocher, A. (2016). "Neutrophil migration in infection and wound repair: going forward in reverse." *Nature Reviews Immunology*, 16, 378–391. https://doi.org/10.1038/nri.2016.49.

Huse, M. (2017). "Mechanical forces in the immune system." *Nature Reviews Immunology*, 17, 679–690. https://doi.org/10.1038/nri.2017.74.

Németh, T., Sperandio, M., & Mócsai, A. (2020). "Neutrophils as emerging therapeutic targets." *Nature Reviews Drug Discovery*. https://doi.org/10.1038/s41573-019-0054-z.

Soehnlein, O., Steffens, S., Hidalgo, A., & Weber, C. (2017). "Neutrophils as protagonists and targets in chronic inflammation." *Nature Reviews Immunology*, 17, 248–259. https://doi.org/10.1038/nri.2017.10.

Vestweber, D. (2015). "How leukocytes cross the vascular Endothelium." *Nature Reviews Immunology*, 15, 692–702. https://doi.org/10.1038/nri3908.Weninger, W., Biro, M., & Jain, R. (2014). "Leukocyte migration in the inter-stitial space of non-lymphoid organs." *Nature Reviews Immunology*, 14,232–244. https://doi. org/10.1038/nri3641.

第 3 章　T 细胞——免疫主力

　　有关 T 细胞的研究非常广泛，无法仅凭几篇综述来加以概括。在此提供从 50 多篇相关文献中选出的几篇作为代表。目前，一些关键的研究结果还在更新，还没有作为综述发表，它们涉猎的领域非常广泛，包括感染、癌症、神经科学、疼痛、精神疾病等，将作为单一的研究报告呈现。

Chapman, N. M., Boothby, M. R., & Chi, H. (2020). "Metabolic coordination of T cell quiescence and activation." *Nature Reviews Immunology*, 20, 55–70. https://doi. org/10.1038/s41577-019-0203-y.

de la Roche, M., Asano, Y., & Griffiths, G. M. (2016). "Origins of the cytolytic synapse." *Nature Reviews Immunology*, 16, 421–432. https://doi.org/10.1038/nri.2016.54.

Gaud, G., Lesourne, R., & Love, P. (2018). "Regulatory mechanisms in T cell receptor signaling." *Nature Reviews Immunology*, 18, 485–497. https://doi.org/10.1038/s41577-018-0020-8.

Kipnis, J., Gadani, S., & Derecki, N. C. (2012). "Pro-cognitive properties of T cells." *Nature Reviews Immunology*, 12, 663–669. https://doi.org/10.1038/nri3280.

Klein, L., Kyewski, B., Allen, P. M., & Hogquist, K. A. (2014). "Positive and negative selection of the T cell repertoire: what thymocytes see (and don't see)." *Nature Reviews Immunology*, 14, 377–391. https://doi.org/10.1038/nri3667.

Korn, T. & Kallies, A. (2017). "T cell responses in the central nervous system." *Nature Reviews Immunology*, 17, 179–194. https://doi.org/10.1038/nri.2016.144.

Li, M. O, & Rudensky, A. Y. (2016). "T cell receptor signaling in the control of regulatory T cell differentiation and function." *Nature Reviews Immunology*, 16, 220–233. https://doi. org/10.1038/nri.2016.26.

Love, P. E., & Bhandoola, A. (2011). "Signal integration and crosstalk during thymocyte migration and emigration." *Nature Reviews Immunology*, 11, 469–477. https://doi.

org/10.1038/nri2989.

Lu, L., Barbi, J., & Pan, F. (2017). "The regulation of immune tolerance by FOXP3." *Nature Reviews Immunology*, 17, 703–717. https://doi.org/10.1038/nri.2017.75.

Sasson, S. C., Gordon, C. L., Christo, S. N., Klenerman, P., & Mackay, L. K. (2020). "Local heroes or villains: tissue-resident memory T cells in human health and disease." *Cellular & Molecular Immunology*, 17, 113–122. https:// doi.org/10.1038/s41423-019-0359-1.

Sharpe, A. H., & Pauken, K. E. (2018). "The diverse functions of the PD1 inhibitory pathway." *Nature Reviews Immunology*, 18, 153–167. https://doi .org/10.1038/nri.2017.108.

Takahama, Y., Ohigashi, I., Baik, S., & Anderson, G. (2017). "Generation of diversity in thymic epithelial cells." *Nature Reviews Immunology*, 17, 295– 305. https://doi.org/10.1038/nri.2017.12.

第 4 章 毛细血管——组织发育的"脑中心"

毛细血管功能的复杂性最近才引起关注。随着时间的推移，我们会在每个器官中发现更多独特的毛细血管。与关于 T 细胞的海量文献不同，探讨毛细血管的文献并不多，但一些研究正逐步揭开毛细血管与邻近器官建立联系的独特方式。通过搜索近期研究，我们了解的内容一般会涉及特定器官中独特的毛细血管生态位和周细胞不同寻常的行为。

Clements, W. K. & Traver, D. (2013). "Signalling pathways that control vertebrate haematopoietic stem cell specification." *Nature Reviews Immunology*, 13, 336–348. https://doi.org/10.1038/nri3443.

Crivellato, E., & Ribatti, D. (2006). "Aristotle: the first student of angiogenesis." *Leukemia*, 20, 1209–1210. https://doi.org/10.1038/sj.leu.2404256.

Gómez-Gaviro, M. V., Lovell-Badge, R., Fernández-Avilés, F., & Lara-Pezzi, E. (2012). "The vascular stem cell niche." *Journal of Cardiovascular Translational Research*, 5, 618–630. https://doi.org/10.1007/s12265-012-9371-x.

Griffin, C. T, & Gao S. (2017). "Building discontinuous liver sinusoidal vessels." *Journal of Clinical Investigation*, 127 (3), 790–792. https://doi.org/10.1172 /JCI92823.

Hall, C. N., Reynell, C., Gesslein, B., Hamilton, N. B., Mishra, A., Sutherland, B. A., O'Farrell, F. M., Buchan, A. M., Lauritzen, M., & Attwell, D. (2014). "Capillary pericytes regulate cerebral blood flow in health and disease." *Nature*, 508, 55–60. https://doi.org/10.1038/nature13165.

Robbins, P. D., & Morelli, A. E. (2014). "Regulation of immune responses by extracellular vesicles." *Nature Reviews Immunology*, 14, 195–208. https:// doi.org/10.1038/nri3622.

Sivaraj, K. K., & Adams, R. H. (2016). "Blood vessel formation and function in bone." *Development*, 143, 2706–2715. https://doi.org/10.1242/dev.136861.

Spadoni, I., Fornasa, G., & Rescigno, M. (2017). "Organ-specific protection mediated by cooperation between vascular and epithelial barriers." *Nature Reviews Immunology*, 17, 761–773. https://doi.org/10.1038/nri.2017.100.

Thomas, J. L. "Orchestrating cortical brain development." *Science*, 361 (6404), 754–755. https://doi.org/10.1126/science.aau7155.

第 5 章　血小板——远不止是"止血栓"

关于血小板的一大惊人发现是，它们还能够参与复杂的信号传递，跻身应对创伤和感染的先锋部队，同时不断与白细胞、毛细血管细胞和组织细胞进行通信，讨论如何抗击微生物。最新研究显示癌症状态下存在血小板信号传递，但这是一个进展缓慢的领域。

Bye, A. P., Unsworth, A. J., & Gibbins, J. M. (2016). "Platelet signaling: a complex interplay between inhibitory and activatory networks." *Journal of Thrombosis and Haemostasis*, 14 (5), 918–930. https://doi.org/10.1111/jth.13302.

Cloutier, N., Allaeys, I., Marcoux, G., Machlus, K. R., Mailhot, B., Zufferey, A., Levesque, T., Becker, Y., Tessandier, N., Melki, I., Zhi, H., Poirier, G., Rondina, M. T., Italiano, J. E., Flamand, L., McKenzie, S. E., Cote, F., Nieswandt, B., Khan, W. I., ...Boilard, E. (2018). "Platelets release pathogenic serotonin and return to circulation after immune complex mediated sequestration." *Proceedings of the National Academy of Sciences of the United States of America*, 115 (7), E11550–E1559. https://doi.org/10.1073/pnas.1720553115.

Estevez, B. & Du, X. (2017). "New Concepts and Mechanisms of Platelet Activation Signaling." *Physiology*, 32, 162–177. https://doi.org/10.1152/physiol.00020.2016.

Hamzeh-Cognasse, H., Damien, P., Chabert, A., Pozzetto, B., Cognasse, F., & Garraud, O. (2015). "Platelets and Infections—complex interactions with Bacteria." *Frontiers in Immunology*, 6 (82), 1–18. https://doi.org/10.3389 /fimmu.2015.00082.

Qiu, Y., Brown, A. C., Myers, D. R., Sakurai, Y., Mannino, R. G., Tran, R.,Ahn.B., Hardy, E. T., Kee, M. F., Kumar, S., Bao, G., Barker, T. H., & Lam, W. A. (2014). "Platelet mechanosensing of substrate stiffness during clot formation mediates adhesions, spreading, and activation." *Proceedings of the National Academy of Sciences of the United States of America*, 111 (40), 14430–14435. https://doi.org/10.1073/pnas.1322917111.

Sreeramkumar, V., Adrover, J. M., Ballesteros, I., Cuartero, M. I., Rossaint, J., Bilbao, I., Nácher, M., Pitaval, C., Radovanovic, I., Fukui, Y., McEver, R. P., Filippi, M. D., Lizasoain, I., Ruiz-Cabello, J., Zarbock, A., Moro, M. A., & Hidalgo, A. (2014). "Neutrophils scan for activated platelets to initiate inflammation." *Science*, 346 (6214), 1234–1238. https://doi.org/10.1126/science.1256478.

Yeaman, M. R. (2014). "Platelets: at the nexus of antimicrobial defense." *Nature Reviews Microbiology*, 12, 426–437. https://doi.org/10.1038/nrmicro3269.

第 6 章　肠道内的细胞对话

目前，有很多研究针对肠道内皮细胞展开，而且进展非常迅速。很多文章指出，肠道分子的作用会影响除肠道外的每一个身体部位。下列论文主要讨论肠道内皮细胞与免疫细胞和微生物的对话，涉及的主题与肠道微生物一章的文章有部分重叠。

Burgueño, J. F., & Abreu, M. T. (2020). "Epithelial Toll-like receptors and their role in gut homeostasis and disease." *Nature Reviews Gastroenterology* & *Hepatology*. https://doi.org/10.1038/s41575-019-0261-4.

Clemmensen, C., Müller, T. D., Woods, S. C., Berthoud, H. R., Seeley, R. J.,& Tschöp, M. H. (2017). "Gut-Brain Cross-Talk in Metabolic Control." *Cell*, 168 (5), 758–774. https://doi.org/10.1016/j.cell.2017.01.025.

Jansen, M. (2019). "Marching out of the crypt: Intestinal epithelial cells actively migrate up the villus, challenging a long-held view." *Science*, 365 (6454), 642–643. https://doi.org/10.1126/science.aay5861.

Johansson, M. E. V., & Hansson, G. C. (2016). "Immunological aspects of intestinal mucus and mucins." *Nature Reviews Immunology*, 16, 639–649. https://doi.org/10.1038/nri.2016.88.

Koh, A., De Vadder, E., Kovatcheva-Datchary, P., & Bäckhed, F. (2016). "From Dietary Fiber to Host Physiology: Short-Chain Fatty Acids as Key Bacterial Metabolites." *Cell*, 165 (6), 1332–1344. https://doi.org/10.1016/j.cell.2016.05.041.

Martens, E. C., Neumann, M., & Desai, M. S. (2018). "Interactions of commensal and pathogenic microorganisms with the intestinal mucosal barrier." *Nature Reviews Microbiology*, 16, 457–470. https://doi.org/10.1038/s41579-018-0036-x.

Mowat, A. M., & Agace, W. W. (2014). "Regional specialization within the intestinal immune system." *Nature Reviews Immunology*, 14, 667–685. https://doi.org/10.1038/nri3738.

Peterson, L. W. & Artis, D. (2014). "Intestinal epithelial cells: regulators of barrier function and immune homeostasis." *Nature Reviews Immunology*, 14, 141–153. https://doi.org/10.1038/nri3608.

Tanoue, T., Atarashi, K., & Honda, K. (2016). "Development and maintenance of intestinal regulatory T cells." *Nature Reviews Immunology*, 16, 295–309. https://doi.org/10.1038/nri.2016.36.

Veiga-Fernandes, H., & Mucida, D. (2016). "Neuro-Immune Interactions at Barrier Surfaces." *Cell*, 165 (4), 801–811. https://doi.org/10.1016/j.cell.2016.04.041.

Yu, W., Freeland, D. M. H., & Nadeau, K. C. (2016). "Food allergy: immune mechanisms, diagnosis and immunotherapy." *Nature Reviews Immunology*, 16, 751–765. https://doi.org/10.1038/nri.2016.111.

第 7 章　遍及全身皮肤的信号传递

在皮肤细胞及其与免疫细胞和微生物关系方面，有很多令人瞩目的新研究成果。为此，我挑选了一些综述文章和近期发表的几篇单项研究论文。直到最近才有研究证明，皮肤的免疫细胞信号传递在全身所有器官中居于首位，因为皮肤表面平坦、资源贫瘠，无法就近召唤淋巴滤泡迅速增援。单项研究论文的内容涵盖脂肪细胞特有的活动和信号传递、单个皮肤细胞的抗癌行为、微生物如何调动 T 细胞进行皮肤修复，以及微生物在预防癌症中发挥的作用。另外，下列论文还涉及皮肤细胞的记忆机制和新发现的皮肤"间质"层。

Alcorn, J. F., & Kolls, J. K. (2015). "Killer fat." *Science*, 347 (6217), 26–27. https:// doi. org/10.1126/science.aaa4567.

Belkaid, Y., & Tamoutounour, S. (2016). "The influence of skin microorganisms on cutaneous immunity." *Nature Reviews Immunology*, 16, 353–366. https://doi.org/10.1038/nri.2016.48.

Benias, P. C., Wells, R. G., Sackey-Aboagye, B., Klavan, H., Reidy, J., Buonocore, D., Miranda, M., Kornacki, S., Wayne, M., Carr-Locke, D. L.,& Theise, N. D. (2018). "Structure and Distribution of an Unrecognized Interstitium in Human Tissues." *Scientific Reports*, 8, 1–8. https://doi.org/10.1038/s41598-018-23062-6.

Burclaff, J., & Mills, J. C. (2017). "Cell biology: Healthy skin rejects cancer." *Nature*, 548 (7667), 289–290. https://doi.org/10.1038/nature23534.

Byrd, A. L., Belkaid, Y., & Segre, J. A. (2018). "The human skin microbiome." *Nature Reviews Microbiology*, 16, 143–155. https://doi.org/10.1038/nrmicro.2017.157.

Ho, A. W., & Kupper, T. S. (2019). "T cells and the skin: from protective immunity to inflammatory skin disorders." *Nature Reviews Immunology*, 19, 490–502. https://doi. org/10.1038/s41577-019-0162-3.

Kabashima, K., Honda, T., Ginhoux, F., & Egawa, G. (2019). "The immunological anatomy of the skin." *Nature Reviews Immunology*, 19, 19–30. https://doi.org/10.1038/s41577-018-0084-5.

Naik, S. (2018). "The healing power of painful memories." *Science*, 359 (6380), 1113. https://doi.org/10.1126/science.aat0963.

Nakatsuji, T., Chen, T. H., Butcher, A. M., Trzoss, L. L., Nam, S. J., Shi-rakawa, K. T., Zhou, W., Oh, J., Otto, M., Fenical, W., & Gallo, R. L. (2018). "A commensal strain of

Staphylococcus epidermidis protects against skin neoplasia." *Science Advances*, 4 (2), eaao4502. https://doi.org/10.1126/sciadv.aao4502.

Oh, J., & Unutmaz, D. (2019). "Immune cells for microbiota surveillance." *Science*, 366 (6464), 419–421. https://doi.org/10.1126/science.aaz4014.

第 8 章　癌细胞——终极操纵者

　　以下综述选自大量癌症相关的研究文献，包含癌症信号传递的一些重要概念，比如与免疫细胞、线粒体和微生物的对话，新的信号传递中心，信号传递技巧等。此外，还有一些研究论文谈到外泌体、纳米管、肥胖、间质上皮转化、脑癌电突触，以及保护 RNA 移动期间的信号。另有两篇论文分别讲述 T 细胞耗竭和局部细胞向癌细胞的转化。考虑到这个领域的覆盖面非常广，列出的参考文献也略有增加。

Bommareddy, P. K., Shettigar, M., & Kaufman, H. L. (2018). "Integrating oncolytic viruses in combination cancer immunotherapy." *Nature Reviews Immunology*, 18, 498–513. https://doi.org/10.1038/s41577-018-0014-6.

Braicu, C., Tomuleasa, C., Monroig, P., Cucuianu, A., Berindan-Neagoe, I., & Calin, G. A. (2015). "Exosomes as divine messengers: are they the Hermes of modern molecular oncology?" *Cell Death and Differentiation*, 22 (1), 34–45. https://doi.org/10.1038/cdd.2014.130.

D'Arcangelo, E., Wu, N. C., Cadavid, J. L., & McGuigan, A. P. (2020). "The life cycle of cancer-associated fibroblasts within the tumour stroma and its importance in disease outcome." *British Journal of Cancer.* https://doi.org/10.1038/s41416-019-0705-1.

Dejana, E., & Lampugnani, M. G. (2018). "Endothelial cell transitions." *Science*, 362 (6416) 746–747. https://doi.org/10.1126/science.aas9432.

DeNardo, D. G., & Ruffell, B. (2019). "Macrophages as regulators of tumor immunity and immunotherapy." *Nature Reviews Immunology*, 19, 369–382. https://doi.org/10.1038/s41577-019-0127-6.

Elinav, E., Garrett, W. S., Trinchieri, G., & Wargo, J. (2019). "The cancer microbiome." *Nature Reviews Cancer*, 19, 371–376. https://doi.org/10.1038/s41568-019-0155-3.

Font-Burgada, J., Sun, B., & Karin, M. (2016). "Obesity and Cancer: The Oil that Feeds the Flame." *Cell Metabolism*, 23 (1), 48–62. https://doi.org/10.1016/j.cmet.2015.12.015.

Garner, H., & de Visser, K.E.(2020). "Immune crosstalk in cancer progression and metastatic spread: a complex conversation." *Nature Reviews Immunology*. https://doi.org/10.1038/s41577-019-0271-z.

Huang, Y., Kim, B. Y. S., Chan, C. K., Hahn, S. M., Weissman, I. L., & Jiang,W. (2018). "Improving immune-vascular crosstalk for cancer immunotherapy." *Nature Reviews Immunology*, 18, 195–203. https://doi.org/10.1038/nri.2017.145.

Kaiser, J. (2016). "Malignant messengers." *Science*, 352 (6282), 164–166. https:// doi.org/10.1126/science.352.6282.164.

Lambert, A. W., Pattabiraman, D. R., & Weinberg, R. A. (2017). "Emerging Biological Principles of Metastasis." *Cell*, 168 (4), 670–691. https://doi.org/10.1016/j.cell.2016.11.037.

Li, J., & Stanger, B. Z. (2019). "The tumor as organizer model." *Science*, 363 (6431), 1038–1039. https://doi.org/10.1126/science.aau9861.

Murillo, O. D., Thistlethwaite, W., Rozowsky, J., Subramanian, S. L., Lucero, R., Shah, N., Jackson, A. R., Srinivasan, S., Chung, A., Laurent, C. D., Kitchen, R. R., Galeev, T., Warrell, J., Diao, J. A., Welsh, J. A., Hanspers, K., Riutta, A., Burgstaller-Muehlbacher, S., Shah, R. V., . . . Milosavljevic, A. (2019). "exRNA Atlas Analysis Reveals Distinct Extracellular RNA Cargo Types and Their Carriers Present across Human Biofluids." *Cell*, 177 (2), 463–477. E15. https://doi.org/10.1016/j.cell.2019.02.018.

Shaked, Y. (2019). "The pro-tumorigenic host response to cancer therapies." *Nature Reviews Cancer*, 19, 667–685. https://doi.org/10.1038/s41568-019-0209-6.

Venkatesh, H. S. (2019). "The neural regulation of cancer." *Science*, 366 (6468), 965. https://doi.org/10.1126/science.aaz7776.

Venkatesh, H. S., Morishita, W., Geraghty, A. C., Silverbush, D., Gillespie, S. M., Arzt, M., Tam, L. T., Espenel, C., Ponnuswami, A., Ni, L., Woo, P. J., Taylor, K. R., Agarwal, A., Regev, A., Brang, D., Vogel, H., Hervey-Jumper, S., Bergles, D. E., Suvà, M. L., ...Monje, M. (2019). "Electrical and synaptic integration of glioma into neural circuits." *Nature*, 573,

539–545. https://doi.org/10.1038/s41586-019-1563-y.

Vyas, S., Zaganjor, E., & Haigis, M. C. (2016). "Mitochondria and Cancer." *Cell*, 166, 555–566. https://doi.org/10.1016/j.cell.2016.07.002.

Winkler, F., & Wick, W. (2018). "Harmful networks in the brain and beyond." *Science*, 359 (638), 1100–1101. https://doi.org/10.1126/science.aar5555.

Zanconato, F., Cordenonsi, M., & Piccolo, S. (2019). "YAP and TAZ: a signaling hub of the tumour microenvironment." *Nature Reviews Cancer*, 19, 454–464. https://doi.org/10.1038/s41568-019-0168-y.

Zhao, Y., Shao, Q., & Peng, G. (2020). "Exhaustion and senescence: two crucial dysfunctional states of T cells in the tumor microenvironment." *Cellular & Molecular Immunology*, 17 (1), 27–35. https://doi.org/10.1038/s41423-019-0344-8.

第 9 章　神经元的世界

　　与癌症、T 细胞和微生物一样，神经元也是研究热点。由于本章涵盖的主题有限，以下仅列出少数与这些主题相关的研究论文，其内容涉及神经元回路范围外的多种信号传递。其中，一些综述介绍了维持神经元的性质、电突触，以及与免疫细胞和癌细胞的通信。此外，单项研究论文还谈到大脑垃圾清理、神经发生和突触位置的快速囊泡更新。有几篇论文概括了记忆区脑电波信号传递的研究进展，以及对既非脑电波也非轴突电活动的电模式开展的新研究。

Alcamí, P., & Pereda, A. E. (2019). "Beyond plasticity: the dynamic impact of electrical synapses on neural circuits." *Nature Reviews Neuroscience*, 20, 253–271. https://doi.org/10.1038/s41583-019-0133-5.

Bentley, M., & Banker, G. (2016). "The cellular mechanisms that maintain neuronal polarity." *Nature Reviews Neuroscience*, 17, 611–622. https://doi.org/10.1038/nrn.2016.100.

Boilly, B., Faulkner, S., Jobling, P., & Hondermarck, H. (2017). "Nerve Dependence: From Regeneration to Cancer." *Cancer Cell*, 31 (3), 342–354. https:// doi.org/10.1016/j.ccell.2017.02.005.

Boldrini, M., Fulmore, C. A., Tartt, A. N., Simeon, L. R., Pavlova, I., Poposka, V., Rosoklija,

G. B., Stankov, A., Arango, V., Dwork, A., Hen, R., & Mann, J. J. (2018). "Human Hippocampal Neurogenesis Persists throughout Aging." *Cell Stem Cell*, 22 (4), 589–599. https://doi.org/10.1016/j.stem.2018.03.015.

Brincat, S., & Miller, E. K. (2015). "Frequency-specific hippocampal-prefrontal interactions during associative learning." *Nature Neuroscience*, 18 (4), 576–581. https://doi.org/10.1038/nn.3954.

Budnik, V., Ruiz-Cañada, C., & Wendler, F. (2016). "Extracellular vesicles round off communication in the nervous system." *Nature Reviews Neuroscience*, 17, 160–172. https://doi.org/10.1038/nrn.2015.29.

Colgin, L. L. (2016). "Rhythms of the hippocampal network." *Nature Reviews Neuroscience*, 17, 239–249. https://doi.org/10.1038/nrn.2016.21.

Egeland, M., Zunszain, P. A., & Pariante, C. M. (2015). "Molecular mechanisms in the regulation of adult neurogenesis during stress." *Nature Reviews Neuroscience*, 16, 189–200. https://doi.org/10.1038/nrn3855.

Grubb, S., & Lauritzen, M. (2019). "Deep sleep drives brain fluid oscillations." Science, 366 (6465), 572–573. https://doi.org/10.1126/science.aaz5191.Hanoun, M., Maryanovich, M., Arnal-Estapé, A., & Frenette, P. S. (2015). "Neural Regulation of Hematopoiesis, Inflammation, and Cancer." *Neu-ron*, 86 (2), 360–373. https://doi.org/10.1016/j.neuron.2015.01.026.

Muller, L., Chavane, F., Reynolds, J., & Sejnowski, T. J. (2018). "Cortical travelling waves: mechanisms and computational principles." *Nature Reviews Neuroscience*, 19, 255–268. https://doi.org/10.1038/nrn.2018.20.

Pesaran, B., Vinck, M., Einevoll, G. T., Sirota, A., Fries, P., Siegel, M., Truccolo, W., Schroeder, C. E., & Srinivasan, R. (2018). "Investigating large-scale brain dynamics using field potential recordings: analysis and interpretation." *Nature Neuroscience*, 21 (7), 903–919. https://doi.org/10.1038/s41593-018-0171-8.

Wohleb, E. S, Franklin, T., Iwata, M., Duman, R. S. (2016). "Integrating neuroimmune systems in the neurobiology of depression." *Nature Reviews Neuroscience*, 17, 497–511.

https://doi.org/10.1038/nrn.2016.69.

第 10 章 星形胶质细胞的支持性作用

越来越多的研究指出，从神经元回路的各个方面来看，星形胶质细胞都占有重要地位。在此列出的 5 篇综述主要介绍与突触和神经回路控制相关的多种星形胶质细胞功能。另有一些研究论文涉及对脑生物钟的影响、钙信号传递、与轴突速度相关的髓鞘结构调控、星形胶质细胞亚型对特定神经元回路的调控，以及神经元对其特有星形胶质细胞的调控。

Allen, N. J., & Eroglu, C. (2017). "Cell Biology of Astrocyte-Synapse Interactions." *Neuron*, 96 (3), 697–708. https://doi.org/10.1016/j.neuron.2017.09.056.

Bazargani, N., & Attwell, D. (2016). "Perspective: Astrocyte calcium signaling: the third wave." *Nature Neuroscience*, 19, 182–189. https://doi.org/10.1038/nn.4201.

Ben Haim, L., & Rowitch, D. H. (2017). "Functional diversity of astrocytes in neural circuit regulation." *Nature Reviews Neuroscience*, 18, 31–41. https://doi.org/10.1038/nrn.2016.159.

Clarke, L. E., & Liddelow, S. A. (2017). "Neurobiology: Diversity reaches the stars." *Nature*, 548 (7668), 396–397. https://doi.org/10.1038/548396a.

Dallérac, G., Zapata, J., Rouach, N. (2018). "Versatile control of synaptic circuits by astrocytes: where, when and how?" *Nature Reviews Neuroscience*, 19, 729–743. https://doi.org/10.1038/s41583-018-0080-6.

Dutta, D. J., Woo, D. H., Lee, P. R., Pajevic, S., Bukalo, O., Huffman, W. C., Wake, H., Basser, P. J., SheikhBahaei, S., Lazarevic, V., Smith, J. C., & Fields, R. D. (2018). "Regulation of myelin structure and conduction velocity by perinodal astrocytes." *Proceedings of the National Academy of Sciences of the United States*, 115 (46), 11832–11837. https://doi.org/10.1073/pnas.1811013115.

Green, C. B. (2019). "Many paths to preserve the body clock." *Science*, 363 (6423), 124–125. https://doi.org/10.1126/science.aav9706.

Khakh, B. S., & Sofroniew, M. V. (2015). "Diversity of astrocyte functions and phenotypes in neural circuits." *Nature Reviews Neuroscience*, 18, 942–952. https://doi.org/10.1038/nn.4043.

Santello, M., Toni, N., & Volterra, A. (2019). "Astrocyte function from information processing to cognition and cognitive impairment." *Nature Neuroscience*, 22 (2), 154–166. https://doi.org/10.1038/s41593-018-0325-8.

Stevens, B., & Muthukumar, A. K. (2016). "Differences among astrocytes." *Science*, 351 (6275), 813. https://doi.org/10.1126/science.aaf2849.

第 11 章 小胶质细胞——大脑的主要调控者

对小胶质细胞的研究在诸多领域掀起热潮，包括神经变性、感染、癌症和各种免疫活动。以下为读者列出一些近期发表的综述和专论，内容包括"不要吃我"信号、认知相关影响、疼痛回路理论等。其中，一些研究还谈到了通过触摸神经元来评估细胞功能的机制。

Bennett, M. L., & Bennett, F. C. (2020). "The influence of environment and origin on brain resident macrophages and implications for therapy." *Nature Neuroscience*, 23, 157–166. https://doi.org/10.1038/s41593-019-0545-6.

Cserép, C., Pósfai, B., Lénárt, N., Fekete, R., László, Z. I., Lele, Z., Orsolits, B., Molnár, G., Heindl, S., Schwarcz, A. D., Ujvári, K., Környei, Z., Tóth, K., Szabadits, E., Sperlágh, B., Baranyi, M., Csiba, L., Hortobágyi, T., Maglóczky, Z., ...Dénes, Á.(2020). "Microglia monitor and protect neuronal function through specialized somatic purinergic junctions." *Science*, 367 (6477), 528–537. https://doi.org/10.1126/science.aax6752.

Deczkowska, A., Keren-Shaul, H., Weiner, A., Colonna, M., Schwartz, M., & Amit, I. (2018). "Disease-Associated Microglia: A Universal Immune Sensor of Neurodegeneration." *Cell*, 173 (5), 1073–1081. https://doi.org/10.1016/j.cell.2018.05.003.

Dong, Y., & Yong, V. W. "When encephalitogenic T cells collaborate with microglia in multiple sclerosis." *Nature Reviews Neurology*, 15, 704–717. https://doi.org/10.1038/s41582-019-0253-6.

Greenhalgh, A. D., David, S., & Bennett, F. C. (2020). "Immune cell regulation of glia during CNS injury and disease." *Nature Reviews Neuroscience*, 21, 139-152. https://doi. org/10.1038/s41583-020-0263-9.

McCarthy, M. M. (2017). "Location, Location, Location: Microglia Are Where They Live." *Neuron*, 95 (2), 233–235. https://doi.org/10.1016/j.neuron.2017.07.005.

Neniskyte, U., & Gross, C. T. (2017). "Errant gardeners: glial-cell-dependent synaptic pruning and neurodevelopmental disorders." *Nature Reviews Neuroscience*, 18, 658-670. https:// doi.org/10.1038/nrn.2017.110.

Nimmerjahn, A. (2020). "Monitoring neuronal health." *Science*, 367 (6477), 510–511. https://doi.org/10.1126/science.aba4472.

Niño, D. F., Zhou, Q., Yamaguchi, Y., Martin, L. Y., Wang, S., Fulton, W.B., Jia, H., Lu, P., Prindle Jr., T., Zhang, F., Crawford, J., Hou, Z., Mori, S., Chen, L. L., Guajardo, A., Fatemi, A., Pletnikov, M., Kannan, R. M., Kannan, S., ...Hackam, D. J. (2018). "Cognitive impairments induced by necrotizing enterocolitis can be prevented by inhibiting microglial activation in mouse brain." *Science Translational Medicine*, 10 (471), 1–12. https:// doi.org/10.1126/scitranslmed.aan0237.

Rivest, S. (2018). "Pruned to perfection." *Nature*, 563, 42–43. https://media.nature.com/ original/magazine-assets/d41586-018-07165-8/d41586-018-07165-8.pdf.

Tan, Y., Yuan, Y., & Tian, L. (2020). "Microglial regional heterogeneity and its role in the brain." *Molecular Psychiatry*, 25, 351–367. https://doi.org/10.1038/s41380-019-0609-8.

第 12 章　生成髓鞘的少突胶质细胞

髓鞘是一个极其复杂的新研究课题，而且研究难度很大。在下列论文中，综述介绍的新进展包括轴突和髓鞘之间的信号传递，以及与神经可塑性相关的髓鞘重塑的影响因素。专论报告的成果包括发现了新的少突胶质细胞亚群，证明多发性硬化症的髓鞘损伤与小胶质细胞和 T 细胞的信号传递有关。

Bonnefil, V., Dietz, K., Amatruda, M., Wentling, M., Aubry, A. V., Dupree, J. L., Temple, G., Park, H. J., Burghardt, N. S., Casaccia, P., & Liu, J. (2019). "Region-specific myelin differences define behavioral consequences of chronic social defeat stress in mice." *eLife*, 8, e40855. https://doi.org/10.7554/eLife.40855.

Chang, K. J., Redmond, S. A., & Chan, J. R. (2016). "Remodeling myelination: implications for mechanisms of neural plasticity." *Nature Neuroscience*, 19 (2), 190–197. https://doi.org/10.1038/nn.4200.

Dong, Y., & Yong, V. W. (2019). "When encephalitogenic T cells collaborate with microglia in multiple sclerosis." *Nature Reviews Neurology*, 15, 704–717. https://doi.org/10.1038/s41582-019-0253-6.

Franklin, R. J. M., & Ffrench-Constant, C. (2017). "Regenerating CNS myelin—from mechanisms to experimental medicines." *Nature Reviews Neuroscience*, 18, 753–769. https://doi.org/10.1038/nrn.2017.136.

Lloyd, A. F., & Miron, V. E. (2019). "The pro-remyelination properties of microglia in the central nervous system." *Nature Reviews Neurology*, 15, 447–458. https://doi.org/10.1038/s41582-019-0184-2.

Marisca, R., Hoche, T., Agirre, E., Hoodless, L. J., Barkey, W., Auer, F., Castelo-Branco, G., & Czopka, T. (2020). "Functionally distinct subgroups of oligodendrocyte precursor cells integrate neural activity and execute myelin formation." *Nature Neuroscience*, 23, 363–374. https://doi.org/10.1038/s41593-019-0581-2.

Micu, I., Plemel, J. R., Capraiello, A. V., Nave, K. A., & Stys, P. K. (2018). "Axo-myelinic neurotransmission: a novel mode of cell signaling in the central nervous system." *Nature Reviews Neuroscience*, 19, 49–58. https:// doi.org/10.1038/nrn.2017.128.

Mount, C., & Monje, M. (2017). "Wrapped to Adapt: Experience-Dependent Myelination." *Neuron*, 95 (4), 743–756. https://doi.org/10.1016/j.neuron.2017.07.009.

Nagy, B., Hovhannisyan, A., Barzan, R., Chen, T. J., & Kukley, M. (2017). "Different patterns of neuronal activity trigger distinct responses of oligodendrocyte precursor cells in the corpus callosum." *PLoS Biology*, 15 (8), e2001993. https://doi.org/10.1371/journal.pbio.2001993.

第 13 章　大脑的守卫细胞

有关脑脊液、血脑屏障和脑膜的新兴解剖学研究很复杂，揭示了免疫细胞与大脑之间多种新的相互作用方式。此外，一些扩展研究还涉及脉络膜内皮细胞和周细胞的功能。另有大批新发表的文献指出，大脑独享的"特权"，免疫细胞和微生物也能参与其中。其中，一些文章谈到免疫细胞进入大脑的新途径；其他文章则着眼于微生物与大脑和免疫细胞的相互作用。一些研究论文介绍脑室的垃圾清理以及纤毛节律运动产生的液体流动，还有几篇文章介绍脉络膜内皮细胞和周细胞。

Ahn, J. H., Cho, H., Kim, J. H., Ham, J. S., Park, I., Suh, S. H., Hong, S.P., Song, J. H., Hong, Y. K., Jeong, Y., Park, S. H., & Koh, G. Y. (2019). "Meningeal lymphatic vessels at the skull base drain cerebrospinal fluid." *Nature*, 572, 62–66. https://doi.org/10.1038/s41586-019-1419-5.

Alderton, G. (2019). "Immune surveillance of the brain." *Science*, 366 (6472), 1467-1469. https://doi.org/10.1126/science.366.6472.1467-r.

Faubel, R., Westendorf, C., Bödenschatz, E., & Eichele, G. (2016). "Cilia-based flow network in the brain ventricles." *Science*, 353 (6295), 176–177. https://doi.org/10.1126/science.aae0450.

Forrester, J. V., McMenamin, P. G., & Dando, S. J. (2018). "CNS infection and immune privilege." *Nature Reviews Neuroscience*, 19, 655–671. https://doi.org/10.1038/s41583-018-0070-8.

Grubb, S., & Lauritzen, M. (2019). "Deep sleep drives brain fluid oscillations." *Science*, 366 (6465), 572–573. https://doi.org/10.1126/science.aaz5191.

Lauer, A. N., Tenenbaum, T., Schroten, H., & Schwerk, C. (2018). "The diverse cellular responses of the choroid plexus during infection of the central nervous system." *American Journal of Physiology Cell Physiology*, 314 (2), C152–C165. https://doi.org10.1152/ajpcell.00137.2017.

Planques, A., Moreira, V. O., Dubreuil, C., Prochiantz, A., & Di Nardo, A. A. (2019). "OTX2 Signals from the Choroid Plexus to Regulate Adult Neurogenesis." *eNeuro*, 6 (2), ENEURO.0262-18.2019. https://doi.org/10.1523/ENEURO.0262-18.2019.

Prinz, M., & Priller, J. (2017). "The role of peripheral immune cells in the CNS in steady state and disease." *Nature Neuroscience*, 20 (2), 136–144. https:// doi.org/10.1038/nn.4475.

Rustenhoven, J., & Kipnis, J. (2019). "Bypassing the blood-brain barrier." *Science*, 366 (6472), 1448–1449. https://doi.org/10.1126/science.aay0479.

Sweeney, M. D., Ayyadurai, S., & Zlokovic, B. V. (2016). "Pericytes of the neurovascular unit: key functions and signaling pathways." *Nature Neuroscience*, 19 (6), 771–783. https://doi.org/10.1038/nn.4288.

Wardlaw, J. M., Benveniste, H., Nedergaard, M., Zlokovic, B. V., Mestre, H., Lee, H., Doubal, F. N., Brown, R., Ramirez, J., MacIntosh, A. J., Tannenbaum, A., Ballerini, L., Rungta, R. L., Boido, D., Sweeney, M., Montagne, A., Charpak, S., Joutel, A., Smith, K. J., Black, S. E. (2020). "Perivascular spaces in the brain: anatomy, physiology and pathology." *Nature Reviews Neurology*, 16, 137–153. https://doi.org/10.1038/s41582-020-0312-z.

Yamazaki, T., & Mukouyama, Y. S. (2018). "Tissue Specific Origin, Development, and Pathological Perspectives of Pericytes." *Frontiers in Cardiovascular Medicine*, 5, 78. https://doi.org/10.3389/fcvm.2018.00078.

第 14 章　疼痛与炎症

疼痛也是一个文献丰富且充满未知的领域。下列论文侧重于新的信号传递概念，比如由神经元之外的其他细胞参与的疼痛回路，以及脑细胞与疼痛相关免疫细胞之间普遍存在的一般交叉对话。其中，有些文章提出了新的观点，谈到针灸引发免疫细胞与脑细胞进行不寻常通信的可能机制。

Baral, P., Udit, S., & Chiu, I. M. (2019). "Pain and immunity: implications for host defense." *Nature Reviews Immunology*, 19, 433–447. https://doi.org/10.1038/s41577-019-0147-2.

Bidad, K., Gracey, E., Hemington, K. S., Mapplebeck, J. C. S., Davis, K. D., & Inman, R. D. (2017). "Pain in ankylosing spondylitis: a neuro-immune collaboration." *Nature Reviews Rheumatology*, 13, 410–420. https://doi.org/10.1038/nrrheum.2017.92.

Colloca, L., Ludman, T., Bouhassira, D., Baron, R., Dickenson, A. H., Yarnitsky, D., Freeman, R., Truini, A., Attal, N., Finnerup, N. B., Eccleston, C., Kalso, E., Bennett, D. L., Dworkin, R. H., & Raja, S. N. (2017). "Neuropathic pain." *Nature Reviews Disease Primers*, 3, 17002.

https://doi.org/10.1038/nrdp.2017.2.

Conaghan, P. G., Cook, A. D., Hamilton, J. A., & Tak, P. P. (2019). "Therapeutic options for targeting inflammatory osteoarthritis pain." *Nature Reviews Rheumatology*, 15, 355–363. https://doi.org/10.1038/s41584-019-0221-y.

Eom, D. S., & Parichy, D. M. (2017). "A macrophage relay for long-distance signaling during postembryonic tissue remodeling." *Science*, 355 (6331), 1317-1320. https://doi.org/10.1126/science.aal2745.

Inoue, K., & Tsuda, M. (2018). "Microglia in neuropathic pain: cellular and molecular mechanisms and therapeutic potential." *Nature Reviews Neuroscience*, 19, 138–152. https://doi.org/10.1038/nrn.2018.2.

Ji, R. R., Chamessian, A., & Zhang, Y. Q. (2016). "Pain regulation by nonneuronal cells and inflammation?" *Science*, 354 (6312), 572–577. https://doi.org/10.1126/science.aaf8924.

Ji, R. R., Donnelly, C. R., & Nedergaard, M. (2019). "Astrocytes in chronic pain and itch." *Nature Reviews Neuroscience*, 20, 667–685. https://doi.org/10.1038/s41583-019-0218-1.

Kuner, R., & Flor, H. (2017). "Structural plasticity and reorganization in chronic pain." *Nature Reviews Neuroscience*, 18, 21–30. https://doi.org/10.1038/nrn.2016.162.

Mapplebeck, J. C. S., Beggs, S., & Salter, M. W. (2017). "Molecules in pain and sex: a developing story." *Molecular Brain*, 10, 9. https://doi.org/10.1186/s13041-017-0289-8.

Peirs, C., Williams, S. P., Zhao, X., Walsh, C. E., Gedeon, J. Y., Cagle, N. E., Goldring, A. C., Hioki, H., Liu, Z., Marell, P. S., & Seal, R. P. (2015). "Dorsal Horn Circuits for Persistent Mechanical Pain." *Neuron*, 87 (4), 797–812. https://doi.org/10.1016/j.neuron.2015.07.029.

Torres-Rosas, R., Yehia, G., Peña, G., Mishra, P., del Rocío ThompsonBonilla, M., Moreno-Eutimio, M. A., Arriaga-Pizano, L. A., Isibasi, A., & Ulloa, L. (2014). "Dopamine mediates vagal modulation of the immune system by electroacupuncture." *Nature Medicine*, 20, 291–295. https://doi.org/10.1038/nm.3479.

Tracey, K. J. (2009). "Reflex control of immunity." *Nature Reviews Immunology*, 9, 418–428. https://doi.org/10.1038/nri2566.

第 15 章　微生物的行为与对话

有关微生物行为的文献可能是数量最庞大的，很难筛选出最相关的综述和研究论文。丘布科夫（Chubukov）等人的综述很重要，它们为微生物如何做出内部决策提供了线索。在其他列出的论文中，两篇介绍群体感应，一篇讨论外排泵和分泌系统，三篇谈论不同的生物膜，还有两篇涉及导致各种多细胞习性的行为。单项研究论文包括对微生物受体系统的猜想、微生物记忆的原始形态，以及微生物走出迷宫的能力。列在最后的五篇论文讲述了奇特的通信形式，包括生物电网、纳米管和囊泡。

Aschtgen, M. S., Brennan, C. A., Nikolakakis, K., Cohen, S., McFall-Ngai, M., & Ruby, E. G. (2019). "Insights into flagellar function and mechanism from the squid-vibrio symbiosis." *npj Biofilms and Microbiomes*, 5, 32. https://doi.org/10.1038/s41522-019-0106-5.

Brown, L., Wolf, J. M., Prados-Rosales, R., & Casadevall, A. (2015). "Through the wall: extracellular vesicles in Gram-positive bacteria, mycobacteria and fungi." *Nature Reviews Microbiology*, 13, 620–630. https://doi.org/10.1038/nrmicro3480.

Chubukov, V., Gerosa, L., Kochanowski, K., & Sauer, U. (2014). "Coordination of microbial metabolism." *Nature Reviews Microbiology*, 12, 327–339. https://doi.org/10.1038/nrmicro3238.

Claessen, D., Rozen, D. E., Kuipers, O. P., Søgaard-Andersen, L., & van Wezel, G. P. (2014). "Bacterial solutions to multicellularity: a tale of biofilms, filaments and fruiting bodies." *Nature Reviews Microbiology*, 12, 115–124. https://doi.org/10.1038/nrmicro3178.

Du, D., Wang-Kan, X., Neuberger, A., van Veen, H. W., Pos, K. M., Piddock,L. J. V., & Luisi, B. F. (2018). "Multidrug efflux pumps: structure, function and regulation." *Nature Reviews Microbiology*, 16, 523–539. https://doi.org/10.1038/s41579-018-0048-6.

Duan, J., Navarro-Dorado, J., Clark, J. H., Kinnear, N. P., Meinke, P., Schirmer, E. C., & Evans, A. M. (2019). "The cell-wide web coordinates cellular processes by directing site-specific Ca2+ flux across cytoplasmic nanocourses." *Nature Communications*, 10, 229. https://doi.org/10.1038/s41467-019-10055-w.

Humphries, J., Xiong, L., Liu, J., Prindle, A., Yuan, F., Arjes, H. A., Tsimring, L., & Süel, G.

M. (2017). "Species-Independent Attraction to Biofilms through Electrical Signaling Electrical Signaling." *Cell*, 168, 200–209. https://doi.org/10.1016/j.cell.2016.12.014.

Lee, C. K., de Anda, J., Baker, A. E., Bennett, R. R., Luo, Y., Lee, E. Y., Keefe, J. A., Helali, J. S., Ma, J., Zhao, K., Golestanian, R., O'Toole, A., & Wong, G. C. L. (2018). "Multigenerational memory and adaptive adhesion in early bacterial biofilm communities." *Proceedings of the National Academy of Sciences of the United States of America*, 115 (17), 4471–4476. https://doi.org/10.1073/pnas.1720071115.

Lohse, M. B., Gulati, M., Johnson, A. D., & Nobile, C. J. (2018). "Development and regulation of singleand multi-species Candida albicans Biofilms." *Nature Reviews Microbiology*, 16, 19–31. https://doi.org/10.1038/nrmicro.2017.107.

Meysman, F. J. R., Cornelissen, R., Trashin, S., Bonné, R., Hidalgo Martinez, S., van der Veen, J., Blom, C. J., Karman, C., Hou, J. L., Thiruvallur Eachambadi, R., Geelhoed, J. S., De Wael, K., Beaumont, H. J. E., Cleuren, B., Valcke, R., van der Zant, H. S. J., Boschker, H. T. S., & Manca, J. V. (2019). "A highly conductive fibre network enables centimetrescale electron transport in multicellular cable bacteria." *Nature Communications*, 10, 4120. https://doi.org/10.1038/s41467-019-12115-7.

Moura-Alves, P., Puyskens, A., Stinn, A., Klemm, M., Guhlich-Bornhof, U., Dorhoi, A., Furkert, J., Kreuchwig, A., Protze, J., Lozza, L., Pei, G., Saikali, P., Perdomo, C., Mollenkopf, H. J., Hurwitz, R., Kirschhoefer, F., Brenner-Weiss, G., Weiner J. 3rd, Oschkinat, H., ...Kaufmann, S.G.E. (2019). "Host monitoring of quorum sensing during Pseudomonas aeruginosa infection." *Science*, 366 (6472), eaaw1629. https://doi.org/10.1126/science.aaw1629.

Nadell, C. D., Drescher, K., & Foster, K. R. (2016). "Spatial structure, cooperation and competition in biofilms." *Nature Reviews Microbiology*, 14, 589–600. https://doi.org/10.1038/nrmicro.2016.84.

Pennisi, E. (2018). "The power of many." *Science*, 360 (6396), 1388–1391. https://doi.org/10.1126/science.360.6396.1388.

Salek, M. M., Carrara, F., Fernandez, V., Guasto, J. S., & Stocker, R. (2019). "Bacterial chemotaxis in a microfluidic T-maze reveals strong phenotypic heterogeneity in chemotactic sensitivity." *Nature Communications*, 10, 1877. https://doi.org/10.1038/s41467-019-09521-2.

Shi, L., Dong, H., Reguera, G., Beyenal, H., Lu, A., Liu, J., Yu, H. Q., & Fredrickson, J. K. (2016). "Extracellular electron transfer mechanisms between microorganisms and minerals." *Nature Reviews Microbiology*, 14, 651–662. https://doi.org/10.1038/nrmicro.2016.93.

Szempruch, A. J., Dennison, L., Kieft, R., Harrington, J. M., & Hajduk, S. L. (2016). "Sending a message: extracellular vesicles of pathogenic protozoan parasites." *Nature Reviews Microbiology*, 14, 669–675. https://doi.org/10.1038/nrmicro.2016.110.

Teschler, J. K., Zamorano-Sánchez, D., Utada, A. S., Warner, C. J. A., Wong, G. C. L., Linington, R. G., & Yildiz, F. H. (2015). "Living in the matrix: assembly and control of Vibrio cholerae biofilms." *Nature Reviews Microbiology*, 13, 255–268. https://doi.org/10.1038/nrmicro3433.

Whiteley, M., Diggle, S., & Greenberg, E. (2017). "Progress in and promise of bacterial quorum sensing research." *Nature*, 551, 313–320. https://doi.org/10.1038/nature24624.

第 16 章　微生物与人体细胞的战斗

以微生物与人体细胞互动为主题的研究文献非常多，以下列出的论文分别探讨了各种免疫应答与微生物的回应、"参战"受体的调控，以及启动细胞程序性死亡来消除细胞感染。其中，三篇论文介绍敌我双方使用的标签系统；另有几篇提到细胞利用囊泡来捕获并剿灭微生物，以及微生物在这些囊泡内生存的能力；一篇讲述麻风病致病菌的独特生活方式。

Ashida, H., Kim, M., & Sasakawa, C. (2014). "Exploitation of the host ubiquitin system by human bacterial pathogens." *Nature Reviews Microbiology*, 12, 399–413. https://doi.org/10.1038/nrmicro3259.

Cao, X. (2016). "Self-regulation and cross-regulation of pattern-recognition receptor signaling in health and disease." *Nature Reviews Immunology*, 16, 35–50. https://doi.

org/10.1038/nri.2015.8.

Chan, Y. K., & Gack, M. U. (2016). "Viral evasion of intracellular DNA and RNA sensing." *Nature Reviews Microbiology*, 14, 360–373. https://doi.org/10.1038/nrmicro.2016.45.

Erwig, L. P., & Gow, N. A. (2016). "Interactions of fungal pathogens with phagocytes." *Nature Reviews Microbiology*, 14, 163–176. https://doi.org/10.1038/nrmicro.2015.21.

Everett, R. D., Boutell, C., & Hale, B. G. (2013). "Interplay between viruses and host SUMOylation pathways." *Nature Reviews Microbiology*, 11, 400-411. https://doi.org/10.1038/nrmicro3015.

Fung, T., Olson, C., & Hsiao, E. "Interactions between the microbiota, immune and nervous systems in health and disease." *Nature Neuroscience*, 20, 145–155. htttps://doi.org/10.1038/nn.4476.

Huang, J., & Brumell, J. H. (2014). "Bacteria-autophagy interplay: a battle for survival." *Nature Reviews Microbiology*, 12, 101–114. https://doi.org/10.1038/nrmicro3160.

Jorgensen, I., Rayamajhi, M., & Miao, E. A. (2017). "Programmed cell death as a defense against infection." *Nature Reviews Immunology*, 17, 151–164. https://doi.org/10.1038/nri.2016.147.

Masaki, T., Qu, J., Cholewa-Waclaw, J., Burr, K., Raaum, R., & Rambukkana, A. (2013). "Reprogramming adult Schwann cells to stem cell-like cells by leprosy bacilli promotes dissemination of infection." *Cell*, 152, 51-67. https://doi.org/10.1016/j.cell.2012.12.014.

Matz, J. M., Beck, J. R., & Blackman, M. J. (2020). "The parasitophorous vacuole of the blood-stage malaria parasite." *Nature Reviews Microbiology*. https://doi.org/10.1038/s41579-019-0321-3.

Nothelfer, K., Sansonetti, P. J., & Phalipon, A. (2015). "Pathogen manipulation of B cells: the best defence is a good offence." *Nature Reviews Microbiology*, 13, 173–184. https://doi.org/10.1038/nrmicro3415.

Stewart, M. K., & Cookson, B. T. (2016). "Evasion and interference: intracellular pathogens modulate caspase-dependent inflammatory responses." *Nature Reviews Microbiology*, 14, 346–359. https://doi.org/10.1038/nrmicro .2016.50.

Thammavongsa, V., Kim, H. K., Missiakas, D., & Schneewind, O. (2015). "Staphylococcal manipulation of host immune responses." *Nature Reviews Microbiology*, 13, 529–543. https://doi.org/10.1038/nrmicro3521.

Venugopal, K., Hentzschel, F., Valki ū nas, G., & Marti, M. (2020). "Plasmodium asexual growth and sexual development in the haematopoietic niche of the host." *Nature Reviews Microbiology*, 18, 177–189. https://doi.org/10.1038/s41579-019-0306-2.

Wimmer, P., Schreiner, S., & Dobner, T. (2011). "Human Pathogens and the Host Cell SUMOylation System." *Journal of Virology*, 86 (2), 642–654. https://doi.org/10.1128/ JVI.06227-11.

第 17 章　肠道微生物的权术

　　从各个微生物领域的研究来看，引起普遍关注的理论是肠道微生物可以影响所有其他器官。以下列出的论文侧重于肠道内的微生物和免疫信号传递对健康和疾病的影响。一篇文章指出，引发肠道健康问题的原因并不一定是肠道微生物的数量，也可能是它们与其他微生物、免疫细胞和肠道内皮细胞之间的对话。另几篇文章着重描述病毒与细菌和人体细胞之间相互作用的重要性。其他文章主要强调整个肠道环境的多变性。其中，一篇文章讲述运动等环境因素对微生物有何影响及其最终产生的结果；另一篇文章介绍微生物通过表观遗传学途径调控肠道细胞的新机制。

Allen, J. M., Mailing, L. J., Cohrs, J., Salmonson, C., Fryer, J. D., Nehra, V.,Hale, V. L., Kashyap, P., White, B. A., & Woods, J. A. (2018). "Exercise training-induced modification of the gut microbiota persists after microbiota colonization and attenuates the response to chemically-induced colitis in gnotobiotic mice." *Gut Microbes*, 9 (2), 115–130. https://doi. org/10.108 0/19490976.2017.1372077.

Ansari, I., Raddatz, G., Gutekunst, J., Ridnik, M., Cohen, D., Abu-Remaileh, M., Tuganbaev, T., Shapiro, H., Pikarsky, E., Elinav, E., Lyko, F., & Bergman, Y. (2020). "The microbiota programs DNA methylation to control intestinal homeostasis and inflammation." *Nature Microbiology*. https://doi.org/10.1038/s41564-019-0659-3.

Bäumler, A. J., & Sperandio, V. (2016). "Interactions between the microbiota and pathogenic bacteria in the gut." *Nature*, 535, 85–93. https://doi.org/10.1038/nature18849.

Brown, J. M., & Hazen, S. L. (2018). "Microbial modulation of cardiovascular Disease." *Nature Reviews Microbiology*, 16, 171–181. https://doi.org/10.1038/nrmicro.2017.149.

Cani, P. D., Van Hul, M., Lefort, C., Depommier, C., Rastelli, M., & Everard, A. (2019). "Microbial regulation of organismal energy homeostasis." *Nature Metabolism*, 1, 34–46. https://doi.org/10.1038/s42255-018-0017-4.

Donaldson, G. P, Lee, S. M., & Mazmanian, S. K. (2016). "Gut biogeography of the bacterial microbiota." *Nature Reviews Microbiology*, 14, 20–32. https://doi.org/10.1038/nrmicro3552.

Frank, M. G., Fonken, L. K., Dolzani, S. D., Annis, J. L., Siebler, P. H., Schmidt, D., Watkins, L. R., Maier, S. F., & Lowry, C. A. (2018). "Immunization with Mycobacterium vaccae induces an anti-inflammatory milieu in the CNS: Attenuation of stress-induced microglial priming, alarmins and anxiety-like behavior." *Brain, Behavior, and Immunity*, 73, 352–363. https://doi.org/10.1016/j.bbi.2018.05.020.

Karst, S. M. (2016). "The influence of commensal bacteria on infection with enteric viruses." *Nature Reviews Microbiology*, 14, 197–204. https://doi.org/10.1038/nrmicro.2015.25.

Khan Mirzaei, M., & Maurice, C. F. (2017). "Ménage à trois in the human gut: interactions between host, bacteria and phages." *Nature Reviews Microbiology*, 15, 397–408. https://doi.org/10.1038/nrmicro.2017.30.

Martens, E. C., Neumann, M., & Desai, M. S. (2018). "Interactions of commensal and pathogenic microorganisms with the intestinal mucosal barrier." *Nature Reviews Microbiology*, 16, 457–470. https://doi.org/10.1038/s41579-018-0036-x.

Schroeder, B. O, & Bäckhed, F. (2016). "Signals from the gut microbiota to distant organs in physiology and disease." *Nature Medicine*, 22 (10), 1079– 1089. https://doi.org/10.1038/nm.4185.

Sommer, F., Moltzau Anderson, J., Bharti, R., Raes, J., & Rosenstiel, P. (2017). "The resilience of the intestinal microbiota influences health and disease." *Nature Reviews Microbiology*, 15, 630-638. https://doi.org/10.1038/nrmicro.2017.58.

Sonnenburg, J. L., & Bäckhed, F. (2016). "Diet-microbiota interactions as moderators of human metabolism." *Nature*, 535, 56–64. https://doi.org/10.1038/nature18846.

Stacy, A., McNally, L., Darch, S. E., Brown, S. P., & Whiteley, M. (2016). "The biogeography of polymicrobial infection." *Nature Reviews Microbiology*, 14, 93–105. https://doi.org/10.1038/nrmicro.2015.8.

Wekerle, H. (2018). "Brain inflammatory cascade controlled by gut-derived molecules." *Nature*, 557, 642–643. https://doi.org/10.1038/d41586-018-05113-0.

第 18 章　微生物对大脑的影响

越来越多的证据表明微生物会影响大脑和行为，这在四篇论文中也有所体现。此外，其他论文主要介绍微生物进入大脑的过程。其中两篇文章提到，越来越多的证据显示肠道微生物信号对大脑的影响尤为突出。

Coureuil, M., Lécuyer, H., Bourdoulous, S., & Nassif, X. "A journey into the brain: insight into how bacterial pathogens cross blood–brain barriers." *Nature Reviews Microbiology*, 15, 149–159. https://doi.org/10.1038/nrmicro.2016.178.

Dalile, B., Van Oudenhove, L., Vervliet, B., & Verbeke, K. (2019). "The role of short-chain fatty acids in microbiota-gut-brain communication." *Nature Reviews Gastroenterology and Hepatology*, 16, 461–478. https://doi.org/10.1038/s41575-019-0157-3.

Fung, T. C., Olson, C. A., & Hsiao, E. Y. (2017). "Interactions between the microbiota, immune and nervous systems in health and disease." *Nature Neuroscience*, 20 (2), 145–155. https://doi.org/10.1038/nn.4476.

Kiraly, D. D. (2019). "Gut microbes help mice forget their fear." *Nature*, 574, 488–489. https://doi.org/10.1038/d41586-019-03114-1.

Miller, K. D., Schnell, M. J., & Rall, G. F. (2016). "Keeping it in check: chronic viral infection and antiviral immunity in the brain." *Nature Reviews Neuroscience*, 17, 766-776. https://doi.org/10.1038/nrn.2016.140.

Sharon, G., Sampson, T. R., Geschwind, D. H., & Mazmanian, S. K. (2016). "The Central Nervous System and the Gut Microbiome." *Cell*, 167 (4), 915-932. https://doi.org/10.1016/j.cell.2016.10.027.

Sherwin, E., Bordenstein, S. R., Quinn, J. L., Dinan, T. G., & Cryan, J. F. (2019). "Microbiota and the social brain." *Science*, 366 (6465), eaar2016. https://doi.org/10.1126/science.aar2016.

Warner, B. B. (2019). "The contribution of the gut microbiome to neurodevelopment and neuropsychiatric disorders." *Pediatric Research*, 85, 216–224. https://doi.org/10.1038/s41390-018-0191-9.

第 19 章　病毒的复杂世界

　　和其他微生物一样，病毒也会在群体行为中利用信号来协调个体的活动。对此，越来越多的研究论文给出了证据，包括以下列出的论文。其中，两篇文章强调病毒的这种通信主要针对细菌，文中还提到已发现切实存在的病毒信号。其他文章介绍了细菌与病毒之间亦敌亦友的关系。另有几篇文章探讨病毒如何通过潜藏在人体细胞内来躲避攻击。一些专论与本章讨论的 4 种病毒（埃博拉病毒、艾滋病病毒、水痘病毒和噬菌体）相关，重点阐述了这些病毒奇特的生活方式。此外，还有几篇文章提到病毒不同寻常的能力，指出它们能重新编排人体细胞的活动，还能操控细胞支架和携带信息的囊泡。

Bernheim, A., & Sorek, R. (2018). "Viruses cooperate to defeat bacteria." *Nature*, 559, 482–485. https://doi.org/10.1038/d41586-018-05762-1.

Berry, R., Watson, G. M., Jonjic, S., Degli-Esposti, M. A., & Rossjohn, J. (2020). "Modulation of innate and adaptive immunity by cytomegaloviruses." *Nature Reviews Immunology*, 20, 113–127. https://doi.org/10.1038/s41577-019-0225-5.

Dolgin, E. (2019). "The Secret Social Lives of Viruses." *Nature*, 570, 290–292. https://doi.

org/10.1038/d41586-019-01880-6.

Erez, Z., Steinberger-Levy, I., Shamir, M., Doron, S., Stokar-Avihail, A., Peleg, Y., Melamed, S., Leavitt, A., Savidor, A., Albeck, S., Amitai, G., & Sorek, R. (2017). "Communication between viruses guides lysis–lysogeny decisions." *Nature*, 541, 488–493. https://doi.org/10.1038/nature21049.

Felix, J., & Savvides, S. N. (2017). "Mechanisms of immunomodulation by mammalian and viral decoy receptors: insights from structures." *Nature Reviews Immunology*, 17, 112–129. https://doi.org/10.1038/nri.2016.134.

Kim, J. S. (2018). "Microbial warfare against viruses." *Science*, 359 (6379), 993. https://doi.org/10.1126/science.aas9430.

Lee, H., Chathuranga, K., & Lee, J. (2019). "Intracellular sensing of viral genomes and viral evasion." *Experimental & Molecular Medicine*, 51, 1–13. https://doi.org/10.1038/s12276-019-0299-y.

Lusic, M., & Siliciano, R. F. (2017). "Nuclear landscape of HIV-1 infection and integration." *Nature Reviews Microbiology*, 15, 69–81. https://doi.org/10.1038/nrmicro.2016.162.

Misasi, J., & Sullivan, N. J. (2014). "Camouflage and Misdirection: The Full-On Assault of Ebola Virus Disease." *Cell*, 159 (3), 477–486. https://doi.org/10.1016/j.cell.2014.10.006.

Neufeldt, C. J., Cortese, M., Acosta, E. G., Bartenschlager, R. (2018). "Rewiring cellular networks by members of the Flaviviridae family." *Nature Reviews Microbiology*, 16, 125–142. https://doi.org/10.1038/nrmicro.2017.170.

Nobrega, F. L., Vlot, M., de Jonge, P. A., Dreesens, L. L., Beaumont, H. J. E., Lavigne, R., Dutilh, B. E., & Brouns, S. J. J. (2018). "Target mechanisms of tailed bacteriophages." *Nature Reviews Microbiology*, 16, 760–773. https://doi.org/10.1038/s41579-018-0070-8.

Seo, G. Y., Giles, D. A., & Kronenberg, M. (2020). "The role of innate lymphoid cells in response to microbes at mucosal surfaces." *Mucosal Immunology*. https://doi.org/10.1038/s41385-020-0265-y.

Standfuss, J. (2015). "Viral chemokine mimicry." *Science*, 347 (6226), 1071–1072. https://doi.

org/10.1126/science.aaa7998.

Zerboni, L., Sen, N., Oliver, S. L., & Arvin, A. M. (2014). "Molecular mechanisms of varicella zoster virus pathogenesis." *Nature Reviews Microbiology*, 12, 197–210. https://doi.org/10.1038/nrmicro3215.

第 20 章　微生物与植物的相互作用

　　本章列出的文献侧重于植物与微生物之间的两种对话，这种对话决定了二者是和平共处还是你争我夺。其中，六篇文章探讨在植物内部建造固氮工厂时的通信往来；三篇文章介绍植物与微生物之间的争斗以及免疫应答。

Couto, D., & Zipfel, C. (2016). "Regulation of pattern recognition receptor signaling in plants." *Nature Reviews Immunology*, 16, 537–551. https://doi.org/10.1038/nri.2016.77.

Ivanov, S., Austin, J., Berg, R. H., & Harrison, M. J. (2019). "Extensive membrane systems at the host-arbuscular mycorrhizal fungus interface." *Nature Plants*, 5, 194–203. https://doi.org/10.1038/s41477-019-0364-5.

Kuypers, M. M. M., Marchant, H. K., & Kartal, B. (2018). "The microbial nitrogen-cycling network." *Nature Reviews Microbiology*, 16, 263–276. https://doi.org/10.1038/nrmicro.2018.9.

Oldroyd, G. E. D. (2013). "Speak, friend, and enter: signaling systems that promote beneficial symbiotic associations in plants." *Nature Reviews Microbiology*, 11, 252–263. https://doi.org/10.1038/nrmicro2990.

Poole, P., Ramachandran, V., & Terpolilli, J. (2018). "Rizhobia: from saprophytes to endosymbionts." *Nature Reviews Microbiology*, 16, 291–303. https://doi.org/10.1038/nrmicro.2017.171.

Pumplin, N., & Voinnet, O. (2013). "RNA silencing suppression by plant pathogens: defense, counter-defense and counter-counter-defense." *Nature Reviews Microbiology*, 11, 745–760. https://doi.org/10.1038/nrmicro3120.

Tsikou, D., Yan, Z., Holt, D. B., Abel, N. B., Reid, D. E., Madsen, L. H., Bhasin, H., Sexauer, M., Stougaard, J., & Markmann, K. (2018). "Systemic control of legume susceptibility to rhizobial infection by a mobile microRNA." *Science*, 362 (6411), 233–236. https://doi. org/10.1126/science. aat6907.

Wang, M., Schäfer, M., Li, D., Halitschke, R., Dong, C., McGale, E., Paetz, C., Song, Y., Li, S., Dong, J., Heiling, S., Groten, K., Franken, P., Bitterlich, M., Harrison, M. J., Paszkowski, U., & Baldwin, I. T. (2018). "Blumenols as shoot markers of root symbiosis with arbuscular mycorrhizal fungi." *eLife*, 7, e37093. https://doi.org/10.7554/eLife.37093.

Wu, C. H., Derevnina, L., & Kamoun, S. (2018). "Receptor networks underpin plant immunity." *Science*, 60 (6395), 1300–1301. https://doi.org/10.1126/science.aat2623.

第 21 章　微生物与癌症的爱恨纠缠

越来越多的研究显示，微生物对癌症既有正面影响也有负面影响，而二者之间的自然信号传递也成为新治疗方法的切入点。在以下列出的文章中，一篇概述世界各地对感染和癌症的了解；还有几篇以举例说明的方式指出，微生物能够通过操控免疫应答来促进癌症发展；其他文章则探讨微生物制剂的抗癌作用。另外，还有几篇文章侧重于与微生物相关的治疗效果。

de Martel, C., Georges, D., Bray, F., Ferlay, J., & Clifford, G. M. (2020). "Global burden of cancer attributable to infections in 2018: a worldwide incidence analysis." *Lancet*, 8 (2), e180–c190. https://doi.org/10.1016/S2214-109X(19)30488-7.

Guglielmi, G. (2018). "How Gut Microbes Are Joining the Fight Against Cancer." *Nature*, 557, 482–484. https://doi.org/10.1038/d41586-018-05208-8.

Hartmann, N., & Kronenberg, M. (2018). "Cancer immunity thwarted by the microbiome." *Science*, 360 (6391), 858–859. https://doi.org/10.1126/science.aat8289.

Helmink, B. A., Khan, M. A. W., Hermann, A., Gopalakrishnan, V., & Wargo, J. A. (2019). "The microbiome, cancer, and cancer therapy." *Nature Medicine*, 25, 377–388. https://doi.org/10.1038/s41591-019-0377-7.

Krump, N. A., & You, J. (2018). "Molecular mechanisms of viral oncogenesis in humans." *Nature Reviews Microbiology*, 16, 684–698. https://doi.org/10.1038/s41579-018-0064-6.

Łaniewski, P., Ilhan, Z. E., & Herbst-Kralovetz, M. M. (2020). "The microbiome and gynaecological cancer development, prevention and therapy." *Nature Reviews Urology.* https://doi.org/10.1038/s41585-020-0286-z.

Wong, S. H., & Yu, J. (2019). "Gut microbiota in colorectal cancer: mechanisms of action and clinical applications." *Nature Reviews Gastroenterology & Hepatology*, 16 (11), 690–704. https://doi.org/10.1038/s41575-019-0209-8.

Zhang, Z., Tang, H., Chen, P., Xie, H., & Tao, Y. (2019). "Demystifying the manipulation of host immunity, metabolism, and extraintestinal tumors by the gut microbiome." *Signal Transduction and Targeted Therapy*, 4, 41. https://doi.org/10.1038/s41392-019-0074-5.

Zitvogel, L., Daillère, R., Roberti, M. P., Routy, B., & Kroemer, G. (2017). "Anticancer effects of the microbiome and its products." *Nature Reviews Microbiology*, 15, 465–478. https://doi.org/10.1038/nrmicro.2017.44.

第 22 章　微生物与细胞器的对话

　　微生物必须与细胞膜相互作用才能进入细胞，而且必须要操控细胞器才能在繁殖的同时避开细胞防御机制的攻击。在下列论文中，几篇文章的研究主题是微生物对细胞器的攻击。两篇文章介绍微生物与内质网的多种相互作用。另有几篇讨论微生物与液泡的敌友关系，其他则讲述病毒对细胞支架和囊泡的操控。

Celli, J., & Tsolis, R. M. (2015). "Bacteria, the endoplasmic reticulum and the unfolded protein response: friends or foes?" *Nature Reviews Microbiology*, 13, 71–82. https://doi.org/10.1038/nrmicro3393.

Escoll, P., Mondino, S., Rolando, M., & Buchrieser, C. (2016). "Targeting of host organelles by pathogenic bacteria: a sophisticated subversion strategy." *Nature Reviews Microbiology*, 14, 5–19. https://doi.org/10.1038/nrmicro.2015.1.

Hicks, S. W., & Galán, J. E. (2013). "Exploitation of eukaryotic subcellular targeting mechanisms by bacterial effectors." *Nature Reviews Microbiology*, 11, 316–325. https://doi.org/10.1038/nrmicro3009.

Liehl, P., Zuzarte-Luis, V., & Mota, M. M. (2015). "Unveiling the pathogen behind the vacuole." *Nature Reviews Microbiology*, 13, 589–598. https://doi.org/10.1038/nrmicro3504.

Matz, J. M., Beck, J. R., & Blackman, M. J. (2020). "The parasitophorous vacuole of the blood-stage malaria parasite." *Nature Reviews Microbiology*. https://doi.org/10.1038/s41579-019-0321-3.

Raab-Traub, N., & Dittmer, D. P. (2017). "Viral effects on the content and function of extracellular vesicles." *Nature Reviews Microbiology*, 15, 559–572. https://doi.org/10.1038/nrmicro.2017.60.

Ravindran, M. S., Bagchi, P., Cunningham, C. N., & Tsai, B. (2016). "Opportunistic intruders: how viruses orchestrate ER functions to infect cells." *Nature Reviews Microbiology*, 14, 407–420. https://doi.org/10.1038/nrmicro.2016.60.

Taylor, M. P., Koyuncu, O. O., & Enquist, L. W. (2011). "Subversion of the actin cytoskeleton during viral infection." *Nature Reviews Microbiology*, 9, 427–439. https://doi.org/10.1038/nrmicro2574.

第 23 章　细胞器之间的交流沟通

就本章列出的论文揭示了一个新的研究方向，即细胞内的细胞器信号传递。其中，一篇文章介绍细胞器对话的利弊；四篇文章讲述广泛的细胞器信号传递；两篇涉及对未折叠蛋白的应答；一篇探讨将物质送入细胞；另一篇着眼于细胞分裂。此外，还有五篇文章介绍细胞器通信接触点，一篇介绍溶酶体在信号传递中的核心地位。有关溶酶体的其他内容，请参阅本书讲述 mTOR 的章节。

Carlton, J. G., Jones, H., & Eggert, U. S. (2020). "Membrane and organelle dynamics during cell division." *Nature Reviews Molecular Cell Biology*, 21, 151–166. https://doi.org/10.1038/s41580-019-0208-1.

Gottschling, D. E., & Nyström, T. (2017). "The Upsides and Downsides of Organelle Interconnectivity." *Cell*, 169 (1), 24–34. https://doi.org/10.1016/j.cell.2017.02.030.

Grootjans, J., Kaser, A., Kaufman, R. J., & Blumberg, R. S. (2016). "The unfolded protein response in immunity and inflammation." *Nature Reviews Immunology*, 16, 469–484. https://doi.org/10.1038/nri.2016.62.

Haynes, C. M. (2015). "Surviving import failure." *Nature*, 524, 419–420. https:// doi. org/10.1038/nature14644.

Kornmann, B., & Weis, K. (2020). "Liquid but not contactless." *Science*, 367 (6477), 507-508. https://doi.org/10.1126/science.aba3771.

Lawrence, R. E., & Zoncu, R. (2019). "The lysosome as a cellular centre for signalling, metabolism and quality control." *Nature Cell Biology,* 21, 133–142. https://doi. org/10.1038/s41556-018-0244-7.

Olzmann, J. A., & Carvalho, P. (2019). "Dynamics and functions of lipid droplets." *Nature Reviews Molecular Cell Biology*, 20, 137–155. https://doi.org/10.1038/s41580-018-0085-z.

Scorrano, L., De Matteis, M. A., Emr, S., Giordano, F., Hajnóczky, G., Kornmann, B., Lackner, L. L., Levine, T. P., Pellegrini, L., Reinisch, K., Rizzuto, R., Simmen, T., Stenmark, H., Ungermann, C., & Schuldiner, M. (2019). "Coming together to define membrane contact sites." *Nature Communications*, 10, 1287. https://doi.org/10.1038/s41467-019-09253-3.

Shpilka, T., & Haynes, C. M. (2018). "The mitochondrial UPR: mechanisms, physiological functions and implications in ageing." *Nature Reviews Molecular Cell Biology*, 19, 109–120. https://doi.org/10.1038/nrm.2017.110.

Wu, H., Carvalho, P., Voeltz, G. K. (2018). "Here, there, and everywhere: The importance of ER membrane contact sites." *Science*, 361 (6401), eaan5835. https://doi.org/10.1126/ science.aan5835.

Yboue, E. D., Sitia, R., & Simmen, T. (2018). "Redox crosstalk at endoplasmic reticulum (ER) membrane contact sites (MCS) uses toxic waste to deliver messages." *Cell Death & Disease,* 9, 331. https://doi.org/10.1038/s41419-017-0033-4.

第 24 章　线粒体参与的对话

　　从细胞生物学的很多方面来看，线粒体都是研究热点。本书第 8 章在介绍癌症时也谈到了线粒体。下列论文涵盖诸多研究成果，涉及膜动力学、特殊线粒体蛋白、神经元突触位置的线粒体、线粒体与细胞核的通信，以及线粒体参与沿微管进行的运输。其中，研究最透彻的是线粒体与内质网之间的信号传递，就此列出四篇论文。第一篇文章的研究结果前所未见，指出血液中存在大量自由活动的线粒体。虽说这一结果还需要反复证实，但可能具有非常重要的意义。

Amir Dache, A., Otandault, A., Tanos, R., Pastor, B., Meddeb, R., Sanchez, C., Arena, G., Lasorsa, L., Bennett, A., Grange, T., El Messaoudi, S., Mazard, T., Prevostel, C., & Thierry, A. R. (2020). "Blood contains circulating cell-free respiratory competent mitochondria." *The FASEB Journal*, 34 (3), 3616–3630. https://doi.org/10.1096/fj.201901917RR.

Bernard-Marissal, N., Chrast, R., & Schneider, B. L. (2018). "Endoplasmic reticulum and mitochondria in diseases of motor and sensory neurons: a broken relationship?" *Cell Death & Disease*, 9, 333. https://doi.org/10.1038/s41419-017-0125-1.

Devine, M., &Kittler, J. (2018). "Mitochondria at the neuronal presynapse in health and disease." *Nature Reviews Neuroscience*, 19, 63–80. https://doi.org/10.1038/nrn.2017.170.

Eisner, V., Picard, M., & Hajnóczky, G. (2018). "Mitochondrial dynamics in adaptive and maladaptive cellular stress responses." *Nature Cell Biology*, 20, 755–765. https://doi.org/10.1038/s41556-018-0133-0.

Giacomello, M., Pyakurel, A., Glytsou, C., & Scorrano, L. (2020). "The cell biology of mitochondrial membrane dynamics." *Nature Reviews Molecular Cell Biology*. https://doi.org/10.1038/s41580-020-0210-7.

Gómez-Suaga, P., Bravo-San Pedro, J. M., González-Polo, R. A, Fuentes, J. M., & Niso-Santano, M. (2018). "ER-mitochondria signaling in Parkinson's disease." *Cell Death & Disease*, 9, 337. https://doi.org/10.1038/s41419-017-0079-3.

Mehta, M. M., Weinberg, S. E., & Chandel, N. S. (2017). "Mitochondrial control of immunity: beyond ATP." *Nature Reviews Immunology*, 17, 608–620. https://doi.org/10.1038/nri.2017.66.

Mottis, A., Herzig, S., & Auwerx, J. (2019). "Mitocellular communication: Shaping health and disease." *Science*, 366 (6467), 827–832. https://doi.org/10.1126/science.aax3768.

Pfanner, N., Warscheid, B., & Wiedemann, N. (2019). "Mitochondrial proteins: from biogenesis to functional networks." *Nature Reviews Molecular Cell Biology*, 20, 267–284.

https://doi.org/10.1038/s41580-018-0092-0.

Rieusset, J. (2018). "The role of endoplasmic reticulum-mitochondria contact sites in the control of glucose homeostasis: an update." *Cell Death & Disease*, 9, 388. https://doi.org/10.1038/s41419-018-0416-1.

Sheng, Z. H., & Cai, Q. (2012). "Mitochondrial transport in neurons: impact on synaptic homeostasis and neurodegeneration." *Nature Reviews Neuroscience*, 13, 77–93. https://doi.org/10.1038/nrn3156.

Wang, M., & Kaufman, R. (2016). "Protein misfolding in the endoplasmic reticulum as a conduit to human disease." *Nature*, 529, 326–335. https://doi.org/10.1038/nature17041.

第 25 章　膜的合成

　　膜合成领域的研究难度很大，一些重要的论文还是许多年前发表的。在以下列出的论文中，几篇通识文章介绍膜功能、通信接触点和独特的脂质成分；三篇阐述分泌、蛋白质和内吞通路中的运输。不过，每篇文章都谈到了膜在 T 细胞信号传递和细胞分裂中的作用。

Anitei, M., & Hoflack, B. (2012). "Bridging membrane and cytoskeleton dynamics in the secretory and endocytic pathways." *Nature Cell Biology*, 14, 11–19. https://doi.org/10.1038/ncb2409.

Carlton, J. G., Jones, H., & Eggert, U. S. (2020). "Membrane and organelle dynamics during cell division." *Nature Reviews Molecular Cell Biology*, 21, 151–166. https://doi.org/10.1038/s41580-019-0208-1.

Holthuis, J., & Menon, A. (2014). "Lipid landscapes and pipelines in membrane homeostasis." *Nature*, 510, 48–57. https://doi.org/10.1038/nature13474.

Kononenko, N. L., & Haucke, V. (2015). "Molecular Mechanisms of Presynaptic Membrane Retrieval and Synaptic Vesicle Reformation." *Neuron*, 85 (3), 484–496. https://doi.org/10.1016/j.neuron.2014.12.016.

Lev, S. (2010). "Non-vesicular lipid transport by lipid-transfer proteins and beyond." *Nature Reviews Molecular Cell Biology*, 11, 739–750. https://doi.org/10.1038/nrm2971.

Prinz, W. A., Toulmay, A., & Balla, T. (2020). "The functional universe of membrane contact sites." *Nature Reviews Molecular Cell Biology*, 21, 7–24. https://doi.org/10.1038/s41580-019-0180-9.

Tsirigotaki, A., De Geyter, J., Šoštarić, N., Economou, A., & Karamanou, S. (2017). "Protein export through the bacterial Sec pathway." *Nature Reviews Microbiology*, 15, 21-36. https://doi.org/10.1038/nrmicro.2016.161.

Turpin-Nolan, S. M., & Brüning, J. C. (2020). "The role of ceramides in metabolic disorders: when size and localization matters." *Nature Reviews Endocrinology*. https://doi.org/10.1038/s41574-020-0320-5.

Watanabe, S. (2015). "Slow or fast? A tale of synaptic vesicle recycling: A new model accounts for synaptic transmission speed." *Science*, 350 (6256), 46–47. https://doi.org/10.1126/science.aad2996.

Wu, W., Shi, X., & Xu, C. (2016). "Regulation of T cell signaling by membrane lipids." *Nature Reviews Immunology*, 16, 689–701. https://doi.org/10.1038/nri.2016.103.

第 26 章　支架干线上的物质运输

利用马达蛋白和附属元件沿轴突运输物质和细胞器是一个非常复杂的过程，相关研究也是不久前才取得突破。在以下列出的文章中，有几篇谈到支架干线的结构，内容涉及微管蛋白编码、肌动蛋白丝与微管的相互作用，以及微管沿轴突排布的纳米结构。还有几篇谈到细胞骨架如何通过快速变化来应对特定类型的运输，以及运输不同物质所需的特定附属元件和马达蛋白。其中，一篇指出轴突运输故障会引发疾病，另一篇阐述对重要分子进行特殊的逆行快速运输，还有一篇谈到通过运输线粒体来供能。

Devine, M. J., & Kittler, J. T. (2018). "Mitochondria at the neuronal presynapse in health and disease." *Nature Reviews Neuroscience*, 19, 63-80. https:// doi.org/10.1038/nrn.2017.170.

Dogterom, M., & Koenderink, G. H. (2019). "Actin-microtubule crosstalk in cell biology." *Nature Reviews Molecular Cell Biology*, 20, 38–54. https://doi.org/10.1038/s41580-018-0067-1.

Harrington, A. W., & Ginty, D. D. (2013). "Long-distance retrograde neurotrophic factor signalling in neurons." *Nature Reviews Neuroscience*, 14, 177–187. https://doi.org/10.1016/j.neuron.2014.10.019.

Janke, C., & Magiera, M. M. (2020). "The tubulin code and its role in controlling microtubule properties and functions." *Nature Reviews Molecular Cell Biology*. https://doi.org/10.1038/s41580-020-0214-3.

Leterrier, C., Dubey, P., & Roy, S. (2017). "The nano-architecture of the axonal cytoskeleton." *Nature Reviews Neuroscience*, 18, 713–726. https://doi.org/10.1038/nrn.2017.129.

Maday, S., Twelvetrees, A. E., Moughamian, A. J., & Holzbaur, E. L. (2014). "Axonal Transport: Cargo-Specific Mechanisms of Motility and Regulation." *Neuron*, 84 (2), 292–309. https://doi.org/10.1016/j.neuron.2014.10.019.

Nirschl, J., Ghiretti, A., & Holzbaur, E. (2017). "The impact of cytoskeletal organization on the local regulation of neuronal transport." *Nature Reviews Neuroscience*, 18, 585–597. https://doi.org/10.1038/nrn.2017.100.

Reck-Peterson, S. L., Redwine, W. B., Vale, R. D., & Carter, A. P. (2018). "The cytoplasmic dynein transport machinery and its many cargoes." *Nature Reviews Molecular Cell Biology*, 19, 382–398. https://doi.org/10.1038/s41580-018-0004-3.

Sleigh, J. N., Rossor, A. M., Fellows, A. D., Tosolini, A. P., & Schiavo, G. (2019). "Axonal transport and neurological disease." *Nature Reviews Neurology*, 15, 691–703. https://doi.org/10.1038/s41582-019-0257-2.

第 27 章 树突干线

树突包含大量区室，区室之间的信号传递非常丰富，近期才成为大家关注的焦点。根据研究例证，树突特定类型的信息整合取决于各区室之间的信号。不过，其中还有很多问题需要解决，而且研究难度非常大。在以下列出的论文中，一篇是针对树突信息整合方式的、跨度为 60 年的历史数据回顾；两篇详述迅速变化的树突棘与神经可塑性的关联；一篇讨论与神经精神疾病相关的树突棘变化；一篇针对树突信息整合的复杂性。另一篇近期发表的论文指出，脑皮层中的树突会以一种特殊的方式整合信息。

Bartol, T. M., Bromer, C., Kinney, J., Chirillo, M. A., Bourne, J. N., Harris, J. M., & Sejnowski, T. J. (2015). "Nanoconnectomic upper bound on the variability of synaptic plasticity." *eLife*, 4, e10778. https://doi.org/10.7554/eLife.10778.

Forrest, M. P., Parnell, E., & Penzes, P. (2018). "Dendritic structural plasticity and neuropsychiatric disease." *Nature Reviews Neuroscience*, 19, 215–234. https://doi.org/10.1038/nrn.2018.16.

Gidon, A., Zolnik, T. A., Fidzinski, P., Bolduan, F., Papoutsi, A., Poirazi, P., Holtkamp, M., Vida, I., & Larkum, M. E. (2020). "Dendritic action potentials and computation in human layer 2/3 cortical neurons." *Science*, 367 (6473), 83–87. https://doi.org/10.1126/science.aax6239.

Hanus, C., & Schuman, E. M. (2013). "Proteostasis in complex dendrites." *Nature Reviews Neuroscience*, 14, 638–648. https://doi.org/10.1038/nrn3546.Koleske, A. J. (2013). "Molecular mechanisms of dendrite stability." Nature Reviews Neuroscience, 14, 536–550. https://doi.org/10.1038/nrn3486.

Nishiyama, J., & Yasuda, R. "Biochemical Computation for Spine Structural Plasticity." *Neuron*, 87 (1), 63-75. https://doi.org/10.1016/j.neuron.2015.05.043.

Stuart, G. J., & Spruston, N. (2015). "Dendritic integration: 60 years of progress." *Nature Neuroscience*, 18, 1713–1721. https://doi.org/10.1038/nn.4157.

第 28 章　纤毛的重要意义

在以下列出的论文中，两篇介绍原纤毛的多种功能；两篇讨论与癌症和大脑发育相关的特定纤毛功能；一篇讲述纤毛运输；另外两篇讲述纤毛构建。

Anvarian, Z., Mykytyn, K., Mukhopadhyay, S., Pedersen, L. B., Christensen,S. T. (2019). "Cellular signaling by primary cilia in development, organ function and disease." *Nature Reviews Nephrology*, 15, 199–219. https://doi.org/10.1038/s41581-019-

0116-9.

Bhogaraju, S., Cajanek, L., Fort, C., Blisnick, T., Weber, K., Taschner, M., Mizuno, N., Lamla, S., Bastin, P., Nigg, E. A., & Lorentzen, E. (2013). "Molecular Basis of Tubulin Transport Within the Cilium by IFT74 and IFT81." *Science*, 341 (6149), 1009–1012. https://doi.org/10.1126/science.1240985.

Goetz, S. C., & Anderson, K. V. (2010). "The primary cilium: a signaling centre during vertebrate development." *Nature Reviews Genetics*, 11, 331–344. https://doi.org/10.1038/nrg2774.

Guemez-Gamboa, A., Coufal, N. G., & Gleeson, J. G. (2014). "Primary Cilia in the Developing and Mature Brain." *Neuron*, 82 (3), 511–521. https://doi.org/10.1016/j.neuron.2014.04.024.

Ishikawa, H., & Marshall, W. F. (2011). "Ciliogenesis: building the cell's antenna." *Nature Reviews Molecular Cell Biology*, 12, 222-234. https://doi.org/10.1038/nrm3085.

Liu, H., Kiseleva, A. A., & Golemis, E. A. (2018). "Ciliary signaling in cancer." *Nature Reviews Cancer*, 18, 511–524. https://doi.org/10.1038/s41568-018-0023-6.

Nachury, M. V., & Mick, D. U. (2019). "Establishing and regulating the composition of cilia for signal transduction." *Nature Reviews Molecular Cell Biology*, 20, 389–405. https://doi.org/10.1038/s41580-019-0116-4.

第 29 章 会说话的分子？——浅谈 mTOR

在针对本章列出的文章中，三篇谈到 mTOR 分子具备极其丰富的功能；一篇指出 mTOR 能够感知蛋白质合成时的氨基酸情况；另一篇介绍 mTOR 对神经病学的重要意义。此外，还有一篇文章强调溶酶体的核心作用，谈到溶酶体与 mTOR 会在信号传递和细胞质量控制过程中进行紧密协作。

Abraham, R. T. (2015). "Making sense of amino acid sensing." *Science*, 347 (6218), 128-129. https://doi.org/10.1126/science.aaa4570.

Jones, R. G., & Pearce, E. J. (2017). "MenTORing Immunity: mTOR Signaling in the Development and Function of Tissue-Resident Immune Cells." *Immunity*, 46 (5), 730–

742. https://doi.org/10.1016/j.immuni.2017.04.028.

Lawrence, R. E., & Zoncu, R. (2019). "The lysosome as a cellular centre for signalling, metabolism and quality control." *Nature Cell Biology*, 21, 133–142. https://doi.org/10.1038/s41556-018-0244-7.

Lipton, J. O., & Sahin, M. (2014). "The Neurology of mTOR." *Neuron*, 84 (2), 275–291. https://doi.org/10.1016/j.neuron.2014.09.034.

Liu, G. Y., & Sabatini, D. M. (2020). "mTOR at the nexus of nutrition, growth, ageing and disease." *Nature Reviews Molecular Cell Biology*. https://doi.org/10.1038/s41580-019-0199-y.

Saxton, R. A., & Sabatini, D. M. (2017). "mTOR Signaling in Growth, Metabolism, and Disease." *Cell*, 168 (6), 960–976. https://doi.org/10.1016/j.cell.2017.02.004.

致谢
ACKNOWLEDGMENTS

本书的创作得到了很多人的大力支持。在早期资料整理和最终出版提案的制定中，我的写作老师莉萨·特纳给了我很大帮助。正是在她的指导下，我才能够将写作思路转变为详细纲要和营销计划。无论是成书的整个过程还是现在，她一直都提供着重要的信息和支持。我的经纪人珍妮·弗雷德里克斯很懂我的心思，而且一开始就理解我写这本书的用意。在整个创作过程中，她一直非常支持我，而且总会在关键时刻帮我解决问题，让各个环节都能够顺利进行。我提出要写这本书时，BenBella的出版商格伦·耶菲特第一时间表示肯定，而且他还为本书的编撰提供了重要意见，同时也非常积极地协助编辑工作。作为本书的三位编辑，乔迪·阿克曼、朱迪·迈尔斯和维·德兰贡献了很多宝贵的意见和编校内容，没有他们就没有这本书。

本书的创作灵感来自我的个人网站"Searching for the Mind"，符合我三年前参加哈佛写作课"Writing, Publishing, and Social Media for Healthcare Professionals"（面向医疗专业人士的写作、出版和社交媒体）时的最初设想。我学习这门课程时，认识了鲁思蒂·谢尔顿，之后的很多年都是他在帮我做网站的开发和支持，还包括公关等方面的协助。一直以来，他都在很多方面给了我很大的帮助。他让我的网站成功入驻名企 Alter Endeavors，为本书的营销打下重要基础。

在办网站的 8 年中，我逐渐理清了这本书的脉络，而随着内容的逐渐完善，我收获了很多人的极力支持和非常有益的评论，包括社交媒体上的好友、记者、医疗工作者和研究学者。

由于篇幅有限，无法一一感谢大家，但我还是想单独列出一些聊表心意。首先，身边的很多同事都很赞成我写这本书，其中两位更是从一开始就非常认可我的选题和写作方向，在此要特别感谢 @SusanaDeLeonMD 和 @815wrldtrvlr 一直以来的大力支持。另外，也要特别感谢一直青睐本书的重要推特用户。当然，要感谢的人还有很多很多。

不过，能够写成这本书，我最想感谢我的妻子玛丽、女儿萨拉，还有我的朋友兼同事史蒂夫·考夫曼。回想自己 8 年来走过的每一步，史蒂夫一直在我身边给予中肯的评价，也带给我很多启发。我女儿本身也从事科研工作，在我下决心将网络灵感出版成书的过程中，她提供了很多重要的见解和非常关键的意见。我的妻子玛丽更是如此，她从我一开始有这个冒险的想法就表示全程支持。在我搜索有关心智的科学信息时，她的态度让我感受到一种笃定，迫使我尽量阐明自己的想法，这种信念从最初的网站构思一直延续到之后的书籍编排。她协助我完善这本书的选题，而在计划写书到正式出版这一漫长曲折的道路中，她一直是我精神上的支柱，陪伴我跨过每一级台阶。